中国电子学会物联网专家委员会推荐

普通高等教育物联网工程专业系列教材

U0379127

Zigbee 开发技术及实践

青岛英谷教育科技股份有限公司　编著

西安电子科技大学出版社

内 容 简 介

本书从 Zigbee 基础知识出发,详细讲解了基于 CC2530 芯片的 Zigbee 软硬件开发技术。全书分为理论篇和实践篇两部分,理论篇分别介绍了 Zigbee 技术的基本概念、Zigbee 技术的原理、Zigbee 节点的硬件设计、CC2530 基础开发、CC2530 无线射频及 IEEE802.15.4 标准、Zstack 协议栈分析、Zstack 系统移植和应用开发,实践篇以实现智能农业大棚的环境监测为基础,结合理论篇进行实践操作。

本书采用理论和实践相结合的方法,对 CC2530 片上系统和 Zstack 协议栈进行了深入的讲解、剖析和应用实现,使读者能迅速理解并掌握 Zigbee 相关的开发知识,并全面提高动手能力。本书适用面广,可作为本科物联网工程、通信工程、电子信息工程、自动化、计算机科学与技术、计算机网络等专业的教材使用。

图书在版编目(CIP)数据

Zigbee 开发技术及实践/青岛英谷教育科技股份有限公司编著.—西安:西安电子科技大学出版社,2014.1(2022.2 重印)
ISBN 978-7-5606-3247-6

Ⅰ.① Z… Ⅱ.① 青… Ⅲ.① 无线电信号—射频—信号识别—高等学校—教材
Ⅳ.① TN911.23

中国版本图书馆 CIP 数据核字(2013)第 282206 号

策划编辑   毛红兵
责任编辑   王 飞 毛红兵
出版发行   西安电子科技大学出版社(西安市太白南路 2 号)
电   话   (029)88202421 88201467   邮   编   710071
网   址   www.xduph.com   电子邮箱   xdupfxb001@163.com
经   销   新华书店
印刷单位   陕西天意印务有限责任公司
版   次   2014 年 1 月第 1 版   2022 年 2 月第 8 次印刷
开   本   787 毫米×1092 毫米 1/16 印 张 28
字   数   666 千字
印   数   20 001~22 000 册
定   价   63.00 元

ISBN 978-7-5606-3247-6/TN
XDUP   3539001-8
如有印装问题可调换

普通高等教育物联网工程专业系列教材编委会

前　　言

随着物联网产业的迅猛发展，企业对物联网工程应用型人才的需求越来越大。"全面贴近企业需求，无缝打造专业实用人才"是目前高校物联网专业教育的革新方向。

本系列教材是面向高等院校物联网专业方向的标准化教材，教材内容重理论且突出实践，强调理论讲解和实践应用的结合，覆盖了物联网的感知技术、网络通信技术及应用技术等物联网架构所包含的关键技术。教材研发充分结合物联网企业的用人需求，经过了广泛的调研和论证，并参照多所高校一线专家的意见，具有系统性、实用性等特点，旨在使读者在系统掌握物联网开发知识的同时，着重提升自身的综合应用能力和解决问题的能力。

该系列教材具有如下几方面的特色。

1. 以培养应用型人才为目标

本系列教材以应用型物联网人才为培养目标，在原有体制教育的基础上对课程进行深层次改革，强化应用型人才的动手能力，使读者在经过系统、完整的学习后能够达到以下要求：

- 掌握物联网相关开发所需的理论和技术体系以及开发过程的规范体系。
- 能够熟练地进行设计和开发工作，并具备良好的自学能力。
- 具备一定的项目经验，能够完成嵌入式系统设计、程序编写、文档编写、软硬件测试等工作。
- 达到物联网企业的用人标准，实现学校学习与企业工作的无缝对接。

2. 以新颖的教材架构引导学习

本系列教材从整个教材体系到具体的教材内容都体现出普及知识、基础理论、应用开发、综合拓展等四个层面，应由浅入深、由易到难地开展教学。具体内容在组织上划分为理论篇和实践篇：理论篇涵盖普及知识、基础理论和应用开发的内容；实践篇包括企业应用案例和综合知识拓展等内容。

- **理论篇**：学习内容的选取遵循"二八原则"(即重点内容由企业中常用技术的20%组成)，以"任务驱动"的方式引导知识点的学习，以章节为单位进行组织。章节的结构如下：
  - ➢ 本章目标：明确本章的学习重点和难点。
  - ➢ 学习导航：以流程图的形式指明本章在整本教材中的位置和学习顺序。
  - ➢ 任务描述：给出驱动本章教学的任务，所选任务典型、实用。

> ➤ 章节内容：通过小节迭代组成本章的学习内容，以任务描述贯穿始终。

■ **实践篇**：以接近工程实践的应用案例贯穿始终，力求使学生在动手实践的过程中，加深对课程内容的理解，培养学生独立分析和解决问题的能力，并配备相关知识的拓展讲解和拓展练习，拓宽学生的知识面。

本系列教材借鉴了软件开发中"低耦合、高内聚"的设计理念，组织架构上遵循软件开发中的 MVC 理念，即在保证最小教学集的前提下可根据自身的实际情况对整个课程体系进行横向或纵向裁剪。

3. 以完备的教辅体系和教学服务保证教学

为充分体现"实境耦合"的教学模式，方便教学实施，保障教学质量和学习效果，本系列教材均配备可配套使用的实验设备和全套教辅产品，可供各院校选购。

■ **实验设备**：与教材体系相配套，并提供全套的电路原理图、实验例程源程序等。

■ **立体配套**：为适应教学模式和教学方法的改革，本系列教材提供完备的教辅产品，包括教学指导、实验指导、视频资料、电子课件、习题集、题库资源、项目案例等，并配以相应的网络教学资源。

■ **教学服务**：教学实施方面，提供全方位的解决方案(在线课堂解决方案、专业建设解决方案、实训体系解决方案、教师培训解决方案和就业指导解决方案等)，以适应物联网专业教学的特殊性。

本系列教材由青岛东合信息技术有限公司编写，参与本书编写工作的有韩敬海、李瑞改、张玉星、孙锡亮、李红霞、刘晓红、袁文明、卢玉强、赵克玲、高峰、张幼鹏、张旭平等。参与本书编写工作的还有青岛农业大学、潍坊学院、曲阜师范大学、济宁学院、济宁医学院等高校的教师。本系列教材在编写期间得到了各合作院校专家及一线教师的大力支持和协作。在本系列教材出版之际，要特别感谢给予我们开发团队大力支持和帮助的领导及同事，感谢合作院校的师生给予我们的支持和鼓励，更要感谢开发团队每一位成员所付出的艰辛劳动。

由于水平有限，书中难免有不当之处，读者在阅读过程中如有发现，可以通过访问公司网站(http://www.dong-he.cn)或以邮件方式发至我公司教材服务邮箱(dh_iTeacher@126.com)。

高校物联网专业 项目组
2013 年 8 月

目　　录

理　论　篇

实　践　篇

理论篇

第 1 章　Zigbee 概述

本章目标

- ◆ 掌握 Zigbee 技术概念。
- ◆ 理解 Zigbee 技术特点。
- ◆ 了解常用 Zigbee 芯片的特点。
- ◆ 了解几种常见的 Zigbee 协议栈。
- ◆ 掌握 Zigbee 软硬件开发平台的建立和安装。
- ◆ 理解 Zigbee 与无线传感器网络的关系。

学习导航

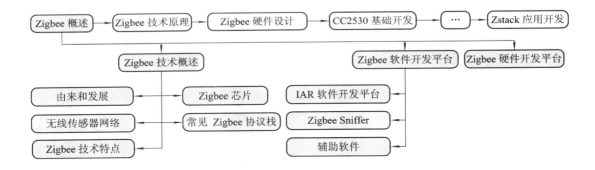

1.1　Zigbee 技术概述

　　Zigbee 是一种近距离、低复杂度、低功耗、低成本的双向无线通信技术。它主要用于距离短、功耗低且传输速率不高的各种电子设备之间的数据传输(包括典型的周期性数据、间歇性数据和低反应时间数据)。

　　Zigbee 的基础是 IEEE802.15.4,但是 IEEE802.15.4 仅处理低级的 MAC(媒体接入控制协议)层和物理层协议,Zigbee 联盟对网络层协议和应用层协议进行了标准化。

1.1.1　Zigbee 的由来和发展

1. Zigbee 名字的由来

Zigbee 名字起源于蜜蜂之间传递信息的方式。蜜蜂通过一种特殊的肢体语言告知同伴新发现的事物源的位置信息,这种肢体语言是 Zigzag(之字形,Z 字形)舞蹈,借此意义以 Zigbee 作为新一代无线通信技术的命名。在此之前 Zigbee 也被称为 HomeRF Lite、RF-EasyLink 或 FireFly 无线电技术,现在统一一称为 Zigbee 技术。

Zigbee 模块类似于移动网络的基站,通信距离从几十米到几百米,并支持无线扩展。Zigbee 理论上可以是一个由 65 536 个无线模块组成的无线网络平台,在整个网络覆盖范围内,每一个 Zigbee 模块之间可以互相通信。

2. Zigbee 技术的发展

2003 年 12 月,Chipcon 公司推出第一款符合 2.4 GHz IEEE802.15.4 标准的射频收发器 CC2420,而后又有很多家公司推出与 CC2420 收发芯片相匹配的处理器,其中以 ATMEL 公司的 Atmega128 最成功(即常用方案是 Atmega128 + CC2420)。

2004 年 12 月,Chipcon 公司推出全球第一个 IEEE 802.15.4 Zigbee 片上系统解决方案——CC2430 无线单片机,该芯片内部集成了一款增强型的 8051 内核以及当时业内性能卓越的射频收发器 CC2420。2005 年 12 月,Chipcon 公司推出内嵌定位引擎的 Zigbee IEEE802.15.4 解决方案 CC2431。2006 年 2 月,TI 公司收购 Chipcon 公司,又相继推出一系列的 Zigbee 芯片,比较有代表性的片上系统有 CC2530 等。

TI 公司在软件方面发展得比较快。2007 年 1 月,TI 公司宣布推出 Zstack 协议栈,目前已被全球众多 Zigbee 开发商所采用。Zstack 协议栈符合 Zigbee2006 规范,支持多种平台,其中包括面向 IEEE802.15.4/Zigbee 的 CC2430 片上系统解决方案、基于 CC2420 收发器的新平台以及 TI 公司的 MSP430 超低功耗控制器(MCU)。除此之外,Zstack 还支持具备定位感知特性的 CC2431。

1.1.2　无线传感器网络与 Zigbee 的关系

1. 无线传感器网络

无线传感器网络是指大量的静止或移动的传感器以自组织和多跳的方式构成的无线网络。其目的是协作地感知、采集和处理传输网络覆盖地理区域内感知对象的监测信息,并报告给用户。

无线传感器网络起源于 20 世纪 70 年代,是一种特殊的无线网络,最早应用于美国军方,例如空中预警控制系统。这种原始的传感器网络只能捕获单一信号,传感器节点只能进行简单的点对点通信。

1980 年,美国国防部高级研究计划局提出了分布式传感器网络项目,开启了现代无线传感器网络研究的先例。此项目由美国国防部高级研究计划局信息处理技术办公室主任 Robert Kahn 主导,并由卡耐基·梅隆大学、匹兹堡大学和麻省理工学院等大学研究人员配合,旨在建立一个由空间分布的低功耗传感器节点构成的网络。这些节点之间相互协作并自主运行,将信息送达处理的节点。

20 世纪 80～90 年代，无线传感器网络的研究依旧主要应用于军事领域，并成为网络中心站思想中的关键技术。1994 年，加州大学洛杉矶分校的 Willian J.Kaiser 教授向美国国防部高级研究计划局提交了研究建议书《低功率无线集成微传感器》，以便于深入研究无线传感器网络。1998 年，G.J.Pottie 从网络的研究角度重新阐释了无线传感器网络的科学意义。同年，美国国防部高级研究计划局投入巨资启动 SensIT 项目，目标是实现"超视距"战场监测。1999 年 9 月，美国《商业周刊》将无线传感器网络列入 21 世纪最重要的 21 项技术之一，被认为是 21 世纪人类信息研究领域所面临的重要挑战之一。

2. 无线传感器网络与 Zigbee 的关系

无线传感器网络的应用，一般不需要很高的带宽，但对功耗要求却很严格，大部分时间必须保持低功耗。传感器节点通常使用存储容量不大的嵌入式处理器，对协议栈的大小也有严格的限制。另外，无线传感器网络对网络安全性、节点自动配置和网络动态重组等方面也有一定的要求。无线传感器网络的特殊性对应用于该技术的协议提出了较高的要求，目前使用最广泛的无线传感器网络的物理层和 MAC 层协议为 IEEE802.15.4。

无线传感器网络与 Zigbee 技术之间的关系可以从两方面进行分析：一是协议标准；二是应用。其具体关系的描述如下。

◇ 从协议标准来讲，目前大多数无线传感器网络的物理层和 MAC 层都采用 IEEE802.15.4 协议标准。IEEE802.15.4 描述了低速率无线个人局域网的物理层和媒体接入控制(MAC)层协议，属于 IEEE802.15.4 工作组，而 Zigbee 技术是基于 IEEE802.15.4 标准的无线技术。

◇ 从应用上来讲，Zigbee 适用于通信数据量不大、数据传输速率相对较低、成本较低的便携或移动设备。这些设备只需要很少的能量，以接力的方式通过无线电波将数据从一个传感器传到另外一个传感器，并能实现传感器之间的组网，实现无线传感器网络分布式、自组织和低功耗的特点。

从以上两个方面来讲，Zigbee 是实现无线传感器网络应用的一种重要的技术。

1.1.3 Zigbee 技术的特点

Zigbee 可工作在 2.4 GHz(全球流行)、868 MHz(欧洲流行)和 915 MHz(美国流行)三个频段上，分别具有最高 250 kb/s、20 kb/s 和 40 kb/s 的传输速率，它的传输距离在 10～75 m 的范围内。Zigbee 作为一种无线通信技术，具有以下几个特点。

1. 低功耗

低功耗是 Zigbee 重要的特点之一。一般的 Zigbee 芯片有多种电源管理模式，这些管理模式可以有效地对节点的工作和休眠进行配置，从而使得系统在不工作时可以关闭射频部分，极大地降低了系统功耗，节约了电池的能量。

2. 低成本

Zigbee 网络协议简单，可以在计算能力和存储能力都很有限的 MCU 上运行，非常适用于对成本要求苛刻的场合。现有的 Zigbee 芯片一般都是基于 8051 单片机内核，成本较低，这对于一些需要布置大量无线传感器网络节点的应用是很重要的。

3. 大容量

Zigbee 设备既可以使用 64 位 IEEE 网络地址，又可以使用指配的 16 位网络短地址。在一个单独的 Zigbee 网络内，理论上可以容纳最多 65 536 个设备。

4. 可靠

无线通信是共享信道的，因而面临着众多有线网络所没有的问题。Zigbee 在物理层和 MAC 层采用 IEEE802.15.4 协议，使用带时隙或不带时隙的"载波检测多址访问/冲突避免"(CSMA/CA)的数据传输方法，并与"确认和数据检验"等措施相结合，可保证数据的可靠传输。同时，为了提高灵活性和支持在资源匮乏的 MCU 上运行，Zigbee 支持三种安全模式。最高级安全模式采用属于高级加密标准(AES)的对称密码和公开密钥，可以大大提高数据传输的安全性。

5. 时延短

针对时延敏感做了优化，通信时延和从休眠状态激活的时延都非常短。

6. 灵活的网络拓扑结构

Zigbee 支持星型、树型和网状型拓扑结构，既可以单跳，又可以通过路由实现多跳的数据传输。

1.1.4　Zigbee 芯片

目前最常见的 Zigbee 芯片为 CC243X 系列、MC1322X 系列和 CC253X 系列。下面分别介绍三种系列芯片的特点。

1. CC243X 系列

CC2430/CC2431 是 Chipcon 公司(已被 TI 收购)推出的用来实现嵌入式 Zigbee 应用的片上系统。它支持 2.4 GHz IEEE802.15.4/Zigbee 协议，是世界上首个单芯片 Zigbee 解决方案。CC2430/CC2431 片上系统家族包括三个不同产品：CC2430-F32、CC2430-F64 和 CC2430-F128。它们的区别在于内置闪存的容量不同，以及针对不同 IEEE802.15.4/Zigbee 应用做了不同的成本优化。

CC2430/CC2431 在单个芯片上整合了 Zigbee 射频前端、内存和微控制器。它使用 1 个 8 位 8051 内核，具有 32/64/128 KB 可编程闪存和 8 KB 的 RAM，还包含模拟数字转换器 (ADC)、定时器、AES128 协同处理器、看门狗定时器、32 kHz 晶振、休眠模式定时器、上电复位电路和掉电检测电路以及 21 个可编程 I/O 引脚。CC2430/CC2431 芯片有以下特点：

◇　高性能、低功耗 8051 微控制器内核。
◇　极高的灵敏度及抗干扰能力。
◇　强大的 DMA 功能。
◇　外围电路只需极少的外接元件。
◇　电流消耗小(当微控制器内核运行在 32MHz 时，RX 为 27 mA，TX 为 25 mA)。
◇　硬件支持 CSMA/CA。
◇　电源电压范围宽(2.0～3.6 V)。
◇　支持数字化接收信号强度指示器/链路质量指示(RSSI/LQI)。

2. MC1322X 系列

MC13224 是 MC1322X 系列的典型代表,是飞思卡尔公司研发的第三代 Zigbee 解决方案。MC13224 集成了完整的低功耗 2.4 GHz 无线电收发器,内嵌了 32 位 ARM7 核的 MCU,是高密度、低元件数的 IEEE802.15.4 综合解决方案,能实现点对点连接和完整的 Zigbee 网状网络。

MC13224 支持国际 802.15.4 标准以及 Zigbee、Zigbee PRO 和 Zigbee RF4CE 标准,提供了优秀的接收器灵敏度和较强的抗干扰性、多种供电模式以及一套广泛的外设集(包括 2 个高速 UART、12 位 ADC 和 64 个通用 GPIO,4 个定时器,I2C 等)。除了更强的 MCU 外,还改进了射频输出功率、灵敏度和选择性,提供了超越第一代 CC2430 的重要性能改进,而且支持一般低功耗无线通信,还可以配备一个标准网络协议栈(Zigbee,Zigbee RF4CE)来简化开发,因此可被广泛应用在住宅区和商业自动化、工业控制、卫生保健和消费类电子等产品中。其主要特性如下:

- ◇ 2.4 GHz IEEE 802.15.4 标准射频收发器。
- ◇ 优秀的接收器灵敏度和抗干扰能力。
- ◇ 外围电路只需极少量的外部元件。
- ◇ 支持运行网状网系统。
- ◇ 128 KB 系统可编程闪存。
- ◇ 32 位 ARM7TDMI-S 微控制器内核。
- ◇ 96 KB 的 SRAM 及 80 KB 的 ROM。
- ◇ 支持硬件调试。
- ◇ 4 个 16 位定时器及 PWM。
- ◇ 红外发生电路。
- ◇ 32 kHz 的睡眠计时器和定时捕获。
- ◇ CSMA/CA 硬件支持。
- ◇ 精确的数字接收信号强度指示/LQI 支持。
- ◇ 温度传感器。
- ◇ 两个 8 通道 12 位 ADC。
- ◇ AES 加密安全协处理器。
- ◇ 两个高速同步串口。
- ◇ 64 个通用 I / O 引脚。
- ◇ 看门狗定时器。

3. CC253X 系列

CC253X 系列的 Zigbee 芯片主要是 CC2530/CC2531,它们是 CC2430/CC2431 的升级,在性能上要比 CC243X 系列稳定。CC253X 系列芯片是广泛使用于 2.4 G 片上系统的解决方案,建立在 IEEE802.15.4 标准协议之上。其中 CC2530 支持 IEEE802.15.4 以及 Zigbee、Zigbee PRO 和 Zigbee RF4CE 标准,且提供了 101 dB 的链路质量指示,具有优秀的接收器灵敏度和强抗干扰性。CC2531 除了具有 CC2530 强大的性能和功能外,还提供了全速的 USB2.0 兼容操作,支持 5 个终端。

CC2530/CC2531 片上系统家族包括四个不同产品：CC2530-F32、CC2530-F64、CC2530-F128 和 CC2530-F256。和 CC243X 系列一样，它们的区别在于内置闪存的容量不同，以及针对不同 IEEE802.15.4/Zigbee 应用做了不同的成本优化。

CC253X 系列芯片大致由三部分组成：CPU 和内存相关模块，外设、时钟和电源管理相关模块，无线电相关模块。

1) CPU 和内存

CC253X 系列使用的 8051CPU 内核是一个单周期的 8051 兼容内核。它有三个不同的存储器访问总线(SFR、DATA 和 CODE/XDATA)，以单周期访问 SFR、DATA 和 SRAM。它还包括一个调试接口和一个中断控制器。

内存仲裁器位于系统中心，因为它通过 SFR 总线，把 CPU 和 DMA 的控制器和物理存储器与所有外设连接在一起。内存仲裁器有四个存取访问点，每次访问每一个可以映射到这三个物理存储器之一：8 KB 的 SRAM、闪存存储器和一个 XREG/SFR 寄存器。它负责执行仲裁，并确定同时到同一个物理存储器的内存访问的顺序。

8 KB SRAM 映射到 DATA 存储空间和 XDATA 存储空间的某一部分。8 KB 的 SRAM 是一个超低功耗的 SRAM，当数字部分掉电时能够保留自己的内容，这对于低功耗应用是一个很重要的功能。

32/64/128/256 KB 闪存块为设备提供了可编程的非易失性程序存储器，映射到 CODE 和 XDATA 存储空间。除了保存代码和常量，非易失性程序存储器允许应用程序保存必须保留的数据，这样在设备重新启动之后可以使用这些数据。

中断控制器提供了 18 个中断源，分为六个中断组，每组与四个中断优先级相关。当设备从空闲模式回到活动模式，也会发出一个中断服务请求。一些中断还可以从睡眠模式唤醒设备。

2) 时钟和电源管理

CC253X 芯片内置一个 16 MHz 的 RC 振荡器，外部可连接 32 MHz 外部晶振。数字内核和外设由一个 1.8 V 低差稳压器供电。另外 CC253X 包括一个电源管理功能，可以实现使用不同的供电模式，用于延长电池的寿命，有利于低功耗运行。

3) 外设

CC253X 系列芯片有许多不同的外设，允许应用程序设计者开发先进的应用。这些外设包括调试接口、I/O 控制器、两个 8 位定时器、一个 16 位定时器和一个 MAC 定时器、ADC 和 AES 协处理器、看门狗电路、两个串口和 USB(仅限于 CC2531)。

4) 无线设备

CC253X 设备系列提供了一个与 IEEE802.15.4 兼容的无线收发器，在 CC253X 内部主要由 RF 内核组成。RF 内核提供了 MCU 和无线设备之间的一个接口，可以发出命令、读取状态、自动操作和确定无线设备的顺序。无线设备还包括一个数据包过滤和地址识别模块。

1.1.5　常见的 Zigbee 协议栈

常见的 Zigbee 协议栈分为三种：非开源的协议栈、半开源的协议栈和开源的协议栈。

1. 非开源的协议栈

常见的非开源的 Zigbee 协议栈的解决方案包括 Freescale 解决方案和 Microchip 解决方案。

Freescale 公司最简单的 Zigbee 解决方案就是 SMAC 协议，是面向简单的点对点应用，不涉及网络概念。Freescale 公司完整的 Zigbee 协议栈为 BeeStack 协议栈，也是目前最复杂的协议栈，看不到具体的代码，只提供一些封装好的函数供直接调用。

Microchip 公司提供的 Zigbee 协议为 Zigbee® PRO 和 Zigbee® RF4CE，均是完整的 Zigbee 协议栈，但是收费偏高。

2. 半开源的协议栈

TI 公司开发的 Zstack 协议栈是一个半开源的 Zigbee 协议栈，是一款免费的 Zigbee 协议栈，它支持 Zigbee 和 ZigbeePRO，并向后兼容 Zigbee2006 和 Zigbee2004。Zstack 内嵌了 OSAL 操作系统，使用标准的 C 语言代码和 IAR 开发平台，比较易于学习，是一款适合工业级应用的 Zigbee 协议栈。

3. 开源的协议栈

Freakz 是一个彻底开源的 Zigbee 协议栈，它的运行需要配合 Contikj 操作系统，类似于(Zstack + OSAL)。Contikj 的代码全部用 C 语言编写，对于初学者来说比较容易上手。Freakz 适合用于学习，对于工业应用来讲 Zstack 比较实用。

1.2 Zigbee 软件开发平台

本书选用的 Zigbee 协议栈是 TI 公司开发的 Zstack 协议栈，所需要的软件开发平台有 IAR 软件集成开发平台、Zigbee 嗅探器(Zigbee Sniffer)、物理地址修改软件(SmartRF Flash Programmer)以及其他的辅助软件。

1.2.1 IAR 软件开发平台

IAR Embedded Workbench(简称 IAR 或 EW)的 C/C++ 交叉编译器和调试器是完整且容易使用的嵌入式应用开发工具，对不同的处理器提供不同的版本(例如 IAR For 51，For ARM，For AVR 等)，且提供一样的直观用户界面。IAR 包括嵌入式 C/C++ 优化编译器、汇编器、连接定位器、库管理员、编译器、项目管理器和 C-SPY 调试器。使用 IAR 的编译器可以节省硬件资源，最大限度地降低产品成本，提高产品竞争力。

IAR 产品特征包括以下几个方面：

✧ 完全标准的 C 兼容。

✧ 目标特性扩充。

✧ 版本控制和扩展工具支持良好。

✧ 内建对应芯片的程序速度和大小优化器。

✧ 便捷的中断处理和模拟。

✧ 高效浮点支持。

◇　瓶颈性能分析。

◇　工程中相对路径支持。

◇　内存模式选择。

IAR 的详细安装过程及使用请参见本章的实践篇。

1.2.2　Zigbee Sniffer

Zigbee 嗅探器(程序名是 Zigbee Sniffer.exe)是用来分析 Zigbee 各层帧结构的程序,程序的运行需要配合"Zigbee 嗅探器设备"。程序的安装非常简单,双击 Zigbee Sniffer 图标,即可运行。它的使用如图 1-1 和图 1-2 所示。

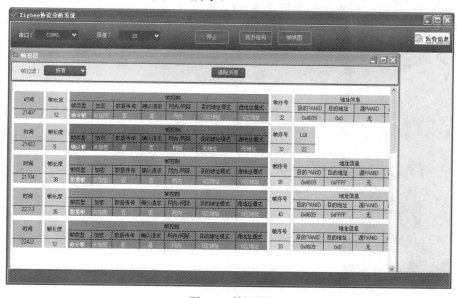

图 1-1　帧视图

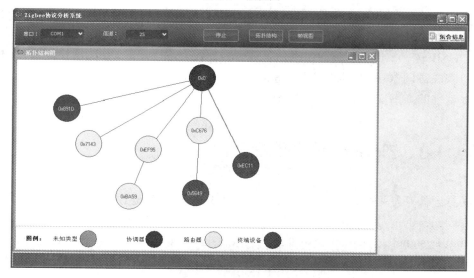

图 1-2　网络拓扑结构

Zigbee Sniffer 的安装及详细使用方法见本书实践篇中的实践 2。

1.2.3 辅助软件

辅助软件包括物理地址修改软件、仿真器驱动软件和 USB 转串口软件，其具体介绍如下：

✧ 物理地址修改软件(安装程序名是 Setup_SmartRFProg_1.6.2.exe)是 TI 提供的，可用于读取或者修改芯片物理地址，它的使用界面如图 1-3 所示。

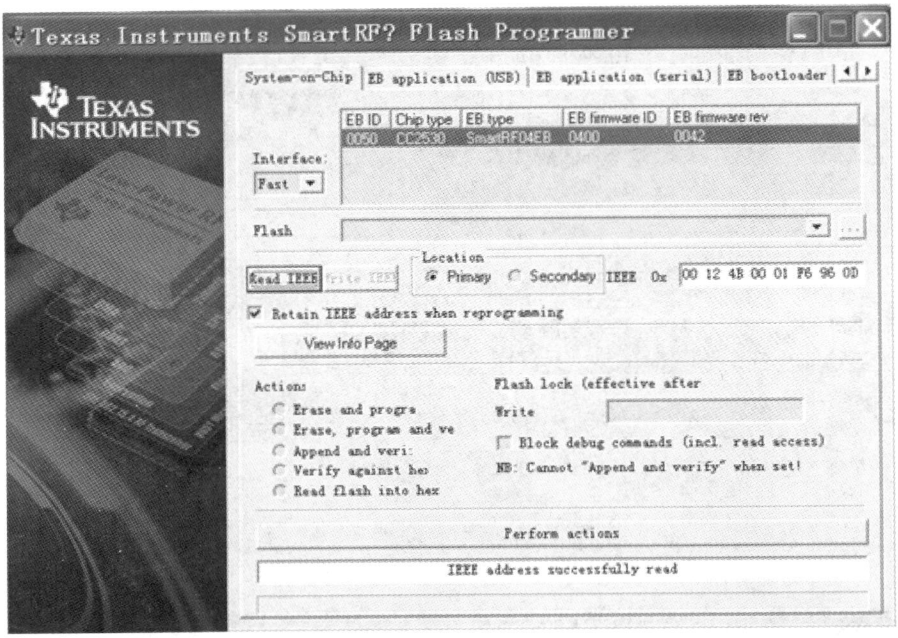

图 1-3 读取或修改芯片物理地址

✧ 仿真器驱动程序用于驱动 Zigbee 仿真器以便下载和调试 IAR EW 程序。IAR EW 自带了 CC2530 的仿真器下载调试驱动程序。

✧ USB 转串口用于扩展 PC 机的串口，方便没有物理串口的机器使用串口。本书中使用串口完成协调器与 PC 机的通信实验。

以上软件的详细安装过程参见本书的实践 1。

1.3 Zigbee 硬件开发平台

Zigbee 硬件开发平台选用了 Altium Designer 软件，对设备进行原理图和 PCB 图的绘制。Altium Designer 的前身为 Protel。

Altium Designer 是 Altium 公司推出的集成化电子产品开发平台，其包含完成设计所需要的各种工具：原理图和 HDL 设计输入、电路仿真、信号完整性分析、PCB 设计、基于 FPGA 的嵌入式系统设计和开发。另外可以对 Altium Designer 的工作环境加以定制，以满足用户的各种不同要需求。图 1-4 所示为 Altium Designer 工作界面。

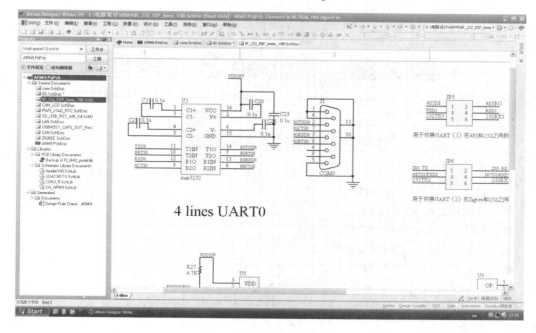

图 1-4　Altium Designer 工作界面

小　结

通过本章的学习，学生应该能够掌握以下内容：

◆　Zigbee 是一种新兴的短距离、低速率无线网络技术，主要用于近距离无线连接。

◆　Zigbee 的特点是功耗低、成本低、时延短、网络容量大、可靠安全。

◆　常见的 Zigbee 芯片有 CC243X 系列、MC1322X 系列和 CC253X 系列。

◆　常见的 Zigbee 协议栈有 MsstatePAN 协议栈、Freakz 协议栈和 Zstack 协议栈。

◆　Zigbee 软件开发平台包括 IAR、Zigbee Sniffer、物理地址修改软件以及其他辅助软件。

◆　Zigbee 硬件开发平台采用 Altium Designer 进行设计。

练　习

1. Zigbee 是一种_____、_____、_____、_____双向无线通信技术。
2. Zigbee 的基础是_____，但是_____仅处理_____和_____。
3. 列举常用的 Zigbee 芯片和 Zigbee 协议栈。
4. 简述 Zigbee 的定义。
5. 简述无线传感器网络与 Zigbee 之间的关系。

第 2 章 Zigbee 技术原理

本章目标

◆ 理解 Zigbee 网络结构。
◆ 掌握 IEEE802.15.4 通信层。
◆ 掌握 MAC 层和网络层帧结构。
◆ 掌握 Zigbee 网络层服务规范。
◆ 掌握 Zigbee 应用层规范。

学习导航

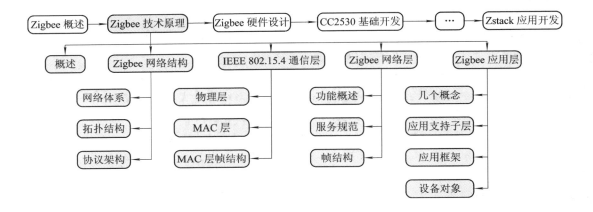

2.1 概述

本章主要介绍 Zigbee 技术原理，这是更深入了解 Zigbee 协议的应用以及后续开发的基础。

2.2 Zigbee 网络结构

Zigbee 技术是一种低数据传输速率的无线个域网，网络的基本成员称为设备。网络中的设备按照各自作用的不同可以分为协调器节点、路由器节点和终端节点。

◇　Zigbee 网络协调器是整个网络的中心，它的功能包括建立、维持和管理网络，分配网络地址等。所以可以将 Zigbee 网络协调器认为是整个 Zigbee 网络的"大脑"。

◇　Zigbee 网络路由器主要负责路由发现、消息传输、允许其他节点通过它接入到网络。

◇　Zigbee 终端节点通过 Zigbee 协调器或者 Zigbee 路由器接入到网络中，Zigbee 终端节点主要负责数据采集或控制功能，但不允许其他节点通过它加入到网络中。

本节将重点介绍 Zigbee 网络体系、Zigbee 网络拓扑结构和 Zigbee 协议架构。

2.2.1　网络体系

按照 OSI 模型，Zigbee 网络分为 4 层，从下向上分别为物理层、媒体访问控制层(MAC)、网络层(NWK)和应用层。其中物理层和 MAC 层由 IEEE802.15.4 标准定义，合称 IEEE802.15.4 通信层；网络层和应用层由 Zigbee 联盟定义。图 2-1 所示为 Zigbee 网络协议架构分层，每一层向它的上层提供数据和管理服务。

应用层	Zigbee 联盟
网络层/安全层	
MAC 层	IEEE802.15.4
物理层	

图 2-1　Zigbee 网络体系架构

2.2.2　拓扑结构

Zigbee 网络支持三种拓扑结构：星型、树型和网状型结构，如图 2-2 所示。

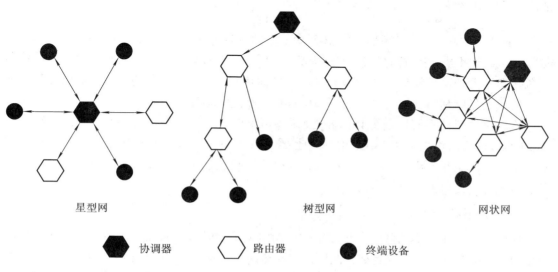

星型网　　　　　　　　树型网　　　　　　　　网状网

⬢ 协调器　　　⬡ 路由器　　　● 终端设备

图 2-2　Zigbee 网络拓扑结构

其中：

    ◇   在星型拓扑结构中，所有的终端设备只和协调器之间进行通信。

    ◇   树型网络由一个协调器和多个星型结构连接而成，设备除了能与自己的父节点或子节点互相通信外，其他只能通过网络中的树型路由完成通信。

    ◇   网状型网络是在树型网络的基础上实现的。与树状网络不同的是，它允许网络中所有具有路由功能的节点互相通信，由路由器中的路由表完成路由查寻过程。

1. 星型网络的形成过程

在星型网络中，协调器作为发起设备，协调器一旦被激活，它就建立一个自己的网络，并作为 PAN 协调器。路由设备和终端设备可以选择 PAN 标识符加入网络。不同 PAN 标识符的星型网络中的设备之间不能进行通信。

2. 树型网络的形成过程

在树型网络中，由协调器发起网络，路由器和终端设备加入网络。设备加入网络后由协调器为其分配 16 位短地址，具有路由功能的设备可以拥有自己的子设备。但是在树型网络中，子设备只能和自己的父设备进行通信，如果某终端设备要与非自己父设备的其他设备通信，必须经过树型路由进行通信。

3. 网状型网络的形成过程

在网状型网络中，每个设备都可以与在无线通信范围内的其他任何设备进行通信。理论上任何一个设备都可定义为 PAN 主协调器，设备之间通过竞争的关系竞争 PAN 主协调器。但是在实际应用中，用户往往通过软件定义协调器，并建立网络，路由器和终端设备加入此网络。当协调器建立起网络之后，其功能和网络中的路由器功能是一样的，在此网络中的设备之间都可以相互进行通信。

2.2.3　协议架构

Zigbee 网络协议体系结构如图 2-3 所示，协议栈的层与层之间通过服务接入点(SAP)进行通信。SAP 是某一特定层提供的服务与上层之间的接口。大多数层有两个接口：数据服务接口和管理服务接口。数据服务接口的目标是向上层提供所需的常规数据服务；管理服务接口的目标是向上层提供访问内部层参数、配置和管理数据服务。

Zigbee 协议体系架构是在 IEEE802.15.4 标准的基础上建立的，IEEE802.15.4 标准定义了 Zigbee 协议的物理层和 MAC 层。因此 Zigbee 设备应该包括 IEEE802.15.4 的物理层和 MAC 层以及 Zigbee 堆栈层，其中 Zigbee 堆栈层包括 Zigbee 联盟定义的网络层和应用层以及安全服务商提供的安全服务层。

1. 物理层和 MAC 层

IEEE802.15.4 标准为低速率无线个人域网定义了 OSI 模型最底层的两层，即物理层和 MAC 层，也是 Zigbee 协议底部的两层，因此这两层也称为 IEEE 802.15.4 通信层。其详细内容见 2.3 节。

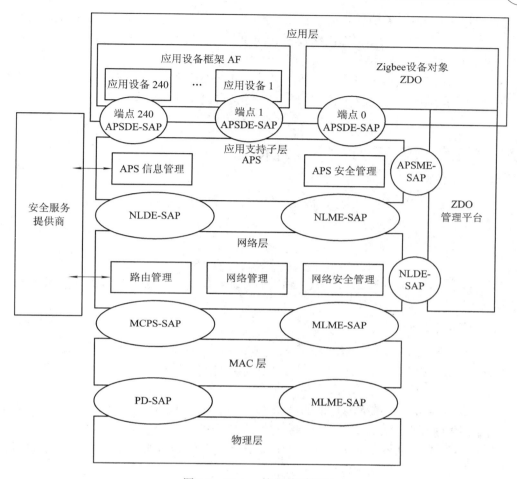

图 2-3　Zigbee 协议体系架构

2．网络层

网络层提供保证 IEEE802.15.4 MAC 层正确工作的能力，并为应用层提供合适的服务接口，包括数据服务接口和管理服务接口。

数据服务接口的作用主要有两点：

◇　一是为应用支持子层的数据添加适当的协议头以便产生网络协议数据单元。

◇　二是根据路由拓扑结构，把网络数据单元发送到通信链路的目的地址设备或通信链路的下一跳地址。

管理服务接口的作用有以下两点：

◇　提供的服务包括配置新设备、创建新网络、设备请求加入或者离开网络。

◇　允许 Zigbee 协调器或路由器请求设备离开网络、寻址、路由发现等功能。

3．应用层

应用层包括三部分：应用支持子层、Zigbee 设备对象和厂商定义的应用对象。

◇　应用支持子层提供了网络层和应用层之间的接口，包括数据服务接口和管理服务接口。其中管理服务接口提供设备发现服务和绑定服务，并在绑定的设备之间传送消息。

◇ Zigbee 设备对象功能包括：定义设备在网络中的角色(比如协调器、路由器或终端设备)，发起和响应绑定请求，在网络设备之间建立安全机制。另外，还负责发现网络中的设备，并且向他们提供应用服务。

◇ 厂商定义的应用对象功能包括：提供一些必要函数，为网络层提供合适的服务接口。另外一个重要的功能是应用者可以在这层定义自己的应用对象。

2.3 IEEE802.15.4 通信层

IEEE802.15.4 规范满足国际标准组织(ISO)开放系统互联(OSI)参考模式，它定义了 Zigbee 的物理层和 MAC 层。

2.3.1 物理层

物理层负责的主要功能包括：工作频段的分配，信道的分配以及为 MAC 层服务提供数据服务和管理服务。

1. 工作频段的分配

IEEE802.15.4 定义了两个物理标准，分别是 2450 MHz(一般称为 2.4 GHz)的物理层和 868/915 MHz 的物理层。它们基于直接序列扩频，使用相同的物理层数据包格式，区别在于工作频段、调制技术和传输速率的不同。

2.4 GHz 是全球统一的无需申请的 ISM 频段，有助于 Zigbee 设备的推广和生产成本的降低。此频段的物理层通过采用高阶调制技术能够提供 250 kb/s 的传输速率，有助于获得更高的吞吐量、更小的通信延时和更短的周期，达到节约能源的目的。另外此频段提供 16 个数据速率为 250 kb/s 的信道。

868 MHz 是欧洲的 ISM 频段，915 MHz 是美国的 ISM 频段，这两个频段的引入避免了 2.4 GHz 附近各种无线通信设备的相互干扰。868 MHz 的传输速率为 20 kb/s，915 MHz 的传输速率是 40 kb/s。这两个频段上无线信号传播损耗较小，可以降低对接收灵敏度的要求，获得较远的通信距离。在 868/915 MHz 频段中，868 MHz 支持 1 个数据速率为 20 kb/s 的信道，915 MHz 支持 10 个数据速率为 40 kb/s 的信道。

2. 信道的分配

IEEE802.15.4 物理层在三个频段上划分了 27 个信道，信道编号 k 为 0~26。2.4 GHz 频段上划分了 16 个信道，915 MHz 频段上有 10 个信道，868 MHz 频段只有 1 个信道。27 个信道的中心频率和对应的信道编号定义如下：

$$f_c = 868.3 \text{ MHz} \qquad\qquad k = 0$$
$$f_c = \left[906 + 2(k-1)\right] \text{ MHz} \qquad\qquad k = 1, 2, \cdots, 10$$
$$f_c = \left[2405 + 2(k-11)\right] \text{ MHz} \qquad\qquad k = 11, 12, \cdots, 26$$

3. 物理层服务规范

物理层的主要功能是在一条物理传输媒体上，实现数据链路实体之间透明地传输各种数据比特流。它提供的主要服务包括：物理层连接的建立、维持与释放，物理服务数据单元的传输，物理层管理，数据编码。物理层功能涉及"服务原语"和"服务访问接口"两个概念，它们的意义如下所述。

◇　服务原语：Zigbee 协议栈是一种分层结构，从下至上第 N 层向第 $N+1$ 层或者第 $N+1$ 层向第 N 层提供一组操作(也叫服务)，这种"操作"叫做服务原语。它一般通过一段不可分割的或不可中断的程序实现其功能。服务原语用以实现层和层之间的信息交流。

◇　服务访问接口：服务访问接口(Service Access Point，SAP)是某一特定层提供的服务与上层之间的接口。这里所说的"接口"是指不同功能层的"通信规则"。例如，物理层服务访问接口是通过射频固件和硬件提供给 MAC 层与无线信道之间的通信规则。服务访问接口是通过服务原语实现的，其功能是为其他层提供具体服务。

⚠ 注意：这里要区分"服务原语"和"协议"的区别："协议"是两个需要通信的设备之间的同一层之间如何发送数据、如何交换帧的规则，是"横向"的；而"服务原语"是"纵向"的层和层之间的一组操作。

IEEE 802.15.4 标准的物理层所实现的功能包括数据的发送与接收、物理信道的能量检测、射频收发器的激活与关闭、空闲信道评估、链路质量指示、物理层属性参数的获取与设置。这些功能是通过物理层服务访问接口来实现的，物理层主要有两种服务接口(SAP)：

◇　物理层管理服务访问接口(Physical Layer Management Entity，简称 PLME-SAP)，PLME-SAP 除了负责在物理层和 MAC 层之间传输管理服务之外，还负责维护物理层 PAN 信息库(PHY PIB)。

◇　物理层数据服务访问接口(Physical Data SAP，简称 PD-SAP)，PD-SAP 负责为物理层和 MAC 层之间提供数据服务。

PLME-SAP 和 PD-SAP 通过物理层服务原语实现物理层的各种功能，如图 2-4 所示。

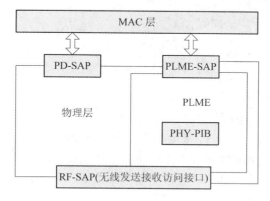

图 2-4　物理层参考模型

4. 数据的发送与接收

数据的发送和接收是通过 PD-SAP 提供的 PD-DATA 原语完成的，它可以实现两个 MAC 子层的 MAC 协议数据单元(MAC Protocol Data Unit，MPDU)传输。IEEE802.15.4 标准专门定义了三个与数据相关的原语：数据请求原语(PD-DATA.Request)，数据确认原语(PD-DATA.comfirm)和数据指示原语(PD-DATA.Indication)。

◇　数据请求原语由 MAC 子层产生，主要用于处理 MAC 子层的数据发送请求。语法如下：

PD-DATA.request(

        psduLength,

        psdu

)

其中参数 psdu 为 MAC 层请求物理层发送的实际数据，psduLength 为待发数据报文长度。物理层在接收到该原语的时候，首先会确认底层的射频收发器已置于发送打开状态，然后控制底层射频硬件把数据发送出去。

◇　数据确认原语是由物理层发给 MAC 子层，作为对数据请求原语的响应。语法如下：

PD-DATA.confirm(

        status

)

其中原语的参数 status 为失效的原因，即参数为射频收发器置于接收状态(RX-ON)或者未打开状态(TRX_OFF)时，将通过数据确认原语告知上层。否则视为发送成功，即参数为 SUCCESS，同样通过原语报告给上层。

◇　数据指示原语主要用于向 MAC 子层报告接收的数据。在物理层成功收到一个数据后，将产生该原语通告给 MAC 子层。语法如下：

PD-DATA.indication(

        psduLength,

        psdu,

        ppduLinkQuality

)

其参数为接收到的数据长度、实际数据和根据 PPDU 测得的链路质量(LQI)。其中 LQI(即 ppduLinkQuality 参数)与数据无关，是物理层在接收当前数据报文时链路质量的一个量化值，上层可以借助这个参数进行路由选择。

5. 物理能量信道的检测

协调器在构建一个新的网络时，需要扫描所有信道(在 MAC 层这种扫描称作 ED_SCAN)，然后为网络选择一个空闲的信道，这个过程在底层是借助物理信道能量检测来完成的。如果一个信道被别的网络占用，体现在信道能量上的值是不一样的。IEEE802.15.4 标准定义了与之相关的两个原语：能量检测请求原语(PLME_ED.request)和能量检测确认原语(PLED-ED.confirm)。

◇　能量检测请求原语由 MAC 子层产生。能量检测请求原语为一个无参的原语，语法如下：

PLME-ED.request( )。

收到该原语后，如果设备处于接收使能状态，PLME 就指示物理层进行能量检测(ED)。

◇　能量检测确认原语由物理层产生，物理层在接收到能量检测原语后把当前信道状态以及当前信道的能量值返回给 MAC 子层。语法如下：

PLME-ED.confirm(

　　　　　　　　status,

　　　　　　　　Energy Level

　　　　　　　　)

　　其中状态参数 status 将指示能量检测失败的原因(TRX_OFF 或 TX_ON)，如果设备处于收发关闭状态(TRX_OFF)或发送使能状态(TX_ON)时，则无法进行能量检测。在具体实现中，一般射频芯片会使用特定的寄存器存放当前的信道状态以及信道的能量值。

⚠ 注意：在 Zstack 协议栈中，用户往往会提前指定信道的使用，以便于 Zigbee 网络的管理和维护。

6. 射频收发器的激活与关闭

　　为了满足低功耗要求，在不需要无线数据收发时，可以选择关闭底层射频收发器。802.15.4 标准定义了两个相关的原语：收发器状态设置请求原语(PLME-SET-TRX-STATE.request)和收发器状态设置确认原语(PLME-SET-TRX-STATE.confirm)。

　　✧　收发器状态设置请求原语由 MAC 子层产生。语法如下：

　　PLME-SET-TRX-STATE.request(

　　　　　　　　　status

　　　　　　　　　)

　　其中参数为需要设置的目标状态，包括射频接收打开(RX_ON)、发送打开(TX_ON)、收发关闭(TRX_OFF)和强行收发关闭(FORCE_TRX_OFF)。

　　✧　物理层在接收到收发器状态设置确认原语后，将射频设置为对应的状态，并通过设置确认原语返回才做结果。语法如下：

　　PLME-SET-TRX-STATE.confirm(

　　　　　　　　　status

　　　　　　　　　)

　　其中参数 status 的取值为 SUCCESS、RX_ON、TRX_OFF、TX_ON、BUSY_RX 或 BUSY_TX。

7. 空闲信道评估(Clear Channel Assessment，CCA)

　　由于 802.15.4 标准的 MAC 子层采用的是 CSMA/CA 机制访问信道，需要探测当前的物理信道是否空闲，物理层提供的 CCA 检测功能就是专门为此而定义的。此功能定义的两个与之相关的原语为：CCA 请求原语(PLME-CCA.request)与 CCA 确认原语(PLME-CCA.confirm)。

　　CCA 请求原语由 MAC 子层产生，语法为：PLME-CCA.request()，是一个无参的请求原语，用于向物理层询问当前的信道状况。在物理层收到该原语后，如果当前的射频收发状态设置为接收状态，将进行 CCA 操作(读取物理芯片中相关的寄存器状态)。

　　CCA 确认原语由物理层产生，语法如下：

　　PLME-CCA.confirm(

　　　　　　　　status

　　　　　　　　)

　　通过 CCA 确认原语返回信道空闲或者信道繁忙状态。如果当前射频收发器处于关闭状态或者发送状态，CCA 确认原语将对应返回 TRX_OFF 或 TX_ON。

8. 链路质量指示

高层的协议往往需要依据底层的链路质量来选择路由,物理层在接收一个报文的时候,可以顺带返回当前的 LQI 值,物理层主要通过底层的射频硬件支持来获取 LQI。MAC 软件产生的 LQI 值可以用信号接收强度指示器(RSSI)来表示。

9. 物理层属性参数的获取与设置

在 Zigbee 协议栈里面,每一层协议都维护着一个信息库(PAN information base,PIB)用于管理该层,里面具体存放着与该层相关的一些属性参数,如最大报文长度等。在高层可以通过原语获取或者修改下一层的信息库里面的属性参数。IEEE802.15.4 物理层也同样维护着这样一个信息库,并提供 4 个相关原语:

- ◇ 属性参数获取请求(PLME-GET.request)。
- ◇ 属性参数获取确认原语(PLME-GET.confirm)。
- ◇ 属性参数设置请求原语(PLME-SET.request)。
- ◇ 属性参数设置确认原语(PLME-SET.confirm)。

2.3.2　MAC 层

前述物理层负责信道的分配,而 MAC 层负责无线信道的使用方式,它们是构建 Zigbee 协议底层的基础。

1. MAC 功能概述

IEEE802.15.4 标准定义 MAC 子层具有以下几项功能:

- ◇ 采用 CSMA/CA 机制来访问信道。
- ◇ PAN(Personal Area Network,个域网)的建立和维护。
- ◇ 支持 PAN 网络的关联(即加入网络)和解除关联(退出网络)。
- ◇ 协调器产生网络信标帧,普通设备根据信标帧与协调器同步。
- ◇ 处理和维护保证 GTS(Guaranteed Time Slot,同步时隙)。
- ◇ 在两个对等 MAC 实体间提供可靠链路。

2. MAC 层服务规范

MAC 层包括 MAC 层管理服务(MLME)和数据服务(MCPS)。MAC 层参考模型如图 2-5 所示。

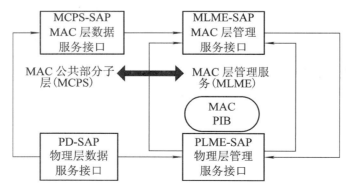

图 2-5　MAC 层参考模型

◇　MAC 管理服务可以提供调用 MAC 层管理功能的服务接口,同时还负责维护 MAC PAN 信息库(MAC PIB)。

◇　MAC 数据服务可以提供调用 MAC 公共部分子层(MCPS)提供的数据服务接口,为网络层数据添加协议头,从而实现 MAC 层帧数据。

◇　除了以上两个外部接口外,在 MCPS 和 MLME 之间还隐含了一个内部接口,用于 MLME 调用 MAC 管理服务。

MAC 子层具体功能的实现如下所述。

1) CSMA/CA 的工作原理

CSMA/CA 机制实际是在发送数据帧之前对信道进行预约,以免造成信道碰撞问题。CSMA/CA 提供两种方式来对无线信道共享访问,工作流程分别为:

◇　送出数据前,监听信道的使用情况,维持一段时间后,再等待一段随机的时间后信道依然空闲,送出数据。由于每个设备采用的随机时间不同,所以可以减少冲突的机会。

◇　送出数据前,先送一段小小的请求传送 RTS 报文给目标端,等待目标端回应 CTS 报文后才开始传送。利用 RTS/CTS 握手程序,确保传送数据时不会碰撞。

2) PAN 的建立和维护

在一个新设备上电的时候,如果设备不是协调器,它将通过扫描发现已有的网络,然后选择一个网络进行关联。如果是一个协调器设备,则扫描已有网络,选择空余的信道与合法的 PANID(Personal Area Network ID),然后构建一个新网络。当一个设备在通信过程中,与其关联的协调器失去同步,也需要通过扫描通知其协调器。为了实现这些功能,802.15.4 标准专门定义了 4 种扫描:ED 信道扫描(ED SCAN)、主动信道扫描(Active SCAN)、被动信道扫描(Passive SCAN)和孤立信道扫描(Orphan channel SCAN)。相关原语为请求原语 MLME-SCAN.request(其参数为扫描类型、扫描信道和扫描时间)和确认返回原语 MLME-SCAN.confirm(用于返回扫描结果)。

3) 关联和解除关联

"关联"即设备加入一个网络,"解除关联"即设备从这个网络中退出。对于一般的设备(路由器或者终端节点),在启动完成扫描后,已经得到附近各个网络的参数,下一步就是选择一个合适的网络与协调器进行关联。在关联前,上层需要设置好相关的 PIB 参数(调用 PIB 参数设置原语),如物理信道的选择,PANID、协调器地址等。

4) 信标帧

在信标帧使能的网络中,一般设备通过协调器信标帧的同步来得知协调器里是否有发送给自己的数据;另外,为了减少设备的功耗,设备需要知道信道何时进入不活跃时段,这样,设备可以在不活跃时段关闭射频,而在协调器广播信标帧时打开射频。所有这些操作都需要通过信标帧实现精确同步。

2.3.3　MAC 帧的结构

MAC 帧即 MAC 协议数据单元(MPDU),是由一系列字段按照特定的顺序排列而成的。设计目标是在保持低复杂度的前提下实现在噪声信道上的可靠数据传输。MAC 层帧结构分为一般格式和特定格式。

1. MAC 帧的一般结构

MAC 帧的一般格式，即所有的 MAC 帧都由三部分组成：MAC 帧头(MHR)、MAC 有效载荷和 MAC 帧尾(MFR)。如图 2-6 所示。

字节数: 2	1	0/2	0/2/8	0/2	0/2/8	可变长度	2
帧控制	帧序号	目的 PAN 标识码	目的地址	源 PAN 标识码	源地址	帧有效载荷	FCS
		地址信息					
MAC 帧头(MHR)		MAC 有效载荷					MAC 帧层(MFR)

图 2-6　MAC 帧的一般格式

其中，MAC 帧头部分由帧控制字段和帧序号字段组成；MAC 有效载荷由地址信息和特定帧(例如数据帧、命令帧、信标帧、确认帧)的有效载荷组成，MAC 有效载荷的长度与特定帧类型相关(例如确认帧的有效载荷部分长度为 0)；MAC 帧尾是校验序列(FCS)。图 2-6 中的各部分解释如下。

1) 帧控制

帧控制字段的长度为 16 位，共分为 9 个子域。帧控制字段的格式如图 2-7 所示。

0~2	3	4	5	6	7~9	10~11	12~13	14~15
帧类型	安全使能	数据待传	确认请求	网内/网际	预留	目的地址模式	预留	源地址模式

图 2-7　帧控制字段

◇　帧类型子域占 3 位：000 表示信标帧，001 表示数据帧，010 表示确认帧，011 表示 MAC 命令帧，其他取值预留。

◇　安全使能子域占 1 位：0 表示 MAC 层没有对该帧做加密处理；1 表示该帧使用了 MACPIB 中的密钥进行保护。

◇　数据待传指示：1 表示在当前帧之后，发送设备还有数据要传送给接收设备，接收设备需要再发送数据请求命令来索取数据；0 表示发送数据帧的设备没有更多的数据要传送给接收设备。

◇　确认请求占 1 位：1 表示接收设备在接收到该数据帧或命令帧后，如果判断其为有效帧，就要向发送设备反馈一个确认帧；0 表示接收设备不需要反馈确认帧。

◇　网内/网际子域占 1 位，表示该数据帧是否在同一 PAN 内传输。如果该指示位为 1 且存在源地址和目的地址，则 MAC 帧中将不包含源 PAN 标识码字段；如果该指示位为 0 且存在源地址和目的地址，则 MAC 帧中将包含 PAN 标识码和目的 PAN 标识码。

◇　目的地址模式子域占 2 位：00 表示没有目的 PAN 标识码和目的地址，01 预留，10 表示目的地址是 16 位短地址，11 表示目的地址是 64 位扩展地址。如果目的地址模式为 00 且帧类型域指示该帧不是确认帧或信标帧，则源地址模式应非零，暗指该帧是发送给 PAN 协调器的，PAN 协调器的 PAN 标识码与源 PAN 标识码一致。

◇　源地址模式子域占 2 位：00 表示没有源 PAN 标识码和源地址，01 预留，10 表示源地址是 16 位短地址，11 表示源地址是 64 位扩展地址。如果源地址模式为 00 且帧类型域指示该帧不是确认帧，则目的地址模式应非零，暗指该帧是由与目的 PAN 标识码一致的 PAN 协调器发出的。

2) 帧序号

序号是 MAC 层为每帧制定的唯一顺序标示码，帧序号字段长度为 8 位。其中信标帧的序号是信标序号(BSN)。数据帧、确认帧或 MAC 命令帧的序号是数据信号(DSN)。

3) 目的 PAN 标识码

目的 PAN 标识码字段长度为 16 位，它指定了帧的期望接收设备所在 PAN 的标识。只有帧控制字段中目的地址模式不为 0 时，帧结构中才存在目的 PAN 标识码字段。

4) 目的地址字段

目的地址是帧的期望接收设备的地址。只有帧控制字段中目的地址模式非 00 时，帧结构中才存在目的地址字段。

5) 源 PAN 标识码

源 PAN 标识码字段长度为 16 位，它制定了帧发送设备的 PAN 标识码。只有当帧控制字段中源地址模式值不为 0，并且网内/网际指示位等于 0 时，帧结构中才包含有源 PAN 标识字段。一个设备的 PAN 标识码是初始关联到 PAN 时获得的，但是在解决 PAN 标识码冲突时可能会改变。

6) 源地址字段

源地址是帧发送设备的地址。只有帧控制字段中的源地址模式非 00 时，帧结构才存在源地址字段。

7) 帧有效载荷字段

有效载荷字段的长度是可变的，因帧类型的不同而不同。如果帧控制字段中的安全使能位为 1，则有效载荷长度是受到安全机制保护的数据。

8) FCS 字段

FCS 字段是对 MAC 帧头和有效载荷计算得到的 16 位 CRC 校验码。

2. MAC 特定帧格式

MAC 帧特定格式包括信标帧、数据帧、确认帧和命令帧。

1) 信标帧

信标帧实现网络中设备的同步工作和休眠，建立 PAN 主协调器。信标帧的格式如图 2-8 所示，包括 MAC 帧头、有效载荷和帧尾。

字节: 2	1	4	2	可变长度	可变长度	可变长度	2
帧控制	序号	地址信息	超帧配置	GTS	待处理地址	信标有效载荷	FCS
MAC 帧头(MHR)			MAC 有效载荷				MAC 帧尾(MFR)

图 2-8　信标帧的格式

其中帧头由帧控制字段、序号和地址信息组成，信标帧中的地址信息只包含源设备的

PANID 和地址。负载数据单元由四部分组成，即超帧配置、GTS、待处理地址和信标有效载荷，具体描述如下。

◇　超帧配置：超帧指定发送信标的时间间隔、是否发送信标以及是否允许关联。信标帧中超帧描述字段规定了这个超帧的持续时间、活跃部分持续时间以及竞争访问时段持续时间等信息。

◇　GTS 分配字段：GTS 配置字段长度是 8 位，其中 0～2 位是 GTS 描述计数器子域，位 3～6 预留，位 7 是 GTS 子域。GTS 分配字段将无竞争时段划分为若干个 GTS，并把每个 GTS 具体分配给每个设备。

◇　待处理地址：待处理地址列出了与协调者保存的数据相对应的设备地址。一个设备如果发现自己的地址出现在待转发数据目标地址字段里，则意味着协调器存有属于它的数据，所以它就会向协调器发出传送数据的 MAC 帧请求。

◇　信标帧有效载荷：信标帧载荷数据为上层协议提供数据传输接口。

2) 数据帧

数据帧用来传输上层发到 MAC 子层的数据。它的负载字段包含了上层需要传送的数据。数据负载传送至 MAC 子层时，被称为 MAC 服务数据单元。它的首尾被分别附加了 MAC 帧头(MHR)和 MAC 帧尾(MFR)信息。数据帧的格式如图 2-9 所示。

字节：2	1	4	可变长度	2
帧控制	序号	地址信息	数据帧负载	FCS
MAC 帧头(MHR)			MAC 负载	MAC 帧尾(MFR)

图 2-9　数据帧的格式

3) 确认帧

确认帧的格式如图 2-10 所示，由 MHR 和 MFR 组成。其中确认帧的序列号应该与被确认帧的序列号相同，并且负载长度为 0。

字节：2	1	2
帧控制	序号	FCS
MAC 帧头(MHR)		MAC 帧尾(MFR)

图 2-10　确认帧的格式

4) 命令帧

命令帧用于组建 PAN 网络，传输同步数据等，命令帧的格式如图 2-11 所示。其中命令帧标识字段指示所使用的 MAC 命令，其取值范围为 0x01～0x09。

字节：2	1	4	1	可变长度	2
帧控制	序号	地址信息	命令帧标识	命令有效载荷	FCS
MAC 帧头(MHR)			MAC 负载		MAC 帧尾(MFR)

图 2-11　命令帧的格式

◇　MAC 帧头部分。MAC 命令帧的帧头部分包括帧控制字段、帧序号字段和地址信息字段。

◇ 命令帧标识字段指示所使用的 MAC 命令，各帧标识的命令名称如表 2-1 所示。

表 2-1　MAC 命令帧

命令帧标识	命 令 名 称
0x01	关联请求
0x02	关联响应
0x03	解关联通知
0x04	数据请求
0x05	PAN ID 冲突通知
0x06	孤立通知
0x07	信标请求
0x08	协调器重排列
0x09	GTS 请求
0x0A～0xFF	预留

2.4　Zigbee 网络层

Zigbee 网络层的主要作用是负责网络的建立、允许设备加入或离开网络、路由的发现和维护。

2.4.1　功能概述

Zigbee 网络层主要实现网络的建立、路由的实现以及网络地址的分配。Zigbee 网络层的不同功能由不同的设备完成。其中 Zigbee 网络中的设备有三种类型，即协调器、路由器和终端节点，分别实现不同的功能。

◇ 协调器具有建立新网络的能力。

◇ 协调器和路由器具备允许设备加入网络或者离开网络、为设备分配网络内部的逻辑地址、建立和维护邻居表等功能。

◇ Zigbee 终端节点只需要有加入或离开网络的能力即可。

2.4.2　服务规范

网络层内部由两部分组成，分别是网络层数据实体(NLDE)和网络层管理实体(NLME)，如图 2-12 所示。

◇ 网络层数据实体通过访问服务接口 NLDE-SAP 为上层提供数据服务。

◇ 网络层管理实体通过访问服务接口 NLME-SAP 为上层提供网络层的管理服务，另外还负责维护网络层信息库。

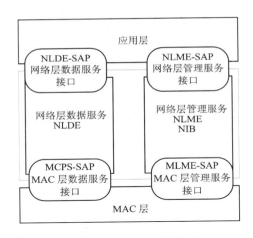

图 2-12　网络层参考模型

1. 网络层数据实体(NLDE)

NLDE 可提供数据服务以允许一个应用在两个或多个设备之间来传输应用协议，这些设备必须在同一个网络中。NLDE 可提供以下服务类型。

◇　通用的网络协议数据单元(NPDU)：NLDE 可以通过附加一个适当的协议头，并从应用支持子层 PDU 中产生 NPDU。

◇　特定的拓扑路由：NLDE 能够传输给 NPDU 一个适当的设备。这个设备可以是最终的传输目的地，也可以是交流链中通往最终目的地的下一个设备。

2. 网络层管理实体(NLME)

NLME 提供一个管理服务来允许一个应用和协议栈相连接，用来提供以下服务。

◇　配置一个新设备：网络层管理实体可以依据应用操作的要求来完全配置协议栈。设置配置包括开始设备作为 Zigbee 协调器或加入一个存在的网络。

◇　开始一个网络：网络层管理实体可以建立一个新的网络。

◇　加入或离开一个网络：网络层管理实体可以加入或者离开一个网络，使 Zigbee 的协调器和路由器能够允许终端节点离开网络。

◇　分配地址：使 Zigbee 协调器和路由器可以分配地址给新加入网络的设备。

◇　邻居表发现：去发现、记录和报告设备的一跳邻居表的相关信息。

◇　路由的发现：可以通过网络来发现以及记录传输路径，并记录在路由表中。

◇　接收控制：当接收者活跃时，网络层管理实体可以控制接收时间的长短并使 MAC 子层同步或直接接收。

2.4.3　帧结构

网络层协议数据单元(NPDU)即网络层帧的结构，如图 2-13 所示。

网络层协议数据单元(NPDU)结构由网络层帧报头和网络层的有效载荷两部分组成。网络层帧报头包含帧控制、地址信息、广播半径域、广播序列号、多点传送控制等信息，其中地址信息包括目的地址、源地址、IEEE 目的地址和 IEEE 源地址。

字节：2	2	2	1	1	0/8	0/8	0/1	变长	变长
帧控制	目的地址	源地址	广播半径域	广播序列号	IEEE目的地址	IEEE源地址	多点传送控制	源路由帧	帧的有效载荷
网络层帧报头									网络层的有效载荷

图 2-13 网络层数据帧的格式

在 Zigbee 网络协议中定义了两种类型的帧结构，即网络层数据帧和网络层命令帧。下面主要介绍网络层数据帧内的各个子域。

1) 帧控制域

帧控制子域的格式如图 2-14 所示。

0～2	2～5	6～7	8	9	10	11	12	13～15
帧类型	协议版本	发现路由	广播标记	安全	源路由	IEEE目的地址	IEEE源地址	保留

图 2-14 帧控制子域的结构

各子域详细说明如下：

◇ 帧类型子域占 2 位，00 表示数据帧，01 表示命令帧，10～11 保留。

◇ 协议版本子域占 4 位，为 Zigbee 网络层协议标准的版本号。在一个特殊设备中使用的协议版本应作为网络层属性 nwkProtocolVersion 的值，在 Zstack-CC2530-2.5.1A 中版本号为 2。

◇ 发现路由子域占 2 位，00 表示禁止路由发现，01 表示使能路由发现，10 表示强制路由发现，11 保留。

◇ 广播标记占 1 位，0 表示为单播或者广播，1 表示组播。

◇ 安全子域占 1 位，当该帧为网络层安全操作使能时(即加密时)，安全子域的值为 1，当安全子域在另一层执行或者完全失败时(即未加密时)，值为 0。

◇ 源路由子域占 1 位，1 表示源路由子帧在网络报头中存在。如果源路由子帧不存在，则源路由子域值为 0。

◇ IEEE 目的地址为 1 时，网络帧报头包含整个 IEEE 目的地址。

◇ IEEE 源地址为 1 时，网络帧报头包含整个 IEEE 源地址。

2) 目的地址

目的地址长度域为 2 个字节。如果帧控制域的广播标志子域值为 0，那么目的地址域值为 16 位的目的设备网络地址或者广播地址。如果广播标志子域值为 1，目的地址域为 16 位目的组播的 Group ID。

3) 源地址

在网络层帧中必须有源地址，其长度是 2 个字节，其值是源设备的网络地址。

4) 半径域

半径域总是存在的，它的长度为 1 字节。当设备每接收一次帧数据时，广播半径即减

1，广播半径限定了传输半径的范围。

5) 广播序列号域

每个帧中都包含序列号域，其长度是 1 字节。每发送一个新的帧，序列号值即加 1。帧的源地址和序列号子域是 1 对，在限定了序列号 1 字节的长度内是唯一的标识符。

6) IEEE 目的地址

如果存在 IEEE 目的地址域，它将包含在网络层地址头中的目的地址域的 16 位网络地址相对应的 64 位 IEEE 地址中。如果该 16 位网络地址是广播或者组播地址，那么 IEEE 目的地址不存在。

7) IEEE 源地址

如果存在 IEEE 源地址域，则它将包含在网络层地址头中的源地址域的 16 位网络地址相对应的 64 位 IEEE 地址中。

8) 多点传送控制

多点控制域是 1 字节长度，且只有广播标志子域值是 1(即组播)时才存在。其结构如图 2-15 所示。

0～2	2～4	5～7
多播模式	非成员半径	最大非成员半径

图 2-15　多点控制子域的结构

9) 源路由帧

源路由帧只有在帧控制域的源路由子域的值是 1 时，才存在源路由帧子域。它分为 3 个子域：应答计数器(1 个字节)、应答索引(1 个字节)以及应答列表(可变长)。

◇　应答计数器子域表示包含在源路由帧转发列表中的应答数值。

◇　应答索引子域表示传输数据包的应答列表子域的下一转发索引。这个域被数据包的发送设备初始化为 0，且每转发一次就加 1。

◇　应答列表子域是节点的短地址列表，用来为源路由数据包寻找目的转发节点。

10) 帧有效载荷

帧有效载荷的长度是可变的，包含的是上层的数据单元信息。

2.5　Zigbee 应用层

Zigbee 的应用层由应用支持子层(APS)、Zigbee 设备对象、Zigbee 应用框架(AF)、Zigbee 设备模板和制造商定义的应用对象等组成。

2.5.1　几个概念

1. 节点地址和端点号

◇　节点地址：地址类型有两种，64 位 IEEE 地址(即 MAC 地址，是全球唯一的)和 16

位网络地址(又称短地址或网络短地址,是设备加入网络后,由网络中的协调器分配给设备的网络短地址)。

◇　端点号:端点号(也简称端点)是 Zigbee 协议栈应用层的入口,它是为实现一个设备描述而定义的一组群集。每个 Zigbee 设备可以最多支持 240 个端点,即每个设备上可以定义 240 个应用对象,端点 0 被保留用于设备对象(ZDO)接口,端点 255 被保留用于广播,端点 241～245 被保留用于将来扩展使用。

2. 间接通信和直接通信

◇　间接通信:指各个节点通过端点的"绑定"建立通信关系,这种通信方式不需要知道目标节点的地址信息,包括 IEEE 地址或网络短地址,Zstack 底层将自动从栈的绑定表中查找目标设备的具体网络地址并将其发送出去。绑定是指两个节点在应用层上建立起来的一条逻辑链路,关于绑定的详细信息参见第 6 章。

◇　直接通信:该方式不需要节点之间通过绑定建立联系,它使用节点地址作为参数,调用适当的应用接口来实现通信。直接通信的关键点之一在于节点地址的获得(获取 IEEE 地址或网络短地址)。由于协调器的网络短地址是固定为 0x0000 的,因此直接通信常用于设备和协调器之间的通信。

3. 簇

簇(cluster)可以由用户自定义,用于代表消息的类型。当一个任务接收到消息后,会对消息进行处理,但不同的应用有不同的消息,簇是为了将这些消息区分开而定义的(关于簇的使用参见第 6 章)。

4. 设备发现

在 Zigbee 网络中,一个设备通过发送广播或者带有特定单播地址的查询,从而发现另一设备的过程称为设备发现。设备发现有两种类型:第一种是根据 IEEE 地址;第二种是短地址已知的单播发现和短地址未知的广播发现。接收到查询广播或单播发现信息的设备,根据 Zigbee 设备类型的不同作出不同方式的响应。

◇　Zigbee 终端设备:根据请求发现类型的不同,发送自己的 IEEE 地址或短地址。

◇　Zigbee 路由器:发送所有与自己连接的设备的 IEEE 地址或者短地址作为响应。

◇　Zigbee 协调器:发送 IEEE 地址或者短地址,或与它连接的设备的 IEEE 地址或短地址作为响应。

5. 服务发现

在 Zigbee 网络中,某设备为发现另一终端设备提供服务的过程称为服务发现。服务发现可以通过对某一给定设备的所有端点发送服务查询来实现,也可以通过服务特性匹配来实现。

服务发现过程是 Zigbee 协议栈中设备实现服务接口的关键。通过对特定端点的描述符的查询请求和对某种要求的广播查询请求等,可以使应用程序获得可用的服务。

6. 绑定

绑定是一种两个(或多个)应用设备之间信息流的控制机制,在 Zstack 协议栈中被称为源绑定。所有需要绑定的设备都必须执行绑定机制。绑定允许应用程序发送一个数据包而不需要知道目标地址。应用支持子层从它的绑定表中确定目标地址，然后将数据继续向目标应用或者目标组发送。

2.5.2　应用支持子层

应用支持子层(APS)负责应用支持子层协议数据单元 APDU 的处理、数据传输管理和维护绑定列表。应用支持子层(APS)通过一组通用的服务为网络层和应用层之间提供接口，这一组服务可以被 Zigbee 设备对象和制造商定义的应用对象使用，包括应用支持子层数据服务(APSDE)和应用支持子层管理服务(APSME)，如图 2-16 所示。

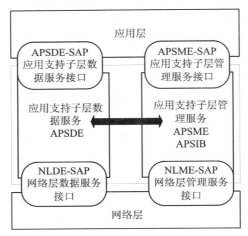

图 2-16　应用支持子层的参考模型

◇　应用支持子层数据服务(APSDE)通过"应用支持子层数据服务访问接口(APSDE-SAP)"提供应用层数据单元(APDU)的处理服务，即 APDU 要取得应用层 PDU，并为应用层 PDU 加入合适的协议头生成 APSDU。

◇　应用支持子层管理实体(APSME)通过"应用支持子层管理服务访问接口"提供设备发现、设备绑定和应用层数据库的管理等服务，主要提供应用程序与协议栈进行交互的管理服务和对象的绑定服务。另外，还提供应用层信息库(AIB)管理，即从设备的 AIB 中获取和设置参数的能力；安全管理，即使用密钥来建立与其他设备的可靠关系。

2.5.3　应用框架

Zigbee 设备中应用对象驻留的环境称为应用框架(Application Framework，英文简称 AF)。在应用框架中，应用程序可以通过 APSDE-SAP 发送、接收数据，通过"设备对象公共接口"实现应用对象的控制与管理。应用支持子层数据服务接口(APSDE-SAP)提供的数据服务包括数据传输请求、确认、指示等原语。

◇　数据请求原语用于在对等的应用实体间实现数据传输。

◇　确认原语报告"数据请求原语"执行的结果。

◇　指示原语用来指示 APS 向目的应用对象的数据传送。

Zigbee 应用框架给各个用户自定义的应用对象提供了模板式的活动空间，为每个应用对象提供了键值匹配(KVP)服务和报文(MSG)服务。

1. Zigbee 协议栈模板

每个 Zigbee 设备都与一个特定的模板有关,这些模板定义了设备的应用环境、设备类型以及用于设备间通信的簇,比如应用环境为智能家居,那么就可以建立一个智能家居的模板。不过 Zigbee 模板不是随意定义的,它们的定义由 Zigbee 联盟负责。Zigbee 联盟定义了三种模板,分别为 Zigbee 协议栈模板、ZigbeePRO 模板以及特定网络模板,在 Zstack 协议栈中使用了这三种模板。Zigbee 协议栈模板的定义详见第 6 章。

Zigbee 的三种类型的模板可以按使用限制分为:私有、公开和共用。每个模板都有一个模板标识符,此标识符必须是唯一的。如果需要定义满足特定需要的模板,开发商必须向 Zigbee 联盟申请模板标识符。建立模板应考虑到能够覆盖一定的应用范围,不至于造成模板标识符的浪费。申请模板标识符后,可以为模板定义设备描述、簇标识符和服务类型(键值匹配和报文服务)属性。

单个的 Zigbee 设备可以支持多个模板,提供定义的簇标识符和设备描述符。这些簇标识符和端点标识符通过设备地址和端点地址来实现。

◇　设备地址:包含有 IEEE 地址和短地址的无线收发装置。

◇　端点地址:设备中的不同应用端点号代表。一个设备中最多可以有 240 个端点。

在设备中怎样部署端点由应用程序开发者决定,应能保证结构简单,能够满足服务发现的需要。应用程序被安置在端点,它有一个简单描述符。通过简单描述符和服务发现机制才能实现服务发现、绑定及功能互补的设备之间的信息交换。服务发现是建立在模板标识符、输入簇标识符表和输出簇标识符表的基础上的。

2. 功能描述

Zigbee 应用框架的功能可以简单概括为组合事务、接收和拒绝。

1) 组合事务

应用框架帧结构允许将若干个单独的事务组合在一个帧内,这一组事务称为组合事务。只有共享相同服务类型和簇标识符的事务才能组合事务帧。组合事务帧的长度不能超过最大允许长度。

当接收到组合事务帧时,设备将按顺序处理每一个事务。对于需要应答的事务,将分别构造和发送响应帧。发送的组合事务响应帧长度应在 APS 帧允许的长度之内,如果超过允许的长度,则应将这个组合响应帧分成若干个响应帧。

2) 接收和拒绝

应用框架首先从 APS 接收的帧进行过滤处理,然后,检查该帧的目的端点是否处于活动状态。如果目的端点处于非活动状态,则将该帧丢弃;如果目的端点处于活动状态,则应用框架将检查帧中的模板标识符是否与端点的模板标识符匹配。如果匹配,将帧的载荷传送给该端点,否则丢弃该帧。

2.5.4　设备对象

在 Zigbee 协议中,应用程序可以通过端点 0 与 Zigbee 堆栈的其他层通信,从而实现对各层的初始化和配置,附属在端点 0 的对象(端点 0 负责的功能集)被称为 Zigbee 设备对象(Zigbee Device Object,ZDO)。

ZDO 提供应用对象、模板和应用支持子层(APS)之间的接口，标识一类基本功能。它处在应用框架和应用支持子层(APS)之间，满足 Zigbee 协议栈中所有应用操作的公共需求。ZDO 通过端点 0，利用 APSDE_SAP 实现数据服务，利用 APSME_SAP 实现管理服务。这些公共接口在应用框架中提供设备管理、发现、绑定和安全功能。

1. 设备对象描述

Zigbee 设备对象(ZDO)使用应用支持子层(APS)和网络层提供的服务实现 Zigbee 协调器、路由器和终端设备的功能。ZDO 的功能包括：初始化应用支持子层、网络层和其他 Zigbee 设备层；汇聚来自端点应用的信息，以实现设备和服务发现、网络管理、绑定管理、安全管理、节点管理等功能。它执行端点号为 1～240 的应用端点的初始化。ZDO 包括 5 个功能：

◇ 设备发现和服务发现，该对象在所有设备中都必须实现。

◇ 网络管理，该对象在所有设备中都必须实现。

◇ 绑定管理，可选。

◇ 安全管理，可选。

◇ 节点管理，可选。

这些对象在应用支持层和网络层的支持下实现以下功能。

1) 设备发现和服务发现

ZDO 支持在一个 PAN 中的设备和服务发现。Zigbee 协调器、Zigbee 路由器和 Zigbee 终端节点的具体功能如下：

◇ 对于即将进入睡眠状态下的 Zigbee 终端节点，ZDO 的设备发现和服务发现功能将它的 IEEE 地址、短地址、活动端点、简单描述符、节点描述符和功率描述符等上载并保持在其连接的协调器或者路由器上，以便能够在这些设备处于睡眠状态时实现设备发现和服务发现。

◇ 对于 Zigbee 协调器或路由器，它们代替与其连接的、处于睡眠状态的子设备，对设备发现和服务发现请求作出响应。

◇ 对于所有的 Zigbee 设备，应支持来自其他设备的设备发现和服务发现，能够实现本地应用程序需要的设备发现和服务发现请求。例如：Zigbee 协调器或路由器基于 IEEE 地址的单播查询，被询问的设备返回其 IEEE 地址，也可包括与其连接的设备的网络地址；Zigbee 协调器或者路由器也可以发出基于网络地址的广播查询，被询问的设备返回其短地址，在需要的情况下也可以包括与其连接的设备的网络地址。

服务发现有以下几种方式：

◇ 基于网络地址与活动端点的查询，被询问的设备回答设备的端点号。

◇ 基于网络地址或者广播地址，与包括在 ProfileID(端点的剖面 ID)中的服务匹配；或者还可以使用端点的输入/输出簇，特定的设备将 ProfileID 与其活动端点逐一进行匹配检查。然后使用原语作出回答。

◇ 根据网络地址、节点描述或者功率描述的查询，特定的设备返回其节点描述符及其端点。

◇ 基于网络地址、端点号和简单描述符的查询，该地址的设备返回简单描述符及其端点。

◇ 基于网络地址、符合描述符或用户描述符的查询。该功能是可选的，如果设备支持该功能，则被查询的设备发送自己的符合描述符或者用户描述符。

2) 安全管理

安全管理确定是否使用安全功能，如果使用安全功能，则必须完成建立密钥、传输密钥和认证工作。安全管理涉及如下操作：

◇ 从信任中心处获得主密钥。

◇ 建立与信任中心之间的链路密钥。

◇ 以安全的方式从信任中心获得网络密钥。

◇ 为网络中确定为信息目的地的设备建立链路密钥和主密钥。

◇ Zigbee 路由器可以通知信任中心有设备与网络建立了连接。

3) 网络管理

这项功能按照预先的配置或者设备安装时的设置，将设备启动为协调器、路由器或终端设备。如果是路由器或终端设备，则设备应具备选择连接的 PAN 及执行信道扫描功能。如果是协调器或者路由器，则它将具备选择未使用的信道，以建立一个新的 PAN 功能。在网络没有建立时，最先启动的为协调器。网络管理的功能如下：

◇ 给出需要扫描的信道类表，缺省的设置是工作波段的所有信道。

◇ 管理扫描过程，以确定邻居网络，识别其协调器和路由器。

◇ 选择信道，启动一个新的 PAN，或者选择一个已存在的网络并与这个网络建立连接。

◇ 支持重新与网络建立连接。

◇ 支持直接加入网络，或通过代理加入。

◇ 支持网络管理实体，允许外部的网络管理。

4) 绑定管理

绑定管理完成如下功能：

◇ 配置建立绑定表的存储空间，空间的大小由应用程序或者安装过程中的参数确定。

◇ 处理绑定请求，在 APS 绑定表中增加或者删除绑定表项。

◇ 支持来自外部应用程序的接触绑定请求。

◇ 协调器支持终端设备的绑定请求。

5) 节点管理

对于 Zigbee 协调器和路由器，节点管理涉及以下操作：

◇ 允许远方管理命令实现网络发现。

◇ 提供远方管理命令，以获取路由表和绑定表。

◇ 提供远方管理命令，以使设备或另一个设备离开网络。

◇ 提供远方管理命令，以获取远方设备邻居的 LQI。

2. 设备对象行为

Zigbee 网络中的设备类型有三种：协调器、路由器和终端节点。每一种设备的设备对象行为都不同，本小节讲述 Zigbee 网络中的协调器、路由器和终端节点三种设备的设备对象的行为。

⚠️ 注意：这里要区分"Zigbee 设备"和"Zigbee 设备对象"的区别："Zigbee 设备"是 Zigbee
网络中的硬件节点，这些硬件节点分为协调器、路由器和终端节点三种不同的类
型；而"Zigbee 设备对象"是 Zigbee 协议栈中端点 0 的一系列功能的集合。

1) Zigbee 协调器

初始化工作首先将配置属性值复制到网络管理对象，为各种描述符赋初始值等。然后，
应用程序使用 NLME_NETWORK_DISCOVERY.request 服务原语，按照配置的信道开始扫
描。扫描完成后，服务原语 NLME_NETWORK_DISCOVERY.confirm 提供了临近区域中存
在的 PAN 的详细情况列表，应用程序需要比较并从中选择出没有被使用的信道，然后按照
配置属性设置和 NIB 属性值，通过 NLME_NETWORK_FORMATION.request 服务，按照配
置的参数并在选定的信道上启动 Zigbee 网络。最后，应用程序利用返回原语 NLME_
NETWORK_FORMATION.confirm 中的状态判断网络是否成功地建立起来，如图 2-17 所示。

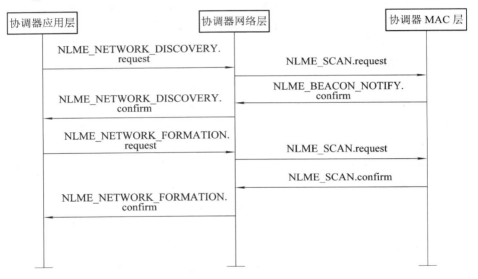

图 2-17　初始化过程

此外，按照预先的配置设置 NIB 中的参数，初始化完成后，进入正常操作状态。在正
常操作状态下，协调器主要完成以下功能：

◇　接受设备加入到网络，或者将一个设备与网络断开连接。

◇　响应其他设备请求的设备服务和服务发现，包括对自己的请求和对自己的处于睡
眠状态的子设备的请求。

◇　支持 Zigbee 设备间的绑定功能等。

◇　保证绑定项的数目不能超过属性规定值。

◇　维护当前连接设备列表，接收孤立扫描，实现孤立设备与网络重新连接。

◇　接收和处理终端设备的通知请求等工作。

在允许使用安全功能且协调器兼做信任中心的情况下，信任中心可完成如下工作：

◇　根据预先指定的规则，允许一个新的设备与网络连接后留在网络中，或者强迫该

设备离开网络。如果信任中心允许该设备留在网络中，则与该设备建立主密钥，除非该设备与信任中心之间通过其他方式建立了主密钥。一旦交换了主密钥，信任中心就与该设备建立链路密钥。最后，信任中心应为该设备提供网络密钥。

◇　信任中心通过提供公共密钥的方式，支持任意两个设备之间建立链路密钥。信任中心一旦接收到设备的应用主密钥请求，即产生一个主密钥，并传输给两个设备。

◇　信任中心应当根据某一策略周期性地更新网络密钥，并将新的网络密钥传送给每个设备。

2) Zigbee 路由器

其初始化与 Zigbee 协调器类似，首先将配置属性值复制到网络管理对象，为各种描述符赋初始值等。然后开始执行网络发现操作，发现在附近区域中存在的 PAN 的详细情况，包括邻居及其链路质量等。选择一个合适的协调器或者路由器建立连接，连接建立后，设备便作为路由器启动开始工作，最后转入正常操作状态。

设备连接的网络工作在安全方式下，则在作为路由器开始工作之前，还需要从信任中心获取、建立各种密钥，并设置 NIB 中的安全属性，完成后才能转入正常操作状态。

在正常工作状态下，路由器完成以下工作：

◇　允许其他设备与网络建立连接。

◇　接受、执行将某设备从网络中移出的命令。

◇　响应设备发现和服务发现。

◇　可以从信任中心获取密钥，与远方设备建立密钥、管理密钥等。

◇　应当维护一个与其连接的设备列表，允许设备重新加入网络。

3) Zigbee 终端设备

Zigbee 终端设备在初始化时首先为工作中需要的参数设置初始值；其次，开始发现网络的操作，并选择一个合适的网络与之连接；连接后使用自己的 IEEE 地址和网络地址发出终端设备通知信息。在安全网络中，终端设备还需要等待信任中心发送的主密钥，与信任中心建立链路密钥，获得网络密钥等。上述工作完成后，设备即开始进入正常操作状态。

在正常操作状态下，终端设备应响应设备发现和服务发现请求，接收协调器发出的通知信息，检查绑定表中是否存在与它匹配的项等。在安全的网络中还应完成各种密钥的获取、建立和管理工作。

小　结

通过本章的学习，学生应该能够掌握以下内容：

◆　Zigbee 协议分为物理层、MAC 层、网络层和应用层，其中物理层和 MAC 层由 IEEE802.15.4 定义。

◆　Zigbee 有三种网络拓扑结构，分别是星型、树型和网状型。

◆　物理层定义了物理无线信道和与 MAC 层之间的接口，提供物理层数据服务和物理层管理服务。

◆　MAC 层提供 MAC 层数据服务和 MAC 层管理服务，并负责数据成帧。

◆　网络层负责拓扑结构的建立和维护网络连接。

◆ Zigbee 的应用层由应用支持子层(APS)、Zigbee 设备对象、Zigbee 应用框架(AF)、Zigbee 设备模板和制造商定义的应用对象等组成。

 练 习

1. Zigbee 网络结构分为 4 层,从下至上分别为_____、_____、_____和_____。
2. Zigbee 网络支持三种拓扑结构:_____、_____、_____结构。
3. 下面属于网络层与应用层数据服务接口的是_____。
   A. NLDE-SAP
   B. MCPS-SAP
   C. MLME-SAP
   D. NLME-SAP
4. 简述 MAC 层帧的一般结构。
5. 简述 Zigbee 网络层的功能。

第 3 章　Zigbee 硬件设计

本章目标

◆　理解硬件设计规则及注意事项。
◆　掌握 CC2530 核心板、路由器底板和协调器底板的设计。
◆　了解低功耗设计。

学习导航

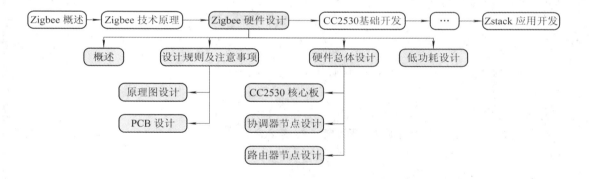

3.1　概述

本章将详细讲解 Zigbee 的硬件设计，主要内容包括硬件设计规则及注意事项、Zigbee 节点硬件总体设计、Zigbee 节点低功耗设计，其中：

◇　硬件设计规则及注意事项主要包括需求分析、元器件选型以及设计的基本原则。

◇　Zigbee 节点硬件总体设计分别介绍 Zigbee 核心板、Zigbee 协调器底板和路由器底板的硬件设计。

◇　Zigbee 节点低功耗设计主要讲解在低功耗设计过程中所要考虑的问题以及需要注意的事项。

3.2 设计规则及注意事项

作为硬件系统的设计者，启动一个硬件开发项目，要综合考虑各个方面，比如性价比、市场的需要、整个系统架构的需求等，以便提出合适的硬件解决方案。下面以基于CC2530 Zigbee 节点硬件设计的原理图和 PCB 的绘制为例，来讲解硬件设计规则及注意事项。

3.2.1 原理图设计

硬件原理图设计是产品设计的理论基础，设计一份规范的原理图对设计 PCB 具有指导性意义，是做好一款产品的基础。原理图设计的基本要求：规范、清晰、准确、易读。原理图设计的一般过程包括以下几个方面。

1. 确定需求

详细理解设计需求，从需求中整理出电路功能模块和性能指标要求等，这些要求有助于器件选型和电路的设计。要设计 Zigbee 节点，首先要了解 Zigbee 节点应该具备的基本功能：无线传输及组网、LED 灯的显示、按键、供电模块等。了解基本需求后需要进行硬件的选型。

2. 确定核心 CPU

根据功能和性能需求制定总体设计方案，对 CPU 进行选型。CPU 选型有以下几点要求：

◇ 性价比高。

◇ 容易开发，体现在硬件调试工具种类多，参考设计多，硬件资源丰富，成功案例多。

◇ 可扩展性好。

根据要求选择 CC2530 作为 Zigbee 节点硬件核心 CPU，其优势在于 CC2530 可以满足设计的需求、性价比，稳定性比较高，可参考的设计方案比较多。

3. 参考成功案例

针对已经选定的 CPU 芯片，选择一个与需求比较接近的成功参考设计。一般 CPU 生产商或合作方都会对每款 CPU 芯片做若干开发板进行验证，厂家公开给用户的参考设计图也是经过严格验证的，所以在设计过程中可以参考并细读 CPU 芯片手册或找厂商进行确认。

TI 给出了 CC2530 芯片手册，在设计过程中仔细阅读芯片手册，可以减少设计的误差。CC2530 芯片手册给出了设计方案以及注意事项。图 3-1 所示为 CC2530 芯片手册给出的设计参考方案，其中注明 CC2530 芯片反面接地，建议用封装为 0402 的外围电容电阻等元器件，并且制作的 PCB 厚度最好为 1 mm。

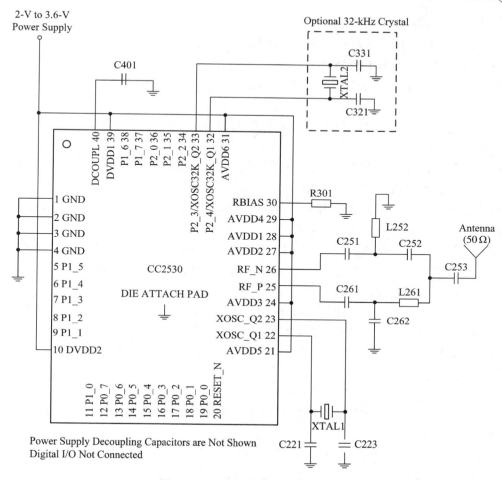

图 3-1 CC2530 芯片手册参考方案

4. 对外围器件的选型

根据需求对外设功能模块进行元器件选型，元器件选型应该遵守以下原则。

◇　普遍性原则：所选的元器件要被广泛使用验证过，尽量少用冷、偏芯片，减少风险。

◇　性价比高原则：在功能、性能、使用率都相近的情况下，尽量选择价格比较低的元器件，减少成本。

◇　采购方便原则：尽量选择容易买到、供货周期短的元器件。

◇　持续发展原则：尽量选择在可预见的时间内不会停产的元器件。

◇　可替代原则：尽量选择引脚到引脚兼容种类比较多的元器件。

◇　向上兼容原则：尽量选择以前老产品用过的元器件。

◇　资源节约原则：尽量用上元器件的全部功能和管脚。

在 CC2530 节点硬件设计的过程中，采用的外围元件比较少，都是一些常见且容易购买、性价比高的元器件，所以在设计过程中外围器件的选择比较容易。

5. 设计基本原则

硬件原理图的设计应该遵守以下基本原则:

◇ 数字电源和模拟电源分割。

◇ 数字地和模拟地分割, 单点接地, 数字地可以直接接机壳地(大地), 机壳地必须接大地。

◇ 各功能布局要合理, 整份原理图需要布局均衡, 避免有些地方很拥挤, 而有些地方很松散。

◇ 可调元器件(如电位器)、切换开关等对应的功能需弄清楚。

◇ 重要的控制或信号线需标明流向及用文字标明功能。

◇ 元件参数/数值必须准确标识, 功率电阻一定要标明功率值, 高耐压滤波电容需标明耐压值。

◇ 保证系统每个模块资源不能冲突, 例如, 同一 I2C 总线上的设备地址不能相同等。

◇ 阅读系统所有芯片手册, 注意其未用输入管脚是否需要做外部处理, 如果需要, 一定要做相应的外部处理。

◇ 在不增加硬件设计难度的情况下尽量保证软件开发的方便, 或者以小的硬件设计难度来换取更多方便、可靠、高效的软件设计, 这点需要硬件设计人员懂得底层软件的开发调试, 要求较高。

3.2.2 PCB 设计

在原理图绘制完成后, 可以对相应的 PCB 进行设计。在 PCB 设计中, 布线是完成产品设计的重要步骤。

1. 电源、地线的处理

电源、地线的考虑不周到而引起的干扰, 会使产品的性能下降, 甚至影响到产品的成功率。所以对电、地线的布线要认真对待, 把电、地线所产生的噪音干扰降到最低限度, 以保证产品的质量。

注意事项包括以下几点。

◇ 尽量加宽电源、地线宽度, 最好是地线比电源线宽, 它们的关系是: 地线 > 电源线 > 信号线。通常信号线宽为 0.2~0.3 mm, 最精细宽度可达 0.05~0.07 mm, 电源线为 1.2~2.5 mm。

◇ 对数字电路的 PCB 可用宽的地导线组成一个回路, 即构成一个地网来使用(模拟电路的地线不能这样使用)。

◇ 用大面积铜层作地线用, 在 PCB 上把没被用上的地方都与地相连接作为地线用, 或是做成多层板, 电源、地线各占用一层。

2. 数字电路与模拟电路的共地处理

当前 PCB 不再是单一功能电路(数字或模拟电路), 而是由数字电路和模拟电路混合构成的。因此在布线时就需要考虑它们之间互相干扰的问题, 特别是地线上的噪音干扰, 数字电路的频率高, 模拟电路的敏感度强。

◇ 对信号线：高频的信号线尽可能远离敏感的模拟电路器件。

◇ 对地线：PCB 对外界只有一个连接点，所以必须在 PCB 内部处理数、模共地的问题；而在板内部数字地和模拟地实际上是分开、互不相连的，只是在 PCB 与外界连接的接口处(如插头等)，数字地与模拟地由一点短接。

3. 信号线布在电(地)层上

在多层 PCB 上布线时，由于在信号线层没有布完的线剩下的已经不多，再多加层数就会造成浪费，也会给生产增加一定的工作量，成本也相应增加了，为解决这个矛盾，可以考虑在电(地)层上进行布线。首先应考虑用电源层，其次才是地层(因为最好是保留地层的完整性)。

3.3 硬件总体设计

为了便于设备维护以及扩展使用，将 Zigbee 硬件分为三部分，即 CC2530 核心板、协调器底板和路由器底板。CC2530 核心板是协调器底板和路由器底板共用的电路板，其上有 CC2530 芯片。

将 CC2530 核心板独立出来主要有两个优点：

◇ 便于设备的维护。一旦 CC2530 核心板或者协调器底板和路由器底板出现问题，便于及时更换。

◇ 便于设备灵活使用。CC2530 既可以配合协调器底板使用，也可以配合路由器底板使用，并且还可以与网关配合使用(网关上预留 CC2530 核心板插座)。

推荐协调器底板和 CC2530 核心板组合使用作为 Zigbee 网络协调器，路由器底板和 CC2530 核心板组合使用作为 Zigbee 路由器或 Zigbee 终端节点。

3.3.1 CC2530 核心板设计

CC2530 核心板(采用 TI 公司的 CC2530F256 芯片)集成了 CC2530 芯片正常工作时所有的外部电路(包括 SMA 接口，以连接 2.4 G 天线)。

CC2530 核心板原理图的设计主要是参照 TI 公司给出的 CC2530 使用手册中的方案来设计的，其参考方案如图 3-1 所示。

自行设计时的注意事项如下：

◇ CC2530 引脚 10、21、24、27、28、29、31 和 39 需要接 2.6～3.6 V 电源，引脚 1、2、3 和 4 接地。

◇ 另外根据需求添加了一些去耦电容、电源指示灯以及复位电路。

◇ 引脚 30 需要连接提供基准电流的 56 kΩ 外部精密偏置电阻器。

◇ 引脚 40 为 1.8 V 数字供电退耦，不需要外接电路，只需要接 1 μF 的退耦电容。

◇ 射频部分完全参照 TI 给出的参考方案，引脚 22 和引脚 23 接 32 MHz 晶振，引脚 32 和 33 接 32.768 kHz 时钟晶振。

最终的设计原理图如图 3-2 所示,原理图中的 ZIGBEE-Board 为 CC2530 核心板的插座板,它将由 I/O 口引出以便供路由器底板和协调器底板扩展使用,其中 P0.6 需要接 10 kΩ的上拉电阻。

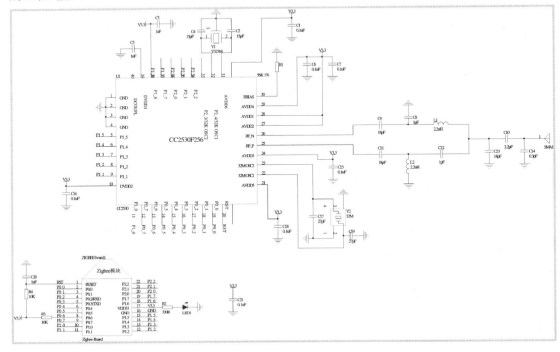

图 3-2　CC2530 原理图

其相应的实物图如图 3-3 所示。

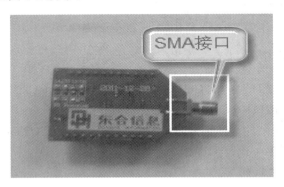

图 3-3　CC2530 核心板实物图

3.3.2　协调器节点设计

协调器底板与 CC2530 核心板配合使用可以提供丰富的硬件支持资源,用于进行功能的演示和开发等。协调器底板集成了电源接口、JTAG 接口、按键、LED 和 LCD、RS232和 RS485 接口、蜂鸣器、传感器模块、电位器、时钟模块和外扩存储模块等。同时还提供外部扩展接口,可以根据需求连接相应的电路,其参考原理图如图 3-4 所示。

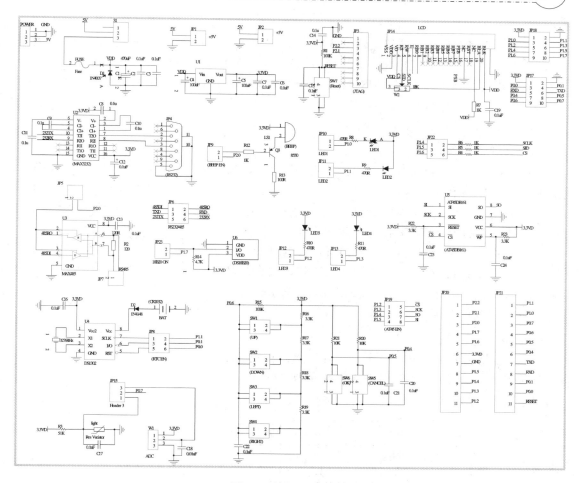

图 3-4　协调器原理图

1. 电源模块

协调器底板采用外部 5 V 电源供电，通过电源适配器与电源接口相连，由协调器底板上的电源转换模块转换为 3.3 V 电压为整个电路板供电。另外还提供 5 V 备用电源接口。电源部分原理图如图 3-5 所示。

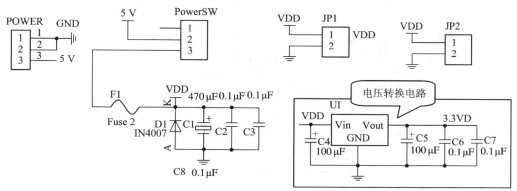

图 3-5　电源部分设计

其中：

◇　POWER 为电源插口，输出 5 V 电压，PowerSW 为开关，5 V 电压经过保险丝和滤波电路后，由电压转换电路将其转换为 3.3 V 电压为整个电路板供电。

◇　电压转换电路采用 AMS1117 3.3 V 电压转换芯片，其中 C4 为输入旁路电容，C5 为输出旁路电容，建议用钽电容。

◇　JP1 和 JP2 为 5 V 外扩电源接口。

2. JTAG 接口

JTAG 接口是连接仿真器下载调试程序的接口，其原理图如图 3-6 所示。

由于 CC2530 的 P2.1 和 P2.2 为 CC2530 的调试接口，所以上述原理图中，JTAG 接口有效的连线只有四条：地线、电源线、CC2530 引脚的 P2.1 和 P2.2(即 DC 和 DD 引脚)。其中 JTAG 接口的引脚 1 接地线，引脚 7 接电源，引脚 3 和引脚 4 分别接 DD 和 DC，其余引脚悬空。SW1 为复位按键。

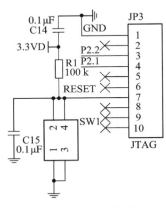

图 3-6　JTAG 电路

3. 按键

协调器底板有 6 个按键，分别为 4 个 AD 按键和 2 个 I/O 按键，可根据应用需要由软件设置以实现不同的功能，如图 3-7 所示。

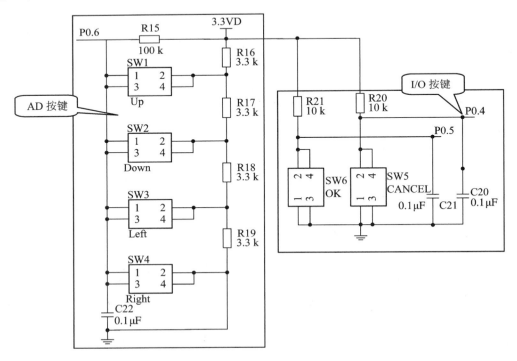

图 3-7　按键电路图

其中，AD 按键接 CC2530 的 P0.6，通过软件设置它们的电压来区分按键，另外两个 I/O 按键分别接 CC2530 的 P0.4 和 P0.5。

4. LED 灯

协调器底板上有四个 LED 指示灯，分别接 CC2530 的 P1.0、P1.1、P1.2 和 P1.3，其中 P1.2、P1.3、P1.4 和外部扩展存储模块共用引脚，如图 3-8 所示。

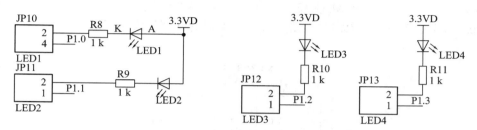

图 3-8　LED 电路图

5. LCD

液晶显示屏采用 FYD128×64 单色屏，具有 4 位/8 位并行、2 线/3 线串行多种接口方式，本设计采用 SPI 端口来驱动，如图 3-9 所示。

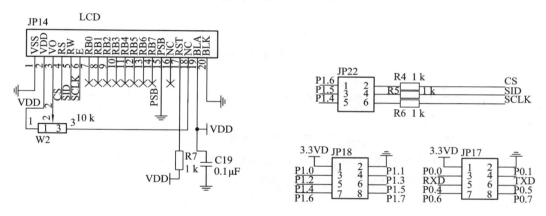

图 3-9　LCD 原理图

在上述原理图中：

◇　FYD128×64 采用 5 V 供电。

◇　通过跳线 JP22(LCD EN)选择与 CC2530 引脚相连。

◇　CS 为 LCD 模块片选端，接 CC2530 的 P1.6 引脚；SID 为串行数据输入端，接 CC2530 的 P1.5 引脚；SCLK 为串行同步时钟，上升沿时读取 SID 数据，接 CC2530 的 P1.4 引脚。

◇　FYD128×64 使用串口通信模式时，PSB 应设置为低电平，所以将 PSB 接地。

6. RS232 和 RS485 接口

RS232 和 RS485 接口共用了 CC2530 的 P0.2 和 P0.3 引脚，P0.2 为串口的 RX，P0.3 为串口的 TX，通过跳线 JP6 选择使用 RS232 或者 RS485，如图 3-10 所示。

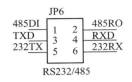

图 3-10　RS232 和 RS485 跳线选择

RS232 串口芯片采用 MAX3232。MAX3232 为双电荷泵 3.0～5.0 V 供电，确保在 120 Kb/s 数据速率下维持 RS232 电路电平，并且具有两路接收器和两路驱动器功能，如图 3-11 所示。

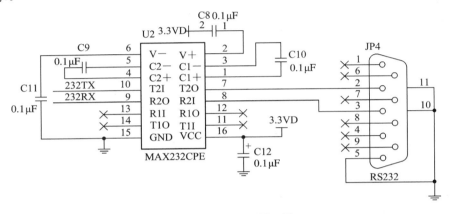

图 3-11　MAX232 原理图

其中：

◇　MAX3232 芯片的引脚 9 和引脚 10 分别为 T2I 和 R2O，分别与 CC2530 的 RX 和 TX 相接。

◇　MAX3232 的引脚 7 和引脚 8 为 T2O 和 R2I，与计算机或者网关进行通信。

RS485 电路部分采用 MAX3485 芯片。MAX3485 驱动芯片是 Maxim 公司的一种 RS-485 芯片，用于 RS-485 通信的低功耗收发器，具有一个驱动器和一个接收器，如图 3-12 所示。

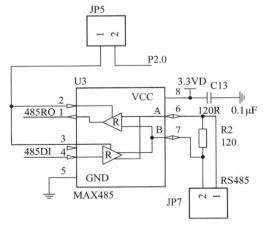

图 3-12　RS485 电路原理图

◇ MAX3485 的引脚 1 和引脚 4 分别通过跳线连接 CC2530 的 RX 和 TX。

◇ MAX3485 的引脚 6 和引脚 7 分别与 RS485 总线 A、B 连接,R2 为终端电阻。

◇ 引脚 2 和引脚 3 是 MAX3232 的控制端,利用 P2.0 对 MAX3485 芯片进行收/发控制。

7. 蜂鸣器

蜂鸣器两端加直流电压即可工作,其驱动电路如图 3-13 所示。

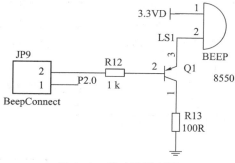

其中,三极管 Q1 起开关作用,通过跳线 JP9 选择使用 CC2530 的 P2.0 控制三极管的基极,三极管基极的低电平使三极管关闭,蜂鸣器两端的电压差使蜂鸣器发声。而基极高电平则使三极管饱和导通,此时蜂鸣器两端不产生电压差或者电压差不足以使蜂鸣器发出声音,从而使蜂鸣器停止发声。

图 3-13 蜂鸣器原理图

8. 传感器模块

协调器底板上集成的传感器模块由两部分组成,即温度传感器和光敏传感器。

温度传感器采用的是 DS18B20,DS18B20 为数字温度传感器,测量范围为 −55～+125℃,最高 12 位分辨率,精度可达到 ±0.5℃。

DS18B20 温度传感器的原理图比较简单,DS18B20 有 3 个引脚,分别接电源线、地线和 I/O 引脚,I/O 引脚通过跳线 JP14 选择 CC2530 的 P1.7 控制采集 DS18B20 的温度值,如图 3-14 所示。

光敏传感器采用光敏电阻,光敏电阻为光电传感器,将光信号转换为电信号,无光时为高阻状态,光照增强时,电阻减小,通过与固定电阻 R3 的分压作用,引起电位的变化,通过 AD 转换器采集到的电压值来计算光照强度,如图 3-15 所示。通过跳线 JP15 选择 CC2530 的 P0.7 引脚来采集光敏电阻的电压值。

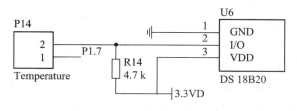

图 3-14 温度传感器的原理图

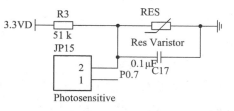

图 3-15 光敏电阻的原理图

9. 电位器

电位器用于模拟一个传感器的电压输出,旋转旋钮可以让输出电压发生 0～3.3 V 的变化,引起 AD 采样值的变化,用来演示开发板中 CC2530 的数模转换功能,如图 3-16 所示。

其中,W1 为电位器,有三个引脚,引脚 1 接电源,引脚 3 接地线,引脚 2 通过跳线 JP16 与

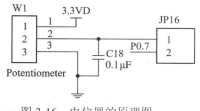

图 3-16 电位器的原理图

CC2530 的 P0.7 相连，通过 P0.7 采集电压值。

10. 时钟模块

时钟模块采用 DS1302 时钟芯片，采用独立电池供电。DS1302 是美国 DALLAS 公司推出的一款高性能、低功耗的时钟芯片，采用 2 线同步串行接口与 CPU 进行通信，可以一次读写一个寄存器的值，也可以采用突发方式一次传送多个字节的时钟信号或寄存器数据，实时时钟可提供秒、分、时、日、星期、月和年，工作电压宽达 2.5～5.5 V，如图 3-17 所示。

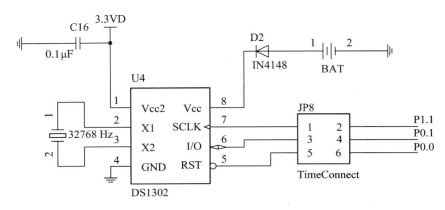

图 3-17 DS1302 时钟模块的原理图

其中：

◇ DS1302 的引脚 1 和引脚 8 是电源引脚。这里采用两种供电方式。引脚 1 由协调器底板统一供电，C16 为去耦电容。引脚 8 连接 3 V 纽扣电池，当协调器底板断电后，电池可以持续为 DS1302 供电，使 DS1302 正常工作。

◇ DS1302 引脚 2 和引脚 3 两个引脚接 32.768 kHz 时钟晶振。

◇ DS1302 引脚 4 为 GND，直接接地即可。

◇ DS1302 引脚 5、6、7 为工作引脚。引脚 5 为复位引脚，引脚 6 为数据的输入/输出引脚，引脚 7 为串行时钟输入引脚，通过跳线 JP8 分别与 CC2530 的 P0.0、P0.1、P1.1相连。

11. 外扩存储模块

外扩存储模块采用 ATMEL 公司生产的 AT45DB161D 芯片。AT45DB161D 是一款串行接口的 FLASH 存储器，存储容量为 16 Mbit(2 M 字节)，内部有两个数据缓冲区，采用 2.7～3.6 V 电源供电，如图 3-18 所示。

AT45DB161 有 8 个引脚，各个引脚的作用如下：

◇ 引脚 6 和引脚 7 分别为电源和地引脚，直接接电源线和地线即可。

◇ 引脚 5 为硬件写保护引脚，接高电平，禁止写保护。

◇ 引脚 3 为复位引脚外接复位电路。

◇ 引脚 4 为芯片的片选端(CS)，与 CC2530 的 P1.2 引脚相连接。

◇ 引脚 2 为串行时钟输入引脚(SCK)，与 CC2530 的 P1.3 引脚相连接。

◇ 引脚 1 为串行数据输入引脚(MOSI)，与 CC2530 的 P1.5 引脚相连接。

❖　引脚 8 为串行数据输出引脚(MISO)，与 CC2530 的 P1.4 引脚相连接。

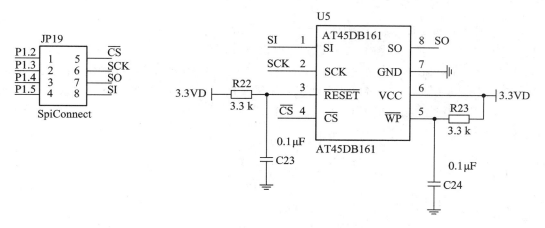

图 3-18　外扩存储模块 AT45DB161 的原理图

AT45DB161 存储芯片与 CC2530 连接要通过"AT45 EN"跳线组的选择，在使用外部扩展存储模块时要将"JP19(AT45 EN)"跳线组插上跳线帽。

12. CC2530 插槽及扩展接口

协调器底板给出了 CC2530 核心板的插槽和扩展接口，如图 3-19 所示。JP20 和 JP21 为 CC2530 核心板的插槽。JP17 和 JP18 为协调器底板引出的扩展接口，扩展接口将 P0 和 P1 预留出来，用于连接其他的外扩传感器或进行其他功能的扩展。

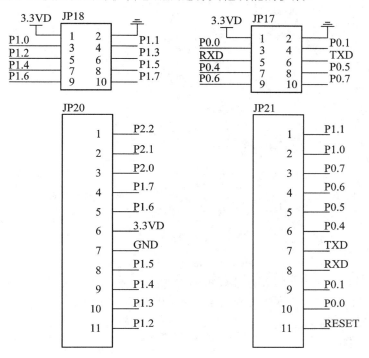

图 3-19　CC2530 核心板插槽和扩展接口

3.4.3　路由器节点设计

　　路由器底板与协调器底板相比，减少了一些功能(例如，去掉了串口接口，减少了按键等)。它集成了电源模块、LED 指示灯、按键、JTAG 接口、光敏电阻、DS18B20 温度传感器、电位器、CC2530 核心板插槽和扩展接口。其中 LED 指示灯、JTAG 接口、各种传感器、CC2530 核心板插槽和扩展接口的设计和协调器底板完全相同，但路由器底板没有 AD 按键，只有 I/O 控制按键。路由器底板原理图如图 3-20 所示。

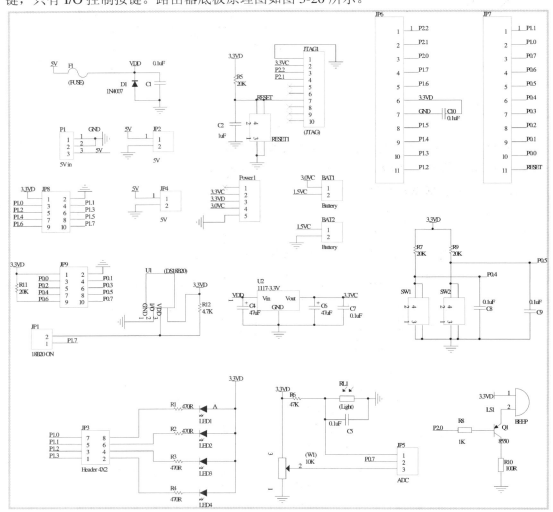

图 3-20　路由器底板原理图

　　考虑到项目的实际需要，路由器底板的电源有两种供电方式，外接电源供电和电池供电。外接电源供电和协调器底板完全相同，不同的是电池供电，电池采用两节 1.5 V 的五号电池串联得到 3.0 V 电压为路由器底板进行供电。通过开关来选择外接电源供电还是电池供电，如图 3-21 所示。

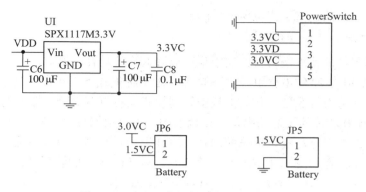

图 3-21　路由器底板部分电源电路

3.4　低功耗设计

Zigbee 节点硬件低功耗设计主要从以下几个方面考虑。

1．选择低功耗的器件

能够直接降低功耗的方法就是选择低功耗的元器件。在 Zigbee 节点硬件设计中选择了将射频收发电路与 MCU 集成到一起(片上系统 Soc)的 CC2530 芯片，可以降低多个器件组合可能带来的能量损耗，并且 CC2530 本身具有低功耗的性能，当微控制器内核运行在 32 MHz 时，RX 为 24 mA，TX 为 29 mA。

2．去除不必要的器件

在硬件平台上的器件都是要消耗能量的，在进行电路设计过程中要充分考虑需要哪些器件，不需要哪些器件，不需要大而全的电路，而是要简而实用的电路，因此在电路设计中要去除不必要的器件和接插件。器件减少可以降低设计风险，提高设计成功率，降低调试难度，所以系统的精简十分重要。在 Zigbee 节点硬件设计的过程当中，每个设备都预留了扩展接口，扩展的传感器连接到采集节点的扩展接口上，当需要某种传感器时将其与终端节点相连，不需要某种传感器时将其从终端节点上去除。

3．选择合适的电源

电源部分是系统的能量来源，在选择电源时要充分了解电源的放电及其他特性，让电源充分发挥自身的能力。设计中所要了解的就是电源的稳定电压输出是多少，电源的额定容量是多少，电源所能提供的最大电流是多少等。

4．综合考虑所有器件的工作电压范围

一个系统的正常工作运行不仅仅是微处理器的正常工作，还包括其他器件的正常工作，因此在选择器件的过程中要充分考虑所有器件的供电范围。例如，CC2530 的工作电压是 2.0～3.6 V，那么为了能够尽量延长整个系统稳定工作的时间，要尽量选择供电范围与 CC2530 相近的其他器件。如果选择了一个工作电压为 3～5 V 的传感器，那么当电池电压降到 3 V 以下后，虽然 CC2530 可以正常工作，但是传感器已经失效，所以要尽量选择外

围器件与微处理器的正常工作电压相近的器件。

5. 器件特性

有效利用器件的特性及自身的需求也可以降低系统功耗。例如：

◇ CC2530 芯片有 4 种电源管理模式，这 4 种模式下工作电流是不同的，所以功耗也各不相同，充分发挥系统工作时的集中管理模式就可以有效降低器件的功耗。

◇ CC2530 芯片的发射功率是可以调节的，可以根据自身的实际需要调节发射功率，即在满足条件的情况下尽量调低系统功耗，这样也可以有助于降低系统功耗。

◇ CC2530 有片内的 FLASH 存储单元，对 FLASH 的读写都需要消耗电量，根据FLASH 的读写特性设计读写方法，也可以降低系统功耗。

小 结

通过本章的学习，学生应该能够掌握以下内容：

◆ 原理图设计的基本要求：规范、清晰、准确、易读。

◆ 在硬件的设计过程中，要根据功能和性能的需求制定合适的方案，选取合适的 CPU及外围元件。

◆ Zigbee 硬件分为三部分，即 CC2530 核心板、协调器底板和路由器底板。

◆ 协调器底板集成了 LED、LCD、RS232、电源接口、JTAG 接口、蜂鸣器、时钟模块、按键以及传感器模块。

◆ 路由器底板集成了 LED、电源接口、JTAG 接口、蜂鸣器、按键以及传感器模块。

练 习

1. 原理图设计的基本要求：_____、_____、_____、_____。
2. Zigbee 硬件分为三部分：_____、_____、_____。
3. 简述对 CPU 进行选型时需要注意的事项。
4. 简述低功耗设计的注意事项。

第 4 章　CC2530 基础开发

本章目标

- ◆　掌握 I/O 的使用。
- ◆　理解存储器与映射的关系。
- ◆　掌握 ADC 的使用方法。
- ◆　掌握串口和 DMA 的使用方法。
- ◆　掌握定时器的使用。

学习导航

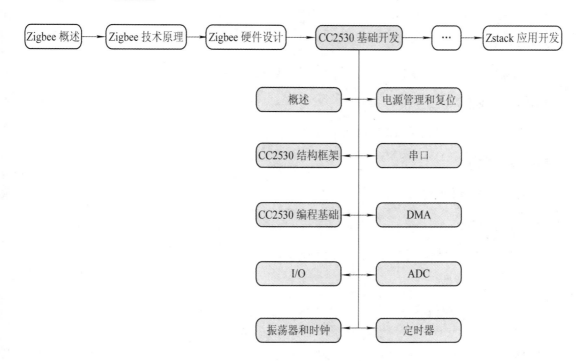

任务描述

➢【描述 4.D.1】

通过扫描方式实现按键触发 LED 亮灭。

➢【描述 4.D.2】

通过外部中断来改变 LED 亮灭。

➢【描述 4.D.3】

初始化系统时钟。

➢【描述 4.D.4】

串口发送数据。

➢【描述 4.D.5】

串口接收数据控制 LED 亮灭。

➢【描述 4.D.6】

将字符数组 sourceString 的内容通过 DMA 传输到字符数组 destString 中，通过串口在 PC 机显示结果。

➢【描述 4.D.7】

将 AVDD(3.3 V)AD 转换，通过串口在 PC 机显示结果。

➢【描述 4.D.8】

定时器 1 溢出标志控制 LED 亮灭。

➢【描述 4.D.9】

定时器 2 中断控制 LED 亮灭。

➢【描述 4.D.10】

用定时器 3 自由模式溢出中断控制 LED 亮灭。

4.1 概述

CC2530 是 TI 公司推出的用来实现嵌入式 Zigbee 应用的片上系统，它支持 2.4 G IEEE802.15.4/Zigbee 协议。根据芯片内置闪存的不同容量，提供给用户 4 个版本，即

CC2530F32/64/128/256，分别具有 32 KB/64 KB/128 KB/256 KB 的内置闪存。CC2530F256 结合了 TI 业界领先的 Zigbee 协议栈(Zstack)，提供了一个强大的完整的 Zigbee 解决方案。另外，CC2530F64 还提供了一个强大的和完整的 Zigbee RF4CE(消费电子射频通信标准)远程控制解决方案。

CC2530 芯片的特点如下：

- ◇ 高性能、低功耗的 8051 微控制器内核。
- ◇ 适应 2.4 GHz IEEE802.15.4 的 RF 收发器。
- ◇ 极高的接收灵敏度和抗干扰性。
- ◇ 32 KB/64 KB/128 KB/256 KB 闪存。
- ◇ 8 KB SRAM，具备各种供电方式下的数据保持能力。
- ◇ 强大的 DMA 功能。
- ◇ 只需极少的外接元件，即可形成一个简单的应用系统。
- ◇ 只需一个晶振，即可满足网状型网络系统的需要。
- ◇ 低功耗，主动模式 RX(CPU 空闲)：24 mA；

  主动模式 TX 在 1 dB(CPU 空闲)：29 mA；

  供电模式 1(4 μs 唤醒)：0.2 mA；

  供电模式 2(睡眠定时器运行)：1 μA；

  供电模式 3(外部中断)：0.4 μA；

  宽电源电压范围为 2～3.6 V。
- ◇ 硬件支持 CSMA/CA。
- ◇ 支持数字化的接收信号强度指示器/链路质量指示(RSSI/LQI)。
- ◇ 具有 8 路输入 8～14 位 ADC。
- ◇ 高级加密标准 AES 协处理器。
- ◇ 具有看门狗和 2 个支持多种串行通信协议的 USART。
- ◇ 1 个通用的 16 位定时器和 2 个 8 位定时器，1 个 IEEE802.15.4 MAC 定时器。
- ◇ 21 个通用 I/O 引脚。

本章将重点介绍 CC2530 芯片的基础开发，主要讲解 CC2530 的结构框架、CC2530 的 I/O 引脚的使用、串口的使用、DAM 的使用和定时器的使用，无线收发将在第 5 章中详细讲解。

4.2　CC2530 的结构框架

图 4-1 所示为 CC2530 的内部结构框图。CC2530 内部模块大致可以分为三种类型：CPU 和内存相关的模块；外设、时钟和电源管理模块；射频相关模块。

本节将讲解 CC2530 的 CPU 以及内存相关模块，主要内容有两部分：CC2530CPU；存储器以及映射。

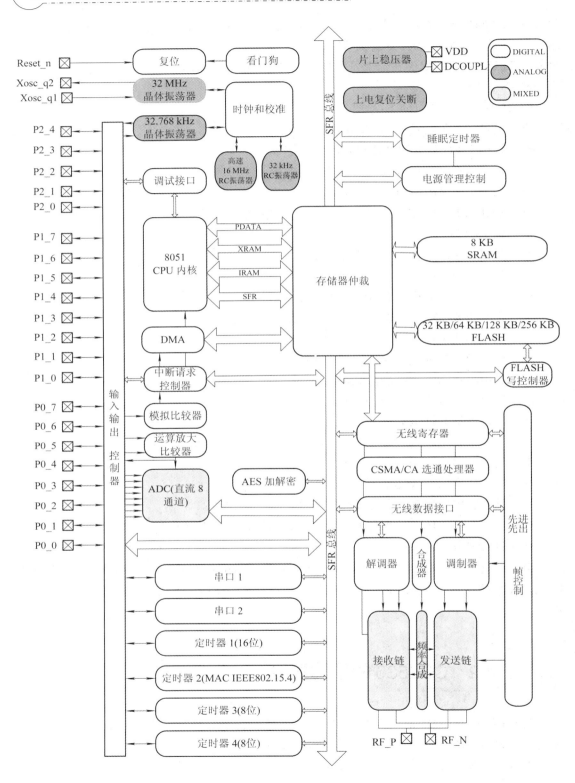

图 4-1　CC2530 的内部结构框图

4.2.1　CC2530 CPU

CC2530 包含一个"增强型"工业标准的 8 位 8051 微控制器内核，运行时钟 32 MHz，具有 8 倍的标准 8051 内核的性能。增强型 8051 内核使用标准的 8051 指令集，并且每个指令周期是一个时钟周期，而标准的 8051 每个指令周期是 12 个时钟周期，因此增强型 8051 消除了总线状态的浪费，指令执行比标准的 8051 更快。

除了速度改进之外，CC2530 的"增强型 8051 内核"与"标准的 8051 微控制器"相比，使用时要注意以下两点：

◇　内核代码：CC2530 的"增强型 8051"内核的"目标代码"兼容"标准 8051"内核的"目标代码"，即 CC2530 的 8051 内核的"目标代码"可以使用"标准 8051"的编译器或汇编器进行编译。

◇　微控制器：由于 CC2530 的"增强型 8051"内核使用了不同于"标准 8051"的指令时钟，因此"增强型 8051"在编译时与"标准 8051"代码编译时略有不同，例如"标准 8051"的微控制器包含的"外设单元寄存器"的指令代码在 CC2530 的"增强型 8051"上不能正确运行。

4.2.2　CC2530 存储器以及映射

本小节讲解 CC2530 存储器与映射，包括四部分内容：CC2530 的物理存储器、CC2530 的存储空间、映射和存储器仲裁。

1. 物理存储器

CC2530 的物理存储器是 CC2530 本身固有的存储设备，包括 SRAM、FLASH、信息页面、SFR 寄存器和 XREG。其各部分的描述如下：

◇　SRAM：上电时，SRAM 的内容是未定义的，SRAM 内容在所有的供电模式下都保留。

◇　FLASH：片上闪存存储器，主要是为了保存程序和常量数据。FLASH 由一组 2 KB 的页面组成。CC2530 的 FLASH 有以下几个特点。

● 页面大小：2 KB。

● 闪存页面擦除时间：20 ms。

● 闪存芯片批量擦除时间：20 ms。

● 闪存写时间(4 字节)：20 μs。

● 数据保留(室温下)：100 年。

● 编程/擦出次数：20 000 次。

◇　信息页面是一个 2 KB 的只读区域，它的主要作用是存储全球唯一的 IEEE 地址。

◇　SFR 寄存器：特殊功能的寄存器(SFR)。目的是控制 8051CPU 内核或外设的一些功能。大部分 8051CPU 内核的 SFR 和标准的 8051SFR 相同。

◇　XREG 寄存器：是 SFR 的扩展寄存器，比如射频寄存器。XREG 的大小为 1 KB，且访问速度比 SFR 要慢。

2. 存储空间

CC2530 的 8051CPU 有四个不同的存储空间，分别是 CODE、DATA、XDATA 和 SFR，其各个存储空间的描述如下：

◇ CODE：程序存储器，只读存储空间，用于存放程序代码和一些常量，有 16 根地址总线，寻址范围为 0x0000～0xFFFF，共 64 KB。

◇ DATA：数据存储器，可读/写的数据存储空间，用于存放程序运行过程中的数据。有 8 根地址总线，因此寻址空间为 0x00～0xFF，共 256 个字节。其中较低的 128 字节可以直接或间接寻址，较高的 128 字节只能间接寻址。

◇ XDATA：外部数据存储器，可读/写的数据存储空间，主要用于 DMA 寻址。有 16 根地址总线(与 CODE 共用地址总线)，因此 XDATA 的寻址空间是 0x0000～0xFFFF，共 64 KB，只能进行间接寻址，与 DATA 相比访问速度比较慢。

◇ SFR：特殊功能寄存器，可读/写的寄存器存储空间，共有 128 字节。对于地址是被 8 整除的 SFR 寄存器，每一位还可以单独寻址。

⚠ 注意：以上的 4 种存储空间只是 4 种不同的寻址方式概念，并不代表具体的物理存储设备，只是存储空间的概念；而 FLASH、SRAM、EEPROM 等是具体的物理存储设备。他们两者之间的关系是通过映射来联系起来的。例如 FLASH 或者 EEPROM 都可以作为物理存储媒介映射到 CODE 上。

3. 映射

映射就是将 CC2530 的物理存储器映射到其存储空间上，有两个作用，一是方便 DMA 访问存储设备，二是可在 CODE 区执行 FLASH 或 SRAM 中的代码。映射分为 CODE 存储器映射和 XDATA 存储器映射。

1) CODE 存储器映射

CODE 存储器映射的主要功能有两个：一是将 FLASH 映射至 CODE 存储空间；二是执行来自 SRAM 的代码(将 SRAM 映射至 CODE 存储空间)。

对于 FLASH 的映射，首先要解决存储空间不对称的问题，即 CODE 的寻址空间为 64 KB，而对于 CC2530F256 设备来说 FLASH 的存储空间为 256 KB。为了解决这一问题，CC2530 将 FLASH 存储器分为几个 bank，每个 bank 的大小是 32 KB。对于 CC2530F256 设备来说，它有 8 个 bank，分别为 bank0～bank7。通过操作寄存器 FMAP.MAP[2:0](详见存储器仲裁)来控制将哪个编号的 bank 映射到 CODE 区域。FLASH 与 CODE 的映射关系如图 4-2 所示。

将 CODE 寻址空间地址 0x0000～0xFFFF 分为两个区域：普通区域和 bank0～7 区域。其中：

◇ 普通区域的寻址空间为 0x0000～0x7FFF，只可以映射 FLASH 的 bank0，即 FLASH 的最低 32 KB 的存储空间。

◇ bank0～7 区域的寻址空间在 0x8000～0xFFFF 之间，通过操作 FMAP.MAP[2:0] (详见存储器仲裁)寄存器，选择映射 bank0～bank7 之间的哪个区域，比如 FMAP.MAP = 001，则映射 bank1 区域。

对于 SRAM 映射(以便在 SRAM 中执行代码)，可以将 SRAM 映射到 CODE 存储空间的 0x8000～(0x8000 + SRAM_SIZE – 1)的区域，如图 4-3 所示。

需要注意的是，虽然程序从 SRAM 中运行代码，但是并不代表程序是从 SRAM 中启动的。程序仍旧是从 CODE 的普通区域 0x0000 开始执行，当程序执行到 0x8000 时，将执行 SRAM 中的代码。

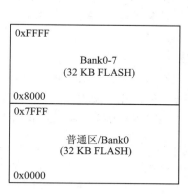

图 4-2　CODE 存储空间

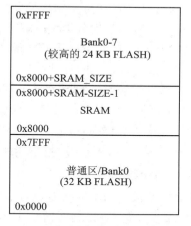

图 4-3　SRAM 映射到 CODE 存储空间

2）XDATA 存储器映射

为了方便 DMA 控制器能访问所有的物理存储空间，CC2530 把所有的物理存储器以及寄存器都映射到 XDATA 上，包括 CODE 和 SFR 部分存储空间。XDATA 存储器映射如图 4-4 所示。

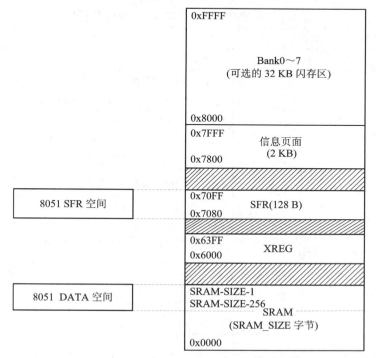

图 4-4　XDATA 存储空间映射

从图中可以看出 XDATA 包含了所有物理存储器的映射，包括 8 KB 的 SRAM 存储器、XREG、SFR、信息页面和 FLASH 存储器，其映射区域如下所述：

◇ SRAM 映射的地址范围是 0x0000 到 SRAM_SIZE – 1。其中 SRAM 较高的 256 字节映射到 DATA 存储空间 8 位地址区域，即地址范围从 SRAM_SIZE – 256 到 SRAM_SIZE – 1。

◇ XREG 区域映射到 1 KB 地址区域 0x6000~0x63FF。

◇ SFR 寄存器映射到地址区域 0x7080~0x70FF。128 个条目的硬件寄存器区域是通过这一存储空间访问的。闪存信息页面 2 KB 映射到地址区域 0x7800~0x7FFF。这是一个只读区域，包含有关设备的各种信息。

◇ 信息页面映射到地址区域 0x7800~0x7FFF。

◇ XBANK 为 CODE 存储空间的 bank0~7 区域的映射，其地址仍然是 0x8000~0xFFFF。可以配置存储器控制寄存器 MEMCTR.XBANK[2:0](详见存储器仲裁)决定选择映射 bank0~bank7 之间的哪个区域，比如 MEMCTR.XBANK = 001，则映射 bank1 区域。

4. 存储器仲裁

"存储器仲裁"的主要功能是为了解决 CPU 与 DMA 访问所有物理存储器(除了 CPU 内部寄存器)之间的冲突问题。当 CPU 和 DMA 之间发生冲突时，"存储器仲裁"停止 CPU 或 DMA 的总线，这样冲突就被解决。存储器仲裁主要有两个寄存器，即存储器仲裁控制寄存器 MEMCTR 和闪存区映射寄存器 FMAP，这两个寄存器用于控制存储器子系统的各个方面。其描述如下：

◇ MEMCTR.XMAP 必须设置以使得程序从 SRAM 执行；MEMCTR.XBANK 决定 XDATA 的高 32 KB 映射 CODE 存储空间的哪个 bank 区域，如表 4-1 所示。

表 4-1 MEMCTR(0XC7)存储器仲裁控制

位	名 称	复位	R/W	描 述
7：4	--	0000	R0	保留
3	XMAP	0	R/W	XDATA 映射到代码，当设置了这一位，SRAM XDATA 区域从 0x0000 到(SRAM_SIZE)映射到 CODE 区域的 (0x8000 + SRAM_SIZE – 1)这使得程序代码从 RAM 执行 0：SRAM 映射到 CODE 功能禁用 1：SRAM 映射到 CODE 功能使能
2：0	XBANK	000	R/W	XDATA 区选择，控制物理闪存存储器的哪个代码区域映射到 XDATA 区域(0x8000~0xFFFF)。当设置为 0，映射到根底部。有效设置取决于设备的闪存大小。写一个无效设置被忽略，即不会更新 XBANK[2:0] 3 KB 版本只能是 0(即总是映射到根底部) 64 KB 版本：0~1 128 KB 版本：0~3 256 KB 版本：0~7

◇ 闪存区映射寄存器 FMAP 控制物理 32 KB 代码区映射到 CODE 存储空间的程序地址区域 0x8000~0xFFFF，如表 4-2 所示。

表 4-2　FMAP(0x9F)闪存区映射

位	名　称	复位	R/W	描　　述
7：3	--	00000	R0	保留
2：0	MAP[2:0]	001	R/W	闪存区域映射,控制物理闪存存储器的哪个代码映射到 XDATA 区域(0x8000～0xFFFF)。当设置为 0,映射到根部区。有效设置取决于设备的闪存大小。写一个无效设置被忽略,即不会更新 MAP[2:0] 32 KB 版本只能是 0(即总是映射到根底部) 64 KB 版本:0～1 128 KB 版本:0～3 256 KB 版本:0～7

4.3　CC2530 编程基础

IAR 对 CC2530 的编程操作提供了良好的 C 语言支持,包括头文件、运行库以及中断编程等。

4.3.1　寄存器和汇编指令

CC2530 的 CPU 寄存器与标准的 8051 的 CPU 寄存器相同,都包括 8 组寄存器 R0～R7、程序状态字 PSW、累加器 ACC、B 寄存器和堆栈指针 SP 等。

CC2530 的 CPU 指令与标准的 8051 的指令集相同,因此本小节不再详细介绍 CC2530 的寄存器以及汇编指令,详细内容请查阅有关 8051 的书籍。

4.3.2　编程基础

CC2530 编程的风格基本上与普通的基于 8051 的 C 语言编程相同。包括头文件、初始化函数、主函数以及其他中断函数。

1. 头文件

在 C 语言中头文件以"XXX.h"的格式存在,其中"XXX"为文件名,在头文件中一般定义程序需要的变量或函数的声明等。一般头文件在源程序的一开始使用"包含命令"将头文件包含在源程序中,以便源程序调用头文件中的变量等。头文件"包含命令"使用"#include"命令。

以 CC2530 为例,CC2530 的头文件为"ioCC2530.h","ioCC2530.h"是 TI CC2530 芯片专门定义的,包括 CC2530 芯片内部寄存器以及存储器的访问地址、芯片引脚和中断向量的定义。在基于 CC2530 的编程中,必须在源程序的一开始将头文件"ioCC2530.h"包含到源程序中。示例如下。

【示例 4-1】　CC2530 头文件

```
#include <ioCC2530.h>
```

在一个工程里面还会有其他的头文件，比如要控制 CC2530 开发板的 LED，一般由用户新建一个头文件，此头文件可以由用户命名，例如"LED.h"。

【示例 4-2】 CC2530 头文件

```
#include <LED.h>
```

在此头文件中定义与 LED 相关的变量以及可能用到的引脚或寄存器信息。一般用户定义的头文件格式如示例 4-3 所示。

【示例 4-3】 LED.h

```
/**********************************************
 *  函数原型及相关变量
 *  相关文件：LED.H
 **********************************************/
// 以下两行和最后一行预处理指令用于防止该头文件被多次包含
#ifndef LED_H_
#define LED_H_

#include <ioCC2530.h>

#define uint unsigned int
#define uchar unsigned char

// 定义 LED 的端口
#define lED1 P1_0
#define lED2 P1_1

// 函数声明
void Delay(uint);
void initLED(void);


#endif
```

需要注意的是在用户编写的头文件中，也需要将"ioCC2530.h"包含在内。如果其中一个头文件中包含了另外一个头文件，那么在主函数文件中只需要包含前者即可，例如在 LED.h 中包含了头文件"ioCC2530.h"，那么在主函数文件中只需要包含"LED.h"文件即可。

2. 初始化函数

在一个项目工程中为了增强程序的可移植性和可维护性，一般将一些初始化配置信息编写成一个函数，称作初始化函数。在一个工程中可以有多个初始化函数，例如 LED 的初始化、串口的初始化、按键的初始化等。以 LED 初始化为例，在初始化函数中对 LED 对应的寄存器以及端口进行配置，以便 LED 在程序开始的时候保持规定的状态。以下示例为一个简单的 LED 初始化函数。

【示例 4-4】　InitialLED( )

```
/**************************

* 函数功能：LED 初始化程序

* 函数参数：无

* 函数返回值：无

***************************/
void InitLED(void)
{
    // P10、P11 定义为输出
    P1DIR |= 0x03;
    // 关 LED1
    LED1= OFF;
    // 关 LED2
    LED2= OFF;
}
```

3. 主函数

与常规的 C 语言程序一样，IAR 下的 CC2530 程序依然将 main( )函数设定为程序的入口函数，也称主函数。当程序比较大时，在主函数内一般不直接编写与程序相关的业务算法，而是调用其他子函数(如用库函数、户编写的硬件初始化函数和业务算法或其他功能函数等)来实现整个程序的逻辑，使主函数看起来简单明了并且易于程序的维护。以下示例为一个主函数，在此主函数中除了调用 LED 初始化函数和按键初始化函数之外，还调用了延时函数和按键扫描函数 KeyScan( )函数，实现了按键控制 LED 的功能。

【示例 4-5】　main( )

```
void main(void)
{
    uchar Keyvalue;
    Delay(10);
    // 调用初始化函数
    InitLED( );
    InitKey( );
    while(1)
    {
        // 给按键标志位赋值
        Keyvalue = KeyScan( );
        // 如果按键为 SW6
```

```
        if(Keyvalue == 1)
        {
          // LED 切换状态
          LED1 = !LED1;
          // 清除键值
          Keyvalue = 0;
        }
        // 检测按键为 SW5
        if(Keyvalue == 2)
        {
          // LED2 切换状态
          LED2 = !LED2;
          // 清除键值
          Keyvalue = 0;
        }

        Delay(10);
      }
    }
```

以上程序比较简单，因此把按键对 LED 的控制直接在 main( )函数内完成，当然也可把这部分代码(算法)封装成一个业务算法函数，例如 KeyLed( )。

4. 其他子函数

在一个程序中，为了程序的可维护性，除了初始化函数之外，还需要将某个业务算法或功能封装成一个函数，称为子函数。以下示例为按键扫描的子函数。

【示例 4-6】 KeyScan( )

```
uchar KeyScan(void)
{
  // 检测 SW6 是否为低电平，低电平有效
  if(SW6 == 0)
  {
    Delay(100);
    // 检测到按键
    if(SW6 == 0)
    {
      // 直到松开按键
      while(!SW6);
      // 返回值为 1
      return(1);
```

```
        }
    }
    // 检测 SW5 是否为低电平，低电平有效
    if(SW5 == 0)
    {
        Delay(100);
        // 检测到按键
        if(SW5 == 0)
        {
            // 检测到按键
            while(!SW5);
            // 返回值为 2
            return(2);
        }
    }
    return(0);
}
```

5. 中断函数

当需要中断处理时，需要编写中断处理函数，中断处理函数是当有中断发生时，需要处理的事件。中断函数的编写请参见下一小节。

以外部中断为例，当有中断发生时，LED1 状态改变。

【示例 4-7】　中断服务子程序

```
#pragma vector = P0INT_VECTOR
__interrupt void P0_ISR(void)
{
        // 关端口 P0.4、P0.5 中断
        P0IEN &= ~0x30;
        // 按键中断
        if(P0IFG>0)
        {
            // 清中断标志
            P0IFG = 0;
            // LED1 改变状态
            lED1 = !lED1;
        }
        // 开中断
        P0IEN |= 0x30;
}
```

4.3.3 中断的使用

CC2530 的中断系统是为了让 CPU 对内部或外部的突发事件及时地作出响应，并执行相应的中断程序。中断由中断源引起，中断源由相应的寄存器来控制。当需要使用中断时，需配置相应的中断寄存器来开启中断，当中断发生时将跳入中断服务函数中执行此中断所需要处理的事件。本小节将介绍 CC2530 中断的使用，包括中断源、中断向量、中断优先级以及中断编程。

1．中断源与中断向量

CC2530 有 18 个中断源，每个中断源都可以产生中断请求，中断请求可以通过设置中断使能 SFR 寄存器的中断使能位 IEN0、IEN1 或 IEN2 使能或禁止中断(相关的中断寄存器将在以下章节中详细讲解)。CC2530 的中断源如表 4-3 所示。

表 4-3 中断概述

中断号码	描 述	中断名称	中断向量	中断屏蔽	中断标志
0	RF TX RFIO 下溢或 RX FIFO 溢出	RFERR	03H	IEN0.RFERRIE	TCON.RFERRIF
1	ADC 转换结束	ADC	0BH	IEN0.ADCIE	TCON.ADCIF
2	USART0 RX 完成	URX0	13H	IEN0.URX0IE	TCON.URX0IF
3	USART1 RX 完成	URX1	1BH	IEN0.URX1IE	TCON.URX1IF
4	AES 加密/解密完成	ENC	23H	IEN0.ENCIE	S0CON.ENCIF
5	睡眠计时器比较	ST	2BH	IEN0.STIE	IRCON.STIF
6	端口 2 输入/USB	P2INT	33H	IEN2.P2IE	IRCON2.P2IF
7	USART0 TX 完成	UTX0	3BH	IEN2.UTX0IE	IRCON2.UTX0IF
8	DMA 传送完成	DMA	43H	IEN1.DMAIE	IRCON.DMAIF
9	定时器 1(16 位)捕获/比较/溢出	T1	4BH	IEN1.T1IE	IRCON.T1IF
10	定时器 2	T2	53H	IEN1.T2IE	IRCON.T2IF
11	定时器 3(8 位)捕获/比较/溢出	T3	5BH	IEN1.T3IE	IRCON.T3IF
12	定时器 4(8 位)捕获/比较/溢出	T4	63H	IEN1.T4IE	IRCON.T4IF
13	端口 0 输入	P0INT	6BH	IEN1.P0IE	IRCON.P0IF
14	USART 1 TX 完成	UTX1	73H	IEN2.UTXIE	IRCON2.UTX1IF
15	端口 1 输入	P1INT	7BH	IEN2.P1IE	IRCON2.P1IF
16	RF 通用中断	RF	83H	IEN2.RFIE	S1CON.RFIF
17	看门狗定时器溢出	WDT	8BH	IEN2.WDTIE	IRCON.WDTIF

　　当相应的中断源使能并发生时，中断标志位将自动置 1，然后程序跳往中断服务程序的入口地址执行中断服务程序。待中断服务程序处理完毕后，由硬件清除中断标志位。

　　中断服务程序的入口地址即中断向量，CC2530 的 18 个中断源对应了 18 个中断向量，中断向量定义在头文件 "ioCC2530.h" 中，其定义如下。

【代码 4-1】　<ioCC2530.h>中断向量的定义

```
/*********************************************************
 *                    Interrupt Vectors
 * ******************************************************/
// RF 内核错误中断(RF TX RFIO 下溢或 RX FIFO 溢出)
#define    RFERR_VECTOR         VECT(  0, 0x03 )
// ADC 转换结束
#define    ADC_VECTOR           VECT(  1, 0x0B )
// USART0 RX 完成
#define    URX0_VECTOR          VECT(  2, 0x13 )
// USART1 RX 完成
#define    URX1_VECTOR          VECT(  3, 0x1B )
// AES 加密解密完成
#define    ENC_VECTOR           VECT(  4, 0x23 )
// 睡眠定时器比较
#define    ST_VECTOR            VECT(  5, 0x2B )
// 端口 2 中断
#define    P2INT_VECTOR         VECT(  6, 0x33 )
// USART0 TX 完成
#define    UTX0_VECTOR          VECT(  7, 0x3B )
// DMA 传输完成
#define    DMA_VECTOR           VECT(  8, 0x43 )
// Timer1(16 位)捕获/比较/溢出
#define    T1_VECTOR            VECT(  9, 0x4B )
// Timer 2 (MAC Timer)
#define    T2_VECTOR            VECT( 10, 0x53 )
// Timer 3(8 位)捕获/比较/溢出
#define    T3_VECTOR            VECT( 11, 0x5B )
// Timer 4(8 位)捕获/比较/溢出
#define    T4_VECTOR            VECT( 12, 0x63 )
// 端口 0 中断
#define    P0INT_VECTOR         VECT( 13, 0x6B )
// USART1 TX 完成
```

```
#define   UTX1_VECTOR          VECT( 14, 0x73 )
```
// 端口 1 中断
```
#define   P1INT_VECTOR         VECT( 15, 0x7B )
```
// RF 通用中断
```
#define   RF_VECTOR            VECT( 16, 0x83 )
```
// 看门狗计时溢出
```
#define   WDT_VECTOR           VECT( 17, 0x8B )
```

2. 中断优先级

中断优先级将决定中断响应的先后顺序,在 CC2530 中分为六个中断优先组,即 IPG0～IPG5,每一组中断优先组中有三个中断源,中断优先组的划分如表 4-4 所示。

表 4-4　中断优先组的划分

组	中　　断		
IPG0	RFERR	RF	DMA
IPG1	ADC	T1	P2INT
IPG2	URX0	T2	UTX0
IPG3	URX1	T3	UTX1
IPG4	ENC	T4	P1INT
IPG5	ST	P0INT	WDT

中断优先组的优先级设定由寄存器 IP0 和 IP1 来设置。CC2530 的优先级有 4 级,即 0～3 级,其中 0 级的优先级最低,3 级的优先级最高。优先级的设置如表 4-5 所示。

表 4-5　优先级设置

IP1_X	IP0_X	优先级
0	0	0(优先级别最低)
0	1	1
1	0	2
1	1	3(优先级别最高)

其中 IP1_X 和 IP0_X 的 X 取值为优先级组 IPG0～IPG5 中的任意一个。例如设置优先级组 IPG0 为最高优先级组,则设置如示例 4-8 所示。

【示例 4-8】　优先级别设置

// 设置 IPG0 优先级组为最高优先级别
```
IP1_IPG0 = 1;
IP0_IPG0 = 1;
```
如果同时收到相同优先级或同一优先级组中的中断请求时,将采用轮流检测顺序来判断中断优先级别的响应。其中断轮流检测顺序如表 4-6 所示。

表 4-6　轮流探测顺序

中断向量编号	中断名称	优先级排序
0	RFERR	
16	RF	
8	DMA	
1	ADC	
9	T1	
2	URX0	
10	T2	
3	URX1	
11	T3	轮流探测顺序为自上向下
4	ENC	优先级依次降低
12	T4	
5	ST	
13	P0INT	
6	P2INT	
7	UTX0	
14	UTX1	
15	P1INT	
17	WDT	

例如在中断优先级组 IPG0 中的中断 RFERR、RF 和 DMA 的中断优先级是相同的，如果同时使用这三个中断，就需要使用轮流探测顺序来判断哪一优先级最高。由轮流探测顺序表查得 RFERR 中断优先级最高，RF 中断次之，DMA 中断与其他两个中断相比中断优先级最低。

3. 中断处理过程

中断发生时，CC2530 硬件自动完成以下处理：

(1) 中断申请：中断源向 CPU 发出中断请求信号(中断申请一般需要在程序初始化中配置相应的中断寄存器开启中断)；

(2) 中断响应：CPU 检测中断申请，把主程序中断的地址保存到堆栈，转入中断向量入口地址；

(3) 中断处理：按照中断向量中设定好的地址，转入相应的中断服务程序；

(4) 中断返回：中断服务程序执行完毕后，CPU 执行中断返回指令，把堆栈中保存的数据从堆栈弹出，返回原来程序。

4. 中断编程

中断编程的一般过程如下：

(1) 中断设置：根据外设的不同，具体的设置是不同的，一般至少包含启用中断。

(2) 中断函数的编写：这是中断编程的主要工作，需要注意的是，中断函数应尽可能地减少耗时或不进行耗时操作。

CC2530 所使用的编译器为 IAR，在 IAR 编译器中用关键字 __interrupt 来定义一个中断函数。使用 #progma vector 来提供中断函数的入口地址，并且中断函数没有返回值，没有函数参数。中断函数的一般格式如下：

```
#pragma vector = 中断向量
__interrupt   void  函数名( void)
{
      // 中断程序代码

}
```

在中断函数的编写中，当程序进入中断服务程序之后，需要执行以下几个步骤：

(1) 将对应的中断关掉(不是必须的，需要根据具体情况来处理)；

(2) 其次如果需要判断具体的中断源，则根据中断标志位进行判断(例如所有 I/O 中断共用 1 个中断向量，需要通过中断标志区分是哪个引脚引起的中断)；

(3) 清中断标志(不是必须的，CC2530 中中断发生后由硬件自动清中断标志位)；

(4) 处理中断事件，此过程要尽可能地少耗时；

(5) 最后，如果在第一步中关闭了相应的中断源，则需要在退出中断服务程序之前打开对应的中断。

一般情况下，中断函数的编写是根据实际项目中的需求来定的。以 CC2530 端口 0 的 P0.4、P0.5 外部中断为例，中断程序的编写如示例 4-9 所示。

【示例 4-9】 中断程序编写

```
// 中断函数入口地址
#pragma vector = P0INT_VECTOR
// 定义一个中断函数
__interrupt void P0_ISR(void)
{
    // 关端口 P0.4、P0.5 中断
    P0IEN &=  ~0x30;
    // 判断中断发生
    if(P0IFG>0)
    {
      // 清中断标志
      P0IFG = 0;
      /**中断事件的处理**/
      ... ... ...
      ... ... ...
      .. ... ...
    }
    // 开中断
    P0IEN |= 0x30;
}
```

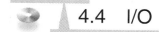

4.4　I/O

CC2530 包括 3 个 8 位输入/输出(I/O)端口，分别是 P0、P1 和 P2。其中 P0 和 P1 有 8 个引脚，P2 有 5 个引脚，共 21 个数字 I/O 引脚。这些引脚都可以用作通用的 I/O 端口，同时通过独立编程还可以作为特殊功能的 I/O(例如串口、ADC 等)或者外部中断输入，通过软件设置可以改变引脚的输入/输出硬件状态配置。

这 21 个 I/O 引脚具有以下功能：

◆　通用 I/O。

◆　外设 I/O。

◆　外部中断源输入口。

◆　弱上拉输入或推拉输出。

21 个引脚都可以用作外部中断源输入口以产生中断，外部中断功能也可以唤醒睡眠模式。I/O 引脚通过独立编程能作为数字输入或数字输出，还可以通过软件设置改变引脚的输入/输出硬件状态配置和硬件功能配置。在使用 I/O 端口前需要通过不同的特殊功能寄存器对它进行配置。

4.4.1　通用 I/O

用作通用 I/O 时，引脚可以组成 3 个 8 位端口，端口 0、端口 1 和端口 2 来表示 P0、P1 和 P2。所有的端口均可以通过 SFR 寄存器 P0、P1 和 P2 进行位寻址和字节寻址。每个端口引脚都可以单独设置为通用 I/O 或外部设备 I/O。其中 P1.0 和 P1.1 具备 20 mA 的输出驱动能力，其他所有的端口只具备 4 mA 的输出驱动能力。

1. 配置寄存器 PxSEL

寄存器 PxSEL(其中 x 为端口的标号 0～2)用来设置端口的每个引脚为通用 I/O 或者是外部设备 I/O(复位之后，所有的数字输入、输出引脚都设置为通用输入引脚)。P0SEL、P1SEL 和 P2SEL 寄存器配置如表 4-7、表 4-8、表 4-9 所示。

表 4-7　P0SEL—端口 0 功能选择寄存器

位	名　称	复位	R/W	描　述
7：0	SELP0[7:0]	0x00	R/W	P0.7～P0.0 功能选择 0：通用 I/O 1：外设 I/O

表 4-8　P1SEL—端口 1 功能选择寄存器

位	名　称	复位	R/W	描　述
7：0	SELP1[7:0]	0x00	R/W	P1.7～P1.0 功能选择 0：通用 I/O 1：外设 I/O

表 4-9 P2SEL—端口 2 功能选择寄存器

位	名　称	复位	R/W	描　述
2	SELP2.4	0	R/W	P2.4 功能选择 0：通用 I/O 1：外设 I/O
1	SELP2.3	0	R/W	P2.3 功能选择 0：通用 I/O 1：外设 I/O
0	SELP2.0	0	R/W	P2.0 功能选择 0：通用 I/O 1：外设 I/O

例如需要将 P0.4 和 P0.5 设置为普通的 I/O 口，其寄存器的配置如示例 4-10 所示。

【示例 4-10】 PxSEL 寄存器的设置

    // P0.4 和 P0.5 设置为普通的 I/O 口

    P0SEL &= ～0x30;

2. 配置寄存器 PxDIR

如果需要改变端口引脚方向，则需要使用寄存器 PxDIR 来设置每个端口引脚的输入和输出(其中 x 为端口的标号 0～2)。PxDIR 寄存器的配置如表 4-10、表 4-11、表 4-12 所示。

表 4-10 P0DIR I/O 方向选择寄存器

位	名　称	复位	R/W	描　述
7：0	DIRP0[7:0]	0x00	R/W	P0.7～P0.0 的 I/O 方向选择 0：输入 1：输出

表 4-11 P1DIR I/O 方向选择寄存器

位	名　称	复位	R/W	描　述
7：0	DIRP1[7:0]	0x00	R/W	P1.7～P1.0 的 I/O 方向选择 0：输入 1：输出

表 4-12 P2DIR I/O 方向选择寄存器

位	名　称	复位	R/W	描　述
7：0	DIRP2[7:0]	0x00	R/W	P2.4～P2.0 的 I/O 方向选择 0：输入 1：输出

例如需要将 P0.4 和 P0.5 设置为输入，将 P1.0 和 P1.1 设置为输出，并且将 P1.0 设置为输出高电平和 P1.1 设置为输出低电平，其寄存器的配置如示例 4-11 所示。

【示例 4-11】 PxDIR 寄存器的设置

// P0.4 和 P0.5 设为输入

P0DIR &= ～0x30;

// P1.0 设置为输出，p1.1 输出为低电平

P1DIR |= 0x03;

// P1.0 和 P1.1 设置为输出高电平

P1_0 = 1;

P1_1 = 0;

3. 配置寄存器 PxINP

复位之后，所有的端口均设置为带上拉的输入。用作输入时，通用 I/O 端口引脚可以设置为上拉、下拉或三态操作模式。其中 P1.0 和 P1.1 端口没有上拉和下拉功能。上拉、下拉或三态操作模式寄存器由 PxINP 设置(其中 x 为端口的标号 0～2)。PxINP 寄存器如表 4-13、表 4-14、表 4-15 所示。

表 4-13　P0INP 端口 0 输入模式

位	名　称	复位	R/W	描　述
7：0	MDP0[7:0]	0x00	R/W	P0.7～P0.0 的 I/O 输入模式功能选择 0：上拉/下拉　　1：三态

表 4-14　P1INP 端口 2 输入模式

位	名　称	复位	R/W	描　述
7：2	MDP1[7:2]	0x00	R/W	P1.7～P1.2 的 I/O 输入模式功能选择 0：上拉/下拉　　1：三态
1：0	--	00	R0	保留

表 4-15　P2INP 端口 2 输入模式

位	名　称	复位	R/W	描　述
7	PDUP2	0	R/W	端口 2 上拉/下拉选择，对所有的端口 2 引脚设置为上拉/下拉输入 0：上拉　　1：下拉
6	PDUP1	0	R/W	端口 1 上拉/下拉选择，对所有的端口 1 引脚设置为上拉/下拉输入 0：上拉　　1：下拉
5	PDUP0	0	R/W	端口 0 上拉/下拉选择，对所有的端口 0 引脚设置为上拉/下拉输入 0：上拉　　1：下拉
4：0	MDP2[4:0]	00000	R/W	P2.4～P2.0 的 I/O 输入模式功能选择 0：上拉/下拉　　1：三态

例如需要将 P0.4 和 P0.5 设置为三态，其寄存器的配置如示例 4-12 所示。

【示例 4-12】 PxINP 寄存器的设置

// P0.4 和 P0.5 设置为三态

P0INP |= 0x30;

下述内容用于实现任务描述 4.D.1,通过扫描方式实现按键触发 LED 亮灭。利用按键 SW5 和按键 SW6 控制 LED1 和 LED2。当按下 SW5 时,LED1 状态改变;当按下 SW6 时,LED2 状态改变。解决问题的思路如下。

(1) 原理图分析:按键和 LED 的原理图如图 4-5 所示。由此可知,按键 SW5 由 P0.4 控制,按键 SW6 由 P0.5 控制;LED1 和 LED2 分别由 P1.0 和 P1.1 控制。

(2) 按键初始化:将 P0.4 和 P0.5 设为普通 I/O 口,并且设置为输入状态。

(3) LED 初始化:将 P1.0 和 P1.1 设置为输出且将 LED1 和 LED2 关闭。

(4) 采用按键检测的方法来控制 LED 状态的改变:当检测到 SW5 按下时,LED1 状态改变;当检测到 SW6 按下时,LED2 状态改变。

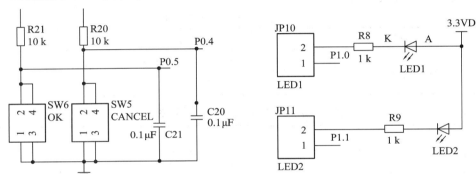

图 4-5 按键和 LED 原理图

【描述 4.D.1】 main.c

```
#include <ioCC2530.h>
// 定义控制灯的端口
// 定义 LED1 为 P11 口控制
#define   LED1    P1_0
// 定义 LED2 为 P10 口控制
#define   LED2    P1_1
#define SW6 P0_4
#define SW5 P0_5
// 函数声明
// 延时函数
void Delay(uint);
// 初始化 P0 口
void Initial(void);
// 初始化按键
void InitKey(void);
// 扫描按键,读键值
```

uchar KeyScan(void);

```
/*********************************
*按键初始化函数
*********************************/
void InitKey(void)
{
    // P0.4,P0.5 设为普通输出口
    P0SEL &= ~0x30;
    // 按键在 P04，P05 设为输入
    P0DIR &= ~0x30;
    // P0.4，P0.5 为三态
    P0INP |= 0x30;
}


/**************************
*LED 初始化
**************************/
void Initial(void)
{
    // P10、P11 定义为输出
    P1DIR |= 0x03;
    // 关 LED1
    LED1= OFF;
    // 关 LED2
    LED2= OFF;
}


/**************************
*延时 1.5us
**************************/
void Delay(uint n)
{
    uint tt;
    for(tt = 0;tt<n;tt++);
    for(tt = 0;tt<n;tt++);
    for(tt = 0;tt<n;tt++);
    for(tt = 0;tt<n;tt++);
    for(tt = 0;tt<n;tt++);
```

```
    }

/****************************************
*按键扫描
***************************************/
uchar KeyScan(void)
{
    // 检测 SW6 是否为低电平，低电平有效
    if(SW6 == 0)
    {
        Delay(100);
        // 检测到按键
        if(SW6 == 0)
        {
            // 直到松开按键
            while(!SW6);
            // 返回值为 1
            return(1);
        }
    }
    // 检测 SW5 是否为低电平，低电平有效
    if(SW5 == 0)
    {
        Delay(100);
        // 检测到按键
        if(SW5 == 0)
        {
            // 检测到按键
            while(!SW5);
            // 返回值为 2
            return(2);
        }
    }
    return(0);
}

/****************************
*main()函数
***************************/
```

```
void main(void)
{    // 按键标志位
     uchar Keyvalue = 0;
     Delay(10);
     // 调用初始化函数
     Initial();
     InitKey();
     while(1)
     {    // 给按键标志位赋值
          Keyvalue = KeyScan();
          // 如果按键为 SW6
          if(Keyvalue == 1)
          {
           //LED 切换状态
           LED1 = !LED1;
           // 清除键值
           Keyvalue = 0;
          }
          // 检测按键为 SW5
          if(Keyvalue == 2)
          {  //LED2 切换状态
            LED2 = !LED2;
            // 清除键值
            Keyvalue = 0;
          }
          Delay(10);
     }
}
```

实验现象结果为：当按下 SW5 时，LED1 灯的状态改变；当按下 SW6 时，LED2 灯的状态改变。

4.4.2　通用 I/O 中断

在设置 I/O 口的中断时必须要将其设置为输入状态，通过外部信号的上升或下降沿触发中断。通用 I/O 的所有的外部中断共用一个中断向量，根据中断标志位来判断是哪个引脚发生中断。

在使用通用 I/O 中断时需要设置其寄存器，通用 I/O 中断寄存器有三类：中断使能寄存器、中断状态标志寄存器和中断控制寄存器。

✧　中断使能寄存器包括 IENx 和 PxIEN(其中 x 代表 0、1、2)，其功能是使 I/O 口进行中断使能。

❖ 中断状态标志寄存器包括 PxIFG，其功能是当发生中断时，I/O 口所对应的中断状态标志将自动置 1。

❖ 中断控制寄存器为 PICTL，其功能是控制 I/O 口的中断触发方式。

1. 中断使能寄存器 IENx

IENx 寄存器包括三个八位寄存器：IEN0、IEN1 和 IEN2。IENx 中断主要是配置总中断和 P0～2 端口的使能。

❖ IEN1.P0 IE：P0 端口中断使能。

❖ IEN2.P1 IE：P1 端口中断使能。

❖ IEN2.P2 IE：P2 端口中断使能。

IEN0 寄存器的第 7 位可以控制 CC2530 所有中断的使能。IEN0 的其他位控制定时器、串口、RF 等外设功能中断的详细讲解见本章后面小节的内容。IEN0 寄存器如表 4-16 所示。

表 4-16　IEN0 中断使能

位	名　称	复位	R/W	描　　　　述
7	EA	0	R/W	禁止所有中断 0：无中断被确认 1：通过设置对应的使能位将每个中断源分别使能和禁止
6	--	0	R0	保留
5	STIE	0	R/W	睡眠定时器中断使能 0：中断禁止 1：中断使能
4	ENCIE	0	R/W	AES 加密/解密中断使能 0：中断禁止 1：中断使能
3	URX1IE	0	R/W	USART1 RX 中断使能 0：中断禁止 1：中断使能
2	URX0IE	0	R/W	USART0 RX 中断使能 0：中断禁止 1：中断使能
1	ADCIE	0	R/W	ADC 中断使能 0：中断禁止 1：中断使能
0	RFERRIE	0	R/W	RF TX/RX FIFO 中断使能 0：中断禁止 1：中断使能

IEN1 寄存器的第 5 位控制 P0 口的中断，当设置 IEN1.P0IE 时，将设置 P0 端口所有引脚的中断使能，即 P0.0～P0.7 引脚全部中断使能。IEN1 中断寄存器如表 4-17 所示。

表 4-17　IEN1 中断使能

位	名　称	复位	R/W	描　述
7：6	--	00	R0	保留
5	P0IE	0	R/W	端口 0 中断使能 0：中断禁止　　　1：中断使能
4	T4IE	0	R/W	定时器 4 中断使能 0：中断禁止　　　1：中断使能
3	T3IE	0	R/W	定时器 3 中断使能 0：中断禁止　　　1：中断使能
2	T2IE	0	R/W	定时器 2 中断使能 0：中断禁止　　　1：中断使能
1	T1IE	0	R/W	定时器 1 中断使能 0：中断禁止　　　1：中断使能
0	DMAIE	0	R/W	DMA 中断使能 0：中断禁止　　　1：中断使能

IEN2 寄存器的第 4 位和第 1 位分别控制 P1 端口和 P2 端口的中断，当设置 IEN2.P1IE 和 IEN2.P2IE 时，将设置 P1 端口和 P2 端口所有引脚的中断使能，即 P1.0～P1.7 引脚和 P2.0～P2.4 引脚全部中断使能。IEN2 中断寄存器如表 4-18 所示。

表 4-18　IEN2 中断使能

位	名　称	复位	R/W	描　述
7：6	--	00	R0	保留
5	WDTIE	0	R/W	看门狗定时器中断使能 0：中断禁止　　　1：中断使能
4	P1IE	0	R/W	端口 1 中断使能 0：中断禁止　　　1：中断使能
3	UTX1IE	0	R/W	USART1 TX 中断使能 0：中断禁止　　　1：中断使能
2	UTX0IE	0	R/W	USART2 TX 中断使能 0：中断禁止　　　1：中断使能
1	P2IE	0	R/W	端口 2 中断使能 0：中断禁止　　　1：中断使能
0	RFIE	0	R/W	RF 一般中断使能 0：中断禁止　　　1：中断使能

例如，设置端口 0 中断使能，其寄存器的配置如示例 4-13 所示。

【示例 4-13】　端口 0 中断使能配置

```
// 端口 0 中断使能
IEN1 |= 0x20;
```

2. 中断使能寄存器 PxIEN

PxIEN 寄存器用来设置端口的某一个引脚的中断使能,PxIEN 有三个寄存器,即 P0IEN、P1IEN 和 P2IEN,分别如表 4-19、表 4-20、表 4-21 所示。

表 4-19　P0IEN 端口 0 中断使能寄存器

位	名　称	复位	R/W	描　述
7：0	P0IEN[7:0]	0x00	R/W	端口 0 P0.7～P0.0 中断使能 0：中断禁止　　1：中断使能

表 4-20　P1IEN 端口 1 中断使能寄存器

位	名　称	复位	R/W	描　述
7：0	P1IEN[7:0]	0x00	R/W	端口 1 P1.7～P1.0 中断使能 0：中断禁止　　　1：中断使能

表 4-21　P2IEN 端口 2 中断使能寄存器

位	名　称	复位	R/W	描　述
7：6	--	00	R/W	保留
5	DPIEN	0	R/W	USB D+ 中断使能(CC2531 专有,CC2530 不具备此项功能)
4：0	P2IEN[4:0]	00000	R/W	端口 2 P2.4～P2.0 中断使能 0：中断禁止　　　1：中断使能

其中 P0IEN 控制端口 0 的 P0.0～P0.7 中断使能;P1IEN 控制端口 1 的 P1.0～P1.7 中断使能;P2IEN 寄存器的 0～4 控制端口 2 的 P2.0～P2.4 中断使能。如果设置 P0.4 和 P0.5 中断使能,其寄存器的设置如示例 4-14 所示。

【示例 4-14】 P0.4 和 P0.5 中断使能

```
// 端口 0 中断使能
P0IEN |= 0x30;
```

3. 中断状态标志寄存器 PxIFG

PxIFG 寄存器是中断状态标志寄存器,由于 CC2530 的外部中断共用一个中断向量,因此需要判断是哪个引脚发生中断,通过判断 PxIFG 寄存中的中断状态标志位可以判断哪个引脚发生中断。PxIFG 寄存器有三个,分别是 P0IFG、P1IFG 和 P2IFG。其中 P0IFG 是判断 P0 端口的 P0.0～P0.7 引脚的中断状态标志;P1IFG 是判断 P1 端口的 P1.0～P1.7 引脚的中断状态标志;P2IFG 是判断 P0 端口的 P2.0～P2.4 引脚的中断状态标志。这三种寄存器分别如表 4-22、表 4-23、表 4-24 所示。

表 4-22　P0IFG 端口 0 中断状态标志寄存器

位	名　称	复位	R/W	描　述
7：0	P0IF[7:0]	0x00	R/W	端口 0 P0.7～P0.0 中断状态标志 0：未发生中断 1：发生中断

表 4-23　P1IFG 端口 1 中断状态标志寄存器

位	名　称	复位	R/W	描　述
7：0	P1IF[7:0]	0x00	R/W	端口 1 P1.7～P1.0 中断状态标志 0：未发生中断　　　1：发生中断

表 4-24　P2IFG 端口 2 中断状态标志寄存器

位	名　称	复位	R/W	描　述
7：6	--	00	R/W	保留
5	DPIF	0	R/W	USB D+ 中断标志(CC2531 专有，CC2530 不具备此项功能)
4：0	P2IF[4:0]	00000	R/W	端口 2 P2.4～P2.0 中断状态标志 0：未发生中断　　　1：发生中断

如果有中断发生则相应的寄存器位由硬件自动置 1，例如要判断端口 0 是否发生中断，可以使用如示例 4-15 所示的代码。

【示例 4-15】　端口 0 是否有中断发生

```
// 判断中断标志位
if(P0IFG>0)
{
  ...
}
```

4. 中断控制寄存器 PICTL

I/O 口发生中断除了配置中断使能之外，还需要配置中断触发方式。中断触发方式可由端口中断控制寄存器 PICTL 设置。I/O 中断触发方式分为输入的上升沿触发和输入的下降沿触发。PICTL 寄存器如表 4-25 所示。

表 4-25　PICTL 端口中断控制寄存器

位	名　称	复位	R/W	描　述
7	PADSC	00	R0	控制 I/O 引脚在输出模式下的驱动能力，选择输出驱动能力来补偿引脚 DVDD 的低 I/O 电压(为了确保在较低的电压下的驱动能力和较高电压下的驱动能力相同)。 0：最小驱动能力增强，DVDD1/2 等于或大于 2.6 V 1：最大驱动能力增强，DVDD1/2 小于 2.6 V
6：4	--	000	R0	保留
3	P2ICON	0	R/W	端口 2 的 P2.4～P2.0 输入模式下的中断配置，该位为所有端口 2 的输入 P2.4～P2.0 选择中断请求条件 0：输入的上升沿引起中断 1：输入的下降沿引起中断

位	名　称	复位	R/W	描　　述
2	P1ICONH	0	R/W	端口 1 的 P1.7～P1.4 输入模式下的中断配置,该位为所有端口 1 的输入 P1.7～P1.4 选择中断请求条件 0:输入的上升沿引起中断 1:输入的下降沿引起中断
1	P1ICONL	0	R/W	端口 1 的 P1.4～P1.0 输入模式下的中断配置,该位为所有端口 1 的输入 P1.4～P1.0 选择中断请求条件 0:输入的上升沿引起中断 1:输入的下降沿引起中断
0	P0ICON	0	R/W	端口 0 的 P0.7～P0.0 输入模式下的中断配置,该位为所有端口 0 的输入 P0.7～P0.0 选择中断请求条件 0:输入的上升沿引起中断 1:输入的下降沿引起中断

例如，要设置 P0.4 和 P0.5 为下降沿触发，其寄存器的配置如示例 4-16 所示。

【示例 4-16】 PICTL 寄存器配置

```
// P0.4 和 P0.5 为下降沿触发中断
PICTL |= 0x01;
```

5. 中断配置

为了使能任一中断功能，应当采取以下步骤:

(1) 设置需要发生中断的 I/O 口为输入方式。

(2) 清除中断标志，即将需要设置中断的引脚所对应的寄存器 PxIFG 状态标志位置 0。

(3) 设置具体的 I/O 引脚中断使能，即设置中断的引脚所对应的寄存器 PxIEN 的中断使能位为 1。

(4) 设置 I/O 口的中断触发方式。

(5) 设置寄存器 IEN1 和 IEN2 中对应引脚的端口的中断使能位为 1。

(6) 设置 IEN0 中的 EA 位为 1 使能全局中断。

(7) 编写中断服务程序。

下述内容用于实现任务描述 4.D.2，通过外部中断改变 LED1 的亮灭。利用按键 SW5 和 SW6 触发 P0.4 和 P0.5 下降沿发生中断控制 LED1 的亮灭。即当按下 SW5 或者 SW6 时，LED1 灯的状态发生改变，解决问题的步骤如下所述。

(1) LED 初始化:关闭四个 LED。

(2) 外部中断初始化:清空 P0 中断标志位，开启 P0 口中断以及总中断。

(3) 中断处理函数的编写。

【描述 4.D.2】 main.c

```
#include <ioCC2530.h>
#define uint unsigned int
#define LED1 P1_0
```

```
#define LED2 P1_1
#define LED3 P1_2
#define LED4 P1_3

/***************************
*LED 初始化
***************************/
void InitLED(void)
{
    // P1 为普通  I/O  口
    P1SEL =0x00;
    // P1.0 P1.1 P1.2 P1.3  输出
    P1DIR = 0x0F;
    // 关闭 LED1
    LED1=1;
    // 关闭 LED2
    LED2=1;
    // 关闭 LED3
    LED3=1;
    // 关闭 LED4
    LED4=1;
}


/*******************************
*io 及外部中断初始化
*******************************/
void InitIO(void)
{
    // P0 中断标志清 0
    P0IFG |= 0x00;
    // P0.4 有上拉、下拉能力
    P0INP &=  ～0X30;
    // P0.4 和 P0.5 中断使能
    P0IEN |= 0x30;
    // P0.4 和 P0.5，下降沿触发
    PICTL|= 0X01;
    // 开中断
    EA = 1;
    // 端口 0 中断使能
```

```
    IEN1 |= 0X20;
};


/*******************************
*延时子函数
********************************/
void Delay(uint n)
{   uint tt;
    for(tt=0;tt<n;tt++);
    for(tt=0;tt<n;tt++);
    for(tt=0;tt<n;tt++);
    for(tt=0;tt<n;tt++);
    for(tt=0;tt<n;tt++);
}


/*******************************
*main( )函数
********************************/
void main(void)
{   // LED 初始化
    InitLED( );
    // IO 及外部中断初始化
    InitIO( );
    // 等待中断
    Delay(100);
    while(1);
}


/*****************************
*中断服务子程序
******************************/
#pragma vector = P0INT_VECTOR
__interrupt void P0_ISR(void)
{    // 关中断
    P0IEN &=  ～0x30;
    // 判断按键中断
    if(P0IFG>0)
    {    // 清中断标志
        P0IFG = 0;
```

```
        // LED1 改变状态
        LED1 = ! LED1;
    }
    // 开中断
    P0IEN |= 0x30;
}
```

实验现象：当按下按键 SW5 和 SW6 时，LED1 的状态发生改变。

4.4.3　外设 I/O

外设 I/O 是 I/O 的第二功能，当 I/O 配置为外设 I/O 时，可以通过软件配置连接到 ADC、串口、定时器和调试接口等。当设置为外设 I/O 时，需要将对应的寄存器位 PxSEL 置 1，每个外设单元对应两组可以选择的 I/O 引脚，即"外设位置 1"和"外设位置 2"，如表 4-26 所示。例如 USART 在 SPI 模式下，"外设位置 1"为 P0.2～P0.5，"外设位置 2"为 P1.2～P1.5。

表 4-26　外设 I/O 引脚映射

外设功能	P0								P1								P2				
	7	6	5	4	3	2	1	0	7	6	5	4	3	2	1	0	4	3	2	1	0
ADC	A7	A6	A5	A4	A3	A2	A1	A0													T
USART0 (SPI)			C	SS	M0	M1					M0	M1	C	SS							
USART0 (UART)			RT	CT	TX	RX					TX	RX	RT	CT							
USART1 (SPI)			M1	M0	C	SS					M1	M0	C	SS							
USART1 (UART)			RX	TX	RT	CT					RX	TX	RT	CT							
TIMER1		4	3	2	1	0															
	3	4													0	1	2				
TIMER3												1	0								
									1	0											
TIMER4															1	0					
																		1			0
32 kHz xosc																	Q1	Q2			
DEBUG																			DC	DD	

外设 I/O 位置的选择使用寄存器 PERCFG 来控制，PERCFG 是外设控制寄存器，用来选择外设使用哪一个 I/O 端口，如表 4-27 所示。

表 4-27 PERCFG 外设控制寄存器

位	名 称	复位	R/W	描 述
7	--	0	R0	保留
6	T1CFG	0	R/W	定时器 1 I/O 控制 0：外设位置 1　　1：外设位置 2
5	T3CFG	0	R/W	定时器 3 I/O 控制 0：外设位置 1　　1：外设位置 2
4	T4CFG	0	R/W	定时器 4 I/O 控制 0：外设位置 1　　1：外设位置 2
3：2	--	0	R0	保留
1	U1CFG	0	R/W	USART1 I/O 控制 0：外设位置 1　　1：外设位置 2
0	U0CFG	0	R/W	USART0 I/O 控制 0：外设位置 1　　1：外设位置 2

例如设置 USART0 为外设位置 1，其寄存器的设置如示例 4-17 所示。

【示例 4-17】 PERCFG 寄存器设置

// 设置 USART0 为外设位置 1

PERCFG |= 0x00;

如果 I/O 映射有冲突，可以在有冲突的组合之间设置优先级。优先级的设置是通过寄存器 P2SEL 和 P2DIR 来设置，如表 4-28、表 4-29 所示。

表 4-28 P2SEL 端口 1 外设优先级控制寄存器

位	名 称	复位	R/W	描 述
7	--	0	R0	保留
6	PRI3P1	0	R/W	端口 1 外设优先级控制，当模块被指派到相同的引脚的时候，确定哪个优先 0：USART 0 优先　　1：USART 1 优先
5	PRI2P1	0	R/W	端口 1 外设优先级控制，当 PERCFG 分配 USART1 和定时器 3 到相同引脚的时候，确定优先次序 0：USART1 优先　　1：定时器 3 优先
4	PRI1P1	0	R/W	端口 1 外设优先级控制。当 PECFG 分配定时器 1 和定时器 4 到相同引脚的时候，确定优先次序 0：定时器 1 优先　　1：定时器 4 优先
3	PRI0P1	0	R/W	端口 1 外设优先级控制，当 PERCFG 分配 USART0 和定时器 1 到相同引脚的时候，确定优先次序 0：USART0 优先　　1：定时器 1 优先
2：0				端口 2 功能选择(详见 4.3.1 节)

表 4-29　P2DIR 端口 0 外设优先级控制寄存器

位	名　称	复位	R/W	描　述
7：6	PRIP0	00	R/W	端口 0 外设优先级控制。当 PERCFG 分配给一些外设到相同引脚的时候，这些位将确定优先级 详细优先级列表 00 第 1 优先级：USART0 第 2 优先级：USART1 第 3 优先级：定时器 1 01 第 1 优先级：USART1 第 2 优先级：USART0 第 3 优先级：定时器 1 10 第 1 优先级：定时器 1 通道 0-1 第 2 优先级：USART1 第 3 优先级：USART0 第 4 优先级：定时器 1 通道 2-3 11 第 1 优先级：定时器 1 通道 2-3 第 2 优先级：USART0 第 3 优先级：USART1 第 4 优先级：定时器 1 通道 0-1
5	--	0	R0	保留
4：0				端口 2 方向选择(详见 4.3.1 节)

其中 P2DIR 的 PRIP0 位负责优先级的选择，当外设使用同一引脚而引起冲突时，由 P2DIR.PRIP0 位来决定先使用哪一个外设。

各外设使用情况简单介绍如下，具体使用详见本章以下章节。

1. ADC

整个 P0 口可作为 ADC 使用，因此可以使用多达 8 个 ADC 输入引脚。此时 P0 引脚必须配置为 ADC 输入。APCFG 寄存器(ADC 模拟外设 I/O 配置寄存器)可以配置 P0 的某个引脚为一个 ADC 输入，且相应的位必须设置为 1。这个寄存器的默认值选择端口 0 引脚为非 ADC 输入，即数字输入/输出，如表 4-30 所示。

表 4-30　APCFG 模拟外设 I/O 配置寄存器

位	名　称	复位	R/W	描　　述
7：0	APCFG[7:0]	0x00	R/W	模拟外设 I/O 配置，APCFG[7:0]选择 P0.7～P0.0 作为模拟 I/O 0：模拟 I/O 禁止 1：模拟 I/O 使能

APCFG 寄存器的设置将覆盖 P0SEL 的设置。但是 ADC 可以配置为使用 I/O 引脚 P2.0 作为内部触发器来启动装换。当用作 ADC 内部触发器时，P2.0 必须在输入模式下配置为通用 I/O。

2. 串口

USART0 和 USART1 均有两种模式，分别是异步 UART 模式或同步 SPI 模式，并且每种模式下所对应的外设引脚有两种，即外设位置 1 和外设位置 2。其中 SFR 寄存器位 PERCFG.U0CFG 用于设置 USART0 是使用外设位置 1 还是外设位置 2；PERCFG.U1CFG 用于设置 USART1 是使用外设位置 1 还是外设位置 2。

P2DIR.PRIP0 为端口 0 指派一些外设的优先顺序。当设置为 00 时，USART0 优先。如果选择了 UART 模式，且硬件流量控制禁用，UART1 或定时器 1 将优先使用端口 P0.4 和 P0.5。

P2SEL.PRI3P1 和 P2SEL.PRI0P1 为端口 1 指派外设优先顺序，当两者都设置为 0 时，USART0 优先。

3. 定时器 1

PERCFG.T1CFG 用于设置定时器 1 是使用外设位置 1 还是外设位置 2，定时器 1 的外设信息对应如下：
- ◇　0：通道 0 捕获/比较引脚。
- ◇　1：通道 1 捕获/比较引脚。
- ◇　2：通道 2 捕获/比较引脚。
- ◇　3：通道 3 捕获/比较引脚。
- ◇　4：通道 4 捕获/比较引脚。

P2DIR.PRIP0 用于为端口 0 指派外设的优先顺序。当设置为 10 时，定时器通道 0-1 优先，当设置为 11 时，定时器通道 2-3 优先。

P2SEL.PRI1P1 和 P2SEL.PRI0P1 为端口 1 指派外设的优先顺序。当 P2SEL.PRI1P1 设置为低电平，P2SEL.PRI0P1 设置为高电平时，定时器 1 通道优先。

4. 定时器 3

PERCFG.T3CFG 用于设置定时器 3 是使用外设位置 1 还是外设位置 2。

定时器 3 信号显示如下：
- ◇　0：通道 0 比较引脚。
- ◇　1：通道 1 比较引脚。

P2SEL.PRI2P1 和 P2SEL.PRI3P1 为端口 1 选择一些外设的优先顺序。当 P2SEL.PRI2P1 和 P2SEL.PRI3P1 都设置为高电平时，定时器 3 通道优先。如果 P2SEL.PRI2PI 设置为低电平时，定时器 3 通道优先于 USART1，但是 USART0 优先于定时器 3 通道以及 USART1。

5. 定时器 4

PERCFG.T4CFG 用于设置定时器 4 是使用外设位置 1 还是外设位置 2。

定时器 3 信号显示如下：

◇　0：通道 0 比较引脚。
◇　1：通道 1 比较引脚。

P2SEL.PRI1P1 为端口 1 选择一些外设的优先顺序。当这个位设置时，定时器 4 通道优先。

6. 调试接口

端口 P2.1 和 P2.2 分别用于调试数据和时钟信号，即 DD 调试数据和 DC 调试时钟。当处于调试模式时，调试接口控制这些引脚的方向，并且在这些引脚上禁用上拉和下拉。

4.5　振荡器和时钟

CC2530 共有四个振荡器，它们为系统时钟提供时钟源。

4.5.1　振荡器

CC2530 的四个振荡器分别是 32 MHz 外部晶振、16 MHz 内部 RC 振荡器、32 kHz 外部晶振和 32 kHz 内部 RC 振荡器。其中 32 MHz 晶振和 16 MHz 内部 RC 振荡器是两个高频振荡器；32 kHz 晶振和 32 kHz 内部 RC 振荡器是两个低频振荡器。四个振荡器的作用分别如下：

◇　32 MHz 外部晶振(简称 32 MHz 晶振)除了为内部时钟提供时钟源之外，主要用于 RF 收发器。

◇　16 MHz RC 内部振荡器(简称 16 MHz RC 振荡器)也可以为内部时钟提供时钟源，但是 16 MHz RC 振荡器不能用于 RF 收发器操作。对于一些应用程序来说 32 MHz 晶振的启动时间较长，设备可以采用先运行 16 MHz RC 振荡器，直到 32 MHz 晶振稳定。

◇　32 kHz 外部晶振(简称 32 kHz 晶振)运行在 32.768 kHz 上，为系统需要的时间精度提供一个稳定的时钟信号。

◇　32 kHz RC 内部振荡器(简称 32 kHz RC 振荡器)运行在 32.753 kHz 上，当系统时钟需要校准时使用此振荡器，校准只能发生在系统时钟工作由 16 MHz RC 震荡器转到 32 MHz 晶振的时候(此校准可以通过相应的寄存器来操作)。需要注意的是，32 kHz 晶振和 32 kHz RC 振荡器不能同时使用。

4.5.2　系统时钟及寄存器

CC2530 内部有一个内部系统时钟和一个主时钟。在 CC2530 中系统时钟源是从所选的主系统时钟源获得的，主时钟一般由 32 MHz 晶振或 16 MHz RC 振荡器提供。由于 32 MHz 晶振启动时间比较长，因此当选用 32 MHz 晶振作为主时钟源时，内部首先选择 16 MHz RC 振荡器使系统运转起来，当 32 MHz 晶振稳定之后才使用 32 MHz 晶振作为主时钟源。

可以通过操作时钟寄存器来选择使用某个时钟源。时钟寄存器主要有两个寄存器：时钟控制命令寄存器 CLKCONCMD 和时钟控制状态寄存器 CLKCONSTA。其中时钟控制命令寄存器如表 4-31 所示。

表 4-31   CLKONCMD 时钟控制命令寄存器

位	名　称	复位	R/W	描　述
7	OSC32K	1	R/W	32 kHz 时钟振荡器选择。设置该位只能发起一个时钟源改变。要改变该位，必须选择 16 MHz RCOSC 作为系统时钟 0：32 kHz XOSC 1：32 kHz　RCOSC
6	OSC	1	R/W	系统时钟源选择。设置该位只能发起一个时钟源改变 0：32 MHz XOSC 1：16 MHz RCOSC
5：3	TICKSPD	001	R/W	定时器标记输出设置。不能高于通过 OSC 位设置的系统时钟设置 000：32 MHz　　001：16 MHz 010：8 MHz　　011：4 MHz 100：2 MHz　　101：1 MHz 110：500 kHz　　111：250 kHz 注：CLKCONCMD.TICKSPD 可以设置为任意值，但是结果受 CLKCONCMD.OSC 设置的限制，即如果 CLKCONCMD.OSC = 1 不管 TICKSPD 是多少，实际的 TICKSPD 是 16 MHz
2：0	CLKSPD	001	R/W	时钟速度。不能高于通过 OSC 位设置的系统时钟设置。标识当前系统时钟频率 000：32 MHz　　001：16 MHz 010：8 MHz　　011：4 MHz 100：2 MHz　　101：1 MHz 110：500 kHz　　111：250 kHz 注：CLKCONCMD.TICKSPD 可以设置为任意值，但是结果受 CLKCONCMD.OSC 设置的限制，即如果 CLKCONCMD.OSC = 1 不管 TICKSPD 是多少，实际的 TICKSPD 是 16 MHz

时钟控制状态寄存器如表 4-32 所示。

表 4-32　CLKCONSTA 时钟控制状态寄存器

位	名　称	复位	R/W	描　述
7	OSC32K	1	R/W	当前选择的 32 kHz 时钟源 0：32 kHz 晶振 1：32 kHz RCOSC
6	OSC	1	R/W	当前选择系统时钟 0：32 MHz XOSC 1：16 MHz RCOSC
5：3	TICKSPD	001	R/W	当前设定定时器标记输出 000：32 MHz　　001：16 MHz 010：8 MHz　　011：4 MHz 100：2 MHz　　101：1 MHz 110：500 kHz　　111：250 kHz
2：0	CLKSPD	001	R/W	当前时钟速度 000：32 MHz　　001：16 MHz 010：8 MHz　　011：4 MHz 100：2 MHz　　101：1 MHz 110：500 kHz　　111：250 kHz

主时钟源的选择通过 CLKCONCMD 和 CLKCONSTA 共同操作完成，比如要改变时钟源，需要使 CLKCONSTA.OSC 的设置与 CLKCONCMD.OSC 的设置相同，这样才可以改变时钟源。

例如，要设置系统时钟为 32 MHz 晶振，如示例 4-18 所示。

【示例 4-18】　设置系统时钟

```
// 设置系统时钟为 32 MHz 晶振
CLKCONCMD &= ～0x40;
CLKCONSTA &= ～0x40;
```

4.6　电源管理和复位

CC2530 提供了多种供电模式，不同的工作方式需要在相应的供电模式下进行，因此 CC2530 在工作时首先要选择供电模式。本节将介绍 CC2530 的电源管理和复位。

4.6.1　供电模式

CC2530 的供电模式有五种：主动模式、空闲模式、PM1、PM2 和 PM3。其中主动模式又称一般模式或完全功能模式。不同的供电模式对系统运行的影响不同，各种供电模式的比较如表 4-33 所示。

表 4-33 不同的供电模式的比较

供电模式	高频振荡器	低频振荡器	稳压器(数字)
主动模式	32 MHz 晶振或 16 MHz RC 振荡器	32 kHz 晶振或 32 kHz RC 振荡器	ON
空闲模式	32 MHz 晶振或 16 MHz RC 振荡器	32 kHz 晶振或 32 kHz RC 振荡器	ON
PM1	无	32 kHz 晶振或 32 kHz RC 振荡器	ON
PM2	无	32 kHz 晶振或 32 kHz RC 振荡器	OFF
PM3	无	无	OFF

各种不同的供电模式的描述如下。

◇ 主动模式：完全功能模式。稳压器的数字内核开启；高频振荡器 32 MHz 晶振或 16 MHz RC 振荡器运行，或者两者都运行；低频振荡器的 32 kHz 晶振或 32 kHz RC 振荡器运行。在此模式下 CPU、外设和 RF 收发器都是活动的，可以通过操作寄存器使 CPU 内核停止运行，进入空闲模式。也可以通过复位、外部中断或睡眠定时器到期唤醒空闲模式。

◇ 空闲模式：当 CPU 内核停止运行时即空闲，当 CPU 处于工作状态时与主动模式相同。可以通过复位、外部中断或睡眠定时器到期唤醒进入主动模式。

◇ PM1：在 PM1 模式下，稳压器的数字部分开启；高频振荡器的 32 MHz 晶振或 16 MHz RC 振荡器都不运行；低频振荡器的 32 kHz 晶振或 32 kHz RC 振荡器运行。当发生复位、外部中断或睡眠定时器到期时，系统将转到主动模式。当系统运行在此模式下时，将运行一个掉电序列。由于 PM1 模式使用的上电和掉电序列较快，此模式适合用于等待唤醒事件的时间小于 3 ms 的情况下。

◇ PM2：稳压器的数字部分关闭，高频振荡器的 32 MHz 晶振或 16 MHz RC 振荡器都不运行；低频振荡器的 32 kHz 晶振或 32 kHz RC 振荡器运行。当发生复位、外部中断或睡眠定时器到期时，系统将转到主动模式。当睡眠时间超过 3 ms 时使用此模式。

◇ PM3：稳压器数字部分关闭，所有的振荡器都不运行。当发生复位和外部中断时系统将转到主动模式运行。PM3 用于系统最低功耗的运行模式。

4.6.2 电源管理寄存器

电源管理即管理和选择供电模式，供电模式的管理是通过电源管理寄存器来实现的。CC2530 的电源管理寄存器有 3 个，分别是 PCON、SLEEPCMD 和 SLEEPSTA。其中 PCON 为供电模式控制寄存器；SLEEPCND 为睡眠模式控制器；SLEEPSTA 为睡眠模式控制状态寄存器。其分别如表 4-34、表 4-35、表 4-36 所示。

表 4-34 PCON 供电模式控制寄存器

位	名 称	复位	R/W	描 述
7：1	--	000000	R0	保留
0	IDLE	0	R/W H0	供电模式控制。1：强制设备进入 SLEEP.MODE 设置供电模式。如果 SLEEP.MODE= 0x00 且 IDLE=1 将停止 CPU 内核活动。中断可以清除此位

表 4-35　SLEEPCMD 睡眠模式控制寄存器

位	名　称	复位	R/W	描　述
7	OSC32K_CALDIS	0	R/W	禁用 32 kHz RC 振荡器校准 0：使能 32 kHz RC 振荡器校准 1：禁用 32 kHz RC 振荡器校准 此设置可以在任何时间写入，但是在芯片没有运行在 16 MHz 高频 RC 振荡器时不起作用
6：3	--	0000	R0	保留
2	--	1	R/W	总为 1，关闭不用的 RC 振荡器
1：0	MODE[1:0]	00	R/W	供电模式设置。 00：主动/空闲模式　　01：PM1 10：PM2　　11：PM3

表 4-36　SLEEPSTA 睡眠模式控制状态寄存器

位	名　称	复位	R/W	描　述
7	OSC32K_CALDIS	0	R/W	禁用 32 kHz RC 振荡器校准 0：使能 32 kHz RC 振荡器校准 1：禁用 32 kHz RC 振荡器校准 此设置可以在任何时间写入，但是在芯片没有运行在 16 MHz 高频 RC 振荡器时不起作用
6	XOSC_STB	0	R	32 MHz 晶振稳定状态 0：32 MHz 晶振上电不稳定 1：2 MHz 晶振上电稳定
5	--	0	R	保留
4：3	RST[1:0]	XX	R	状态位，表示上一次复位的原因， 00：上电复位和掉电探测　　01：外部复位 10：看门狗定时器复位　　11：时钟丢失复位
2：1	--	00	R	保留
0	CLK32K	0	R	32 kHz 时钟信号(与系统时钟同步)

CC2530 的供电模式由 SLEEPCMD 寄存器和 PCON 寄存器共同设置完成，首先需要设置 PCON.IDLE 位使 SLEEPCMD 进入 MODE 所选的模式。不管 CC2530 在哪种模式下运行，通过复位、外部中断或睡眠定时器到期都可以使供电模式仅需主动模式。

下述代码用于实现任务描述 4.D.3，初始化系统时钟。本例中，选择外部 32 MHz 晶振作为主时钟源。上电后，由于外部 32 MHz 晶振不稳定，因此 CC2530 芯片内部先启用内部 16 MHz RC 振荡器，等待外部稳定之后，才开始使用外部 32 MHz 晶振。具体代码如下：

【描述 4.D.3】　InitClock( )

```
void InitClock(void)
{   // 选择 32 MHz 晶振
    CLKCONCMD &= ～0x40;
```

```
// 等待晶振稳定
while(!(SLEEPSTA & 0x40));
// TICHSPD128 分频，CLKSPD 不分频
CLKCONCMD &= ～0x47;
// 关闭不用的 RC 振荡器
SLEEPCMD |= 0x04;
}
```

4.6.3　复位

CC2530 的复位源有 5 个，这 5 个复位源分别是：

◇　强制 RESET_N 输入引脚为低电平复位，这一复位经常用于复位按键。

◇　上电复位，在设备上电期间提供正确的初始化值。

◇　布朗输出复位，只能在 1.8 V 数字电压下运行，此复位是通过布朗输出探测器来进行的。布朗输出探测器在电压变化期间检测到的电压低于布朗输出探测器所规定的最低电压时，导致复位。

◇　看门狗定时复位，当使能看门狗定时器，且定时器溢出时产生复位。

◇　时钟丢失复位，此复位条件是通过时钟丢失探测器来进行的。时钟丢失探测器用于检测时钟源，当时钟源损坏时，系统自动使能时钟丢失探测器，导致复位。

CC2530 在复位之后的初始状态如下：

◇　I/O 引脚配置为带上拉的输入。

◇　CPU 程序计数器在 0x0000，并且程序从这个地址开始。

◇　所有外设寄存器初始化为各自的复位值。

◇　看门狗定时器禁用。

◇　时钟丢失探测器禁用。

4.7　串口

USART0 和 USART1 是串行通信接口，两个 USART 具有同样的功能，可以分别运行于异步 UART 模式和同步 SPI 模式。本小节将详细讲解串口的使用。

4.7.1　串口模式

串口可以运行于异步 UART 模式和同步 SPI 模式，下面分别介绍两种串口模式的使用。

1. UART 模式

UART 模式提供异步串行接口，在 UART 模式中，有 2 种接口选择方式：2 线接口和 4 线接口。

◇　2 线接口，即使用 RXD、TXD。

◇　4 线接口，即使用引脚 RXD、TXD、RTS 和 CTS。

UART 模式的操作具有以下特点。

◇ 8位或者9位负载数据。

◇ 奇校验、偶校验或者无奇偶校验。

◇ 配置起始位和停止位。

◇ 配置LSB(最低有效位)或者MSB(最高有效位)首先传送。

◇ 独立收发中断。

◇ 独立收发DMA触发。

◇ 奇偶校验和帧校验出错状态。

UART模式提供全双工传送，接收器中的位同步不影响发送功能。传送一个UART字节包含1个起始位，8个数据位，1个作为可选的第9位数据或者奇偶校验位，再加上1个或者2个停止位。UART操作由USART和状态寄存器UxCSR(如表4-37所示)以及UART控制寄存器UxUCR(如表4-38所示)来控制。这里的x是USART的编号，其数值为0或1。

表4-37 UxCSR-USARTx控制和状态

位	名 称	复位	R/W	描 述
7	MODE	0	R/W	USART模式选择 0：SPI模式　　　　　　1：UART模式
6	RE	0	R/W	启动UART接收器。注意UART完全配置之前不能接收 0：禁止接收器　　　　　1：使能接收器
5	SLAVE	0	R/W	SPI主或者从模式选择 0：SPI主模式　　　　　　1：SPI从模式
4	FE	0	R/W0	UART帧错误状态 0：无帧错误检测 1：字节收到不正确停止位级别
3	FRR	0	R/W0	UART奇偶校验错误状态 0：无奇偶校验检测 1：字节收到奇偶错误
2	RX_BYTE	0	R/W0	接收字节状态，UART模式和SPI模式。当读U0DBUF时该位自动清零，通过写0清除它，这样能有效丢弃U0BUF中的数据 0：没有收到字节 1：接收字节就绪
1	TX_BYTE	0	R/W0	传送字节状态，UART和SPI从模式 0：字节没有传送 1：写到数据缓存寄存器的最后字节已经传送
0	ACTIVE	0	R	USART传送/接收主动状态 0：USART空闲 1：USART在传送或者接收模式忙碌

例如选择USART模式为UART模式并允许接收，其寄存器的设置如示例4-19所示。

【示例 4-19】　UART 模式设置

// 设置 UART 模式

U0CSR |= 0x80;

// 允许接收

U0CSR |= 0x40;

表 4-38　UxUCR-USARTx UART 控制寄存器

位	名　称	复位	R/W	描　述
7	FLUSH	0	R/W1	清除单元。当设置时，该事件将会立即停止当前操作并返回单元的空闲状态
6	FLOW	0	R/W	UART 硬件流使能。用 RTS 和 CTS 引脚选择硬件流控制的使用 0：流控制禁止　　　　1：流控制使能
5	D9	0	R/W	UART 奇偶校验位。当使能奇偶校验，写入 D9 的值决定发送的第 9 位的值。如果收到的第 9 位不匹配收到的字节的奇偶校验，接收报告 ERR 0：奇校验　　　　　　1：偶校验
4	BIT9	0	R/W	UART9 位数据使能。当该位是 1 时，使能奇偶校验位传输即第 9 位。如果通过 PARITY 使能奇偶校验，第 9 位的内容是通过 D9 给出的 0：8 位传输　　　　　1：9 位传输
3	PARITY	0	R/W	UART 奇偶校验使能。除了为奇偶校验设置该位用于计算，必须使能 9 位模式 0：禁用奇偶校验　　　1：使能奇偶校验
2	SPB	0	R/W	UART 停止位数。选择要传送的停止位的位数 0：1 位停止位　　　　1：2 位停止位
1	STOP	0	R/W	UART 停止位的电平必须不同于开始位的电平 0：停止位低电平　　　1：停止位高电平
0	START	0	R/W	UART 起始位电平，闲置线的极性采用选择的起始位级别的电平的相反的电平 0：起始位低电平　　　1：起始位高电平

当 UxCSR.MODE 设置为 1 时，就选择了 UART 模式。当 USART 收发数据缓冲器 UxDBUF 写入数据时，该字节发送到输出引脚 TXD。UxDBUF 寄存器是双缓冲的，如表 4-39 所示。

表 4-39　UxDBUF-USARTx 接收/传送数据缓存寄存器

位	名　称	复位	R/W	描　述
7：0	DATA[7:0]	0x00	R/W	USART 接收和传送数据。当写这个寄存器的时候数据被写到内部的传送数据寄存器，当读取该寄存器的时候，数据来自内部读取的数据寄存器

例如，需要读出 U0DBUF 接收的字符串数据，其寄存器的设置如示例 4-20 所示。

【示例 4-20】 读 U0DBUF 的数据

```
// 定义一个字符型变量
unsigned char temp;
// 读出 U0DBUF 中的数据
temp = U0DBUF;
```

1) UART 的发送过程

当字节传送开始时，UxCSR.ACTIVE 位变为高电平，而当字节传送结束时变为低电平。当传送接收结束时，UxCSR.TX_BYTE 位设置为 1。当 USART 收/发数据缓冲寄存器就绪，准备接收新的发送数据时，就产生了一个中断请求。该中断在传送开始之后立刻发生，因此，当字节正在发送时，新的字节能够装入数据缓存器。

2) UART 的接收过程

当 1 写入 UxCSR.RE 位时，在 UART 上数据接收开始。UART 在输入引脚 RXDx 中寻找有效起始位，并且设置 UxCSR.ACTIVE 位为 1。当检测出有效起始位时，收到的字节就传入到接收寄存器，UxCSR.RX_BYTE 位设置为 1。该操作完成时，产生接收中断。同时 UxCSR.ACTIVE 变为低电平。通过寄存器 UxBUF 提供收到的数据字节。当 UxBUF 读出时，UxCSR_BYTE 位由硬件清零。

3) UART 的硬件流控制

当 UxUCR.FLOW 位设置为 1，硬件流控制使能。然后，当接收寄存器为空而且接收使能时，RTS 输出变低。在 CTS 输入变低之前，不会发生字节传送。硬件流控制适用于 "4 线接口"。

4) UART 的特征格式

如果寄存器 UxUCR 中的 BIT9 和奇偶校验位设置为 1，那么奇偶校验产生且使能。奇偶校验计算出来，作为第 9 位来传送。在接收期间，奇偶校验位计算出来而且与收到的第 9 位进行比较。如果奇偶校验位出错，则 UxCSR.ERR 位设置为高电平。当读取 UxCSR 时，UxCSR.ERR 位清除。

5) 波特率的产生

当运行 UART 模式时，内部的波特率发生器设置 UART 波特率。当运行在 SPI 模式时，内部的波特率发生器设置 SPI 主时钟频率。

波特率由寄存器 UxBAUD.BAUD[7:0]和 UxGCR.BAUD_E[4:0]定义，如表 4-40 和表 4-41 所示。该波特率用于 UART 传送，也用于 SPI 传送的串行时钟速率。波特率的设定如公式(4-1)所示。

$$波特率 = \frac{(256+\text{BAUD\_M}) \times 2^{\text{BAUD\_E}}}{2^{28}} \times f \tag{4-1}$$

式中：f 是系统时钟频率，等于 16 MHz RCOSC 或者 32 MHz XOSC。

表 4-40　BUAD_M 波特率控制寄存器

位	名　　称	复位	R/W	描　　述
7：0	BAUD_M[7:0]	0x00	R/W	波特率小数部分的值。BAUD_E 和 BAUD_M 决定了 UART 的波特率和 SPI 的主 SCK 时钟频率

表 4-41　UxGCR 通用控制寄存器

位	名　　称	复位	R/W	描　　述
7	CPOL	0	R/W	SPI 的时钟极性 0：负时钟极性 1：正时钟极性
6	CPHA	0	R/W	SPI 的时钟相位 0：当 SCK 从 CPOL 倒置到 CPOL 时，数据输出到 MOSI，并且当 SCK 从 CPOL 倒置到 CPOL 时，数据抽样到 MISO 1：当 SCK 从 CPOL 倒置到 CPOL 时，数据输出到 MOSI，并且当 SCK 从 CPOL 倒置到 CPOL 时，数据抽取到 MISO
5	ORDER	0	R/W	传送位顺序 0：LSB 先传送 1：MSB 先传送
4：0	BAUD_E[4:0]	00000	R/W	波特率指数值。BAUD_E 和 BAUD_M 决定了 UART 的波特率和 SPI 的主 SCK 时钟频率

标准波特率所需的寄存器值如表 4-42 所示。该表适用于典型的 32 MHz 系统时钟。真实波特率与标准波特率之间的误差，用百分数表示。

表 4-42　32 MHz 系统时钟常见的波特率设置

波特率(bps)	UxBAUD.BAUD_M	UxGCR.BAUD_E	误差(%)
2400	59	6	0.14
4800	59	7	0.14
9600	59	8	0.14
14400	216	8	0.03
19200	59	9	0.14
28800	216	9	0.03
38400	59	10	0.14
57600	216	10	0.03
76800	59	11	0.14
115200	216	11	0.03
230400	216	12	0.03

例如，在 UART 模式下设置波特率为 57 600，具体设置方法如示例 4-21 所示。

【示例 4-21】 波特率的设置

```
// 设置波特率为 57600
U0GCR |= 10;
U0BAUD |= 216;
```

6）系统时钟的设置

波特率发生器的时钟是从所选的主系统时钟源获得的，主系统时钟源可以是 32 MHz XOSC 或 16 MHz RCOSC，通过 CLKCONCMD.OSC 位可选择主系统时钟源。CLKCONCMD 寄存器如表 4-31 所示。

2. 串口发送数据

下述内容用于实现任务描述 4.D.4，串口发送数据。

分析原理图可知，P0.2 为串口的 RX，P0.3 为串口的 TX。通过 JP6 使用跳线选择使用 RS232 或者 RS485，如图 4-6 所示。

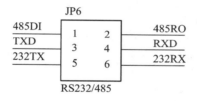

图 4-6　串口跳线选择

1）串口初始化

串口的初始化包括以下内容：

◇ 选择工作时钟。
◇ 选择串口外设备用位置。
◇ 初始化 I/O 口。
◇ 设置波特率。

【描述 4.D.4】 initUARTtest( )函数

```
void initUARTtest(void)
{
    // 初始化时钟
    InitClock();
    // 使用串口备用位置 1 P0 口
    PERCFG = 0x00;
    // P0 用作串口
    P0SEL = 0x3c;
    // 选择串口 0 优先作为串口
    P2DIR &= ～0XC0;
    // UART 方式
```

```
        U0CSR |= 0x80;
        // 波特率 baud_e 的选择
        U0GCR |= 10;
        // 波特率设为 57600
        U0BAUD |= 216;
        // 串口 0 发送中断标志清零
        UTX0IF = 0;
    }
```

2) 串口发送的字符串函数

【描述 4.D.4】 串口发送字符串函数

```
    void UartTX_Send_String(char *Data,int len)
    {
      int j;
      for(j=0;j<len;j++)
      {
          U0DBUF = *Data++;
          while(UTX0IF == 0);
          UTX0IF = 0;
      }
    }
```

3) 发送数据的主函数

【描述 4.D.4】 main( )函数

```
    // 包含的头文件
    #include <ioCC2530.h>
    #include <string.h>

    #define uint unsigned int
    #define uchar unsigned char

    // 定义控制灯的端口
    #define LED1 P1_0
    #define LED2 P1_1

    // 函数声明
    void Delay(uint);
    void initUARTtest(void);
    void UartTX_Send_String(char *Data,int len);
```

```
/********************************
*延时函数
*********************************/
void Delay(uint n)
{
      uint i;
      for(i=0;i<n;i++);
      for(i=0;i<n;i++);
      for(i=0;i<n;i++);
      for(i=0;i<n;i++);
      for(i=0;i<n;i++);
}


/*******************************
*main()函数
*******************************/
void main(void)
{
uchar i;
char Txdata[30]=" Qingdao Donghe Xinxi Jishu ";
// P1 输出控制 LED
      P1DIR = 0x03;
      // 开 LED1
      LED1 = 0;
      // 关 LED2
      LED2 = 1;
      // 串口初始化
      initUARTtest();
      // 串口发送 Qingdao Donghe Xinxi Jishu
      UartTX_Send_String(Txdata,29);
      // 清空 Txdata
      for(i=0;i<30;i++)Txdata[i]=' ';
      // 将 UART0 TX test 赋给 Txdata;
      strcpy(Txdata,"UART0 TX test ");

      while(1)
      {
            // 串口发送数据
            UartTX_Send_String(Txdata,sizeof("UART0 TX Test"));
```

```
            // 延时
            Delay(50000);
            Delay(50000);
            Delay(50000);
            LED1 = ～LED1;
            LED2 = ～LED2;
        }
    }
```

下载程序至协调器设备中，程序运行后，LED1 和 LED2 不断闪烁，使用串口工具观察实验现象，如图 4-7 所示。

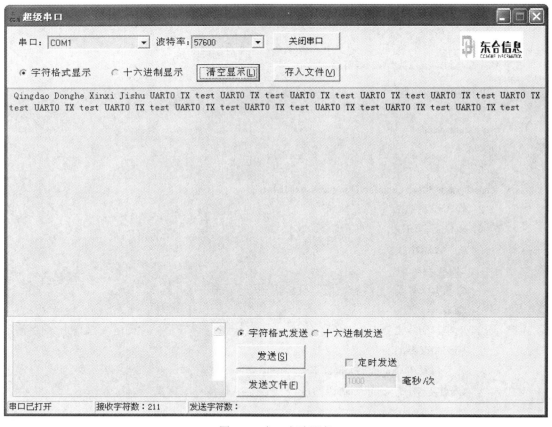

图 4-7　串口实验现象

3. SPI 模式

在 SPI 模式中，USART 通过 3 线接口或者 4 线接口与外部系统通信。接口包含引脚 MOSI、MISO、SCK 和 SS_N。当 UxCSR.MODE 设置为 0 时，选中 SPI 模式。SPI 模式包含下列特征：

   ◇   3 线或者 4 线 SPI 接口。

   ◇   主和从模式。

   ◇   可配置的 SCK 极性和相位。

✧　可配置的 LSB 或 MSB 传送。

在 SPI 模式中,USART 可以通过写 UxCSR.SLAVE 位来配置 SPI 为主模式或者从模式。

1)　SPI 主操作模式

当寄存器 UxBUF 写入字节后，SPI 主模式字节传送开始。USART 使用波特率发生器生成 SCK 串行时钟，而且传送发送寄存器提供的字节到输出引脚 MOSI。同时接收寄存器从输入引脚 MISO 获取收到的字节。

当传送开始时 UxCSR.ACTIVE 位变高，当传送结束后 UxCSR.ACTIVE 位变低。当传送结束时，UxCSR.TX_BYTE 位设置为 1。

串行时钟 SCK 的极性由 UxGCR.CPOL 位选择，其相位由 UxCSR.CPHA 位选择。字节传送的顺序由 UxCSR.ORDER 位选择。

传送结束时,收到的数据字节由 UxBUF 提供读取。当这个新的数据在 UxDBUF USART 接收/发送寄存器中准备好时，就产生一个中断。

2)　SPI 从模式操作

SPI 从模式字节传送由外部系统控制。输入引脚 MISO 上的数据传送到接收寄存器，该寄存器由串行时钟 SCK 控制。SCK 为从模式输入。同时，发送寄存器中的字节传送到输出引脚 MOSI。

当传送开始时 UxCSR.ACTIVE 位变高，当传送结束后 UxCSR.ACTIVE 位变低。当传送结束时，UxCSR.RX_BYTE 位设置为 1，接收中断产生。

串行时钟 SCK 的极性由 UxGCR.CPOL 位选择，其相位由 UxCSR.CPHA 位选择。字节传送的顺序由 UxCSR.ORDER 位选择。

传送结束时，收到的数据字节由 UxBUF 提供读取。

4.7.2　串口中断

每个 USART 都有两个中断：RX 完成中断和 TX 完成中断。当传送开始时，触发 TX 中断，且数据缓冲区被卸载。

USART 的中断使能位在寄存器 IEN0 和 IEN2 中，寄存器的相关配置如表 4-16 和表 4-18 所示。USART0 接收中断 RX 由 IEN0.URX0IE 控制，将该位设置 0 为中断禁止，设置 1 为中断使能。USART1 接收中断 RX 由 IEN0.URX1IE 控制，将该位设置 0 为中断禁止，设置 1 为中断使能。例如设置 USART0 接收中断以及总中断使能，其寄存器的设置如示例 4-22 所示。

【示例 4-22】　USART0 接收中断使能

```
// 设置 USART0 接收中断和总中断使能
IEN0 |= 0x84;
```

USART1 发送中断 TX 由 IEN2.UTX0IE 控制，将该位设置 0 为中断禁止，设置 1 为中断使能。USART0 发送中断 TX 由 IEN2.UTX1IE 控制，将该位设置 0 为中断禁止，设置 1 为中断使能。

中断标志位在寄存器 TCON 和寄存器 IRCON2 中。寄存器的说明如表 4-43 和表 4-44 所示。

表 4-43　TCON 中断标志寄存器

位	名　称	复位	R/W	描　述
7	URX1IF	0	R/W H0	USART1 RX 中断标志。当 USART1 RX 中断发生时设为 1 且当 CPU 指向中断向量服务例程时清除 0：无中断　　　1：中断发生
6	--	0	R/W	保留
5	ADCIF	0	R/W H0	ADC 中断标志。ADC 中断发生时设为 1 且 CPU 指向中断向量例程时清除 0：无中断　　　1：发生中断
4	--	0	R/W	保留
3	URX0IF	0	R/W H0	USART0 RX 中断标志。当 USART0 中断发生时设为 1 且 CPU 指向中断向量例程时清除 0：无中断　　　1：发生中断
2	IT1	1	R/W	保留，必须一直设为 1，设置为 0 将使能低级别中断探测，几乎总是如此(启动中断请求时执行一次)
1	RFERRIF	0	R/W H0	RF TX/RX FIFO 中断标志。当 RFERR 中断发生时设为 1 且 CPU 指向中断向量例程时清除 0：无中断　　　1：发生中断
0	IT0	1	R/W	保留，必须一直设为 1，设置为 0 将使能低级别中断探测，几乎总是如此(启动中断请求时执行一次)

表 4-44　IRCON2 中断标志寄存器

位	名　称	复位	R/W	描　述
7：5	--	000	R/W	保留
4	WDTIF	0	R/W	看门狗定时器中断标志 0：无中断　　　1：发生中断
3	P1IF	0	R/W	端口 1 中断标志 0：无中断　　　1：发生中断
2	UTX1IF	0	R/W	USART1 TX 中断标志 0：无中断　　　1：发生中断
1	UTX0IF	0	R/W	USART0 TX 中断标志 0：无中断　　　1：发生中断
0	P2IF	0	R/W	端口 2 中断标志 0：无中断　　　1：发生中断

例如，清除 USART0 接收中断标志，其寄存器的设置如示例 4-23 所示。

【示例 4-23】　清除 USART0 中断标志

```
// 清中断标志位
URX0IF = 0
```

下述内容用于实现任务描述 4.D.5，通过串口接收数据控制 LED 的亮灭，代码如下所示。

1) 配置寄存器初始化串口

【描述 4.D.5】　initUARTtest( )函数

```
void initUARTtest(void)
{    // 晶振
     CLKCONCMD &=  ~0x40;
     // 等待晶振稳定
     while(!(SLEEPSTA & 0x40));
     // TICHSPD128 分频，CLKSPD 不分频
     CLKCONCMD &=  ~0x47;
     // 关闭不用的 RC 振荡器
     SLEEPCMD |= 0x04;
     // 选择备用位置 1 为串口 P0 口
     PERCFG = 0x00;
     // P0 用作串口
     P0SEL = 0x3c;
     // UART 方式
     U0CSR |= 0x80;
     // 波特率 baud_e 选择
     U0GCR |= 10;
     // 波特率设为 57600
     U0BAUD |= 216;
     // 串口 0TX 中断标志位置 1
     UTX0IF = 1;
     // 允许接收
     U0CSR |= 0X40;
     // 开总中断，串口 1 接收中断
     IEN0 |= 0x84;
}
```

2) LED 的 I/O 初始化函数

【描述 4.D.5】　Init_LED_IO( )函数

```
void Init_LED_IO(void)
{    // P1.0、P1.1 控制 LED
     P1DIR |= 0x03;
     // 关 LED1
     led1 = 0;
     // 关 LED2
     led2 = 0;
}
```

3) 控制部分的主函数

【描述 4.D.5】 main( )函数

```
#include <iocc2530.h>
#include <string.h>

#define uint unsigned int
#define uchar unsigned char

// 定义控制灯的端口
#define LED1 P1_0
#define LED2 P1_1

// 函数的声明
void Delay(uint);
void initUARTtest(void);
void Init_LED_IO(void);

uchar Recdata[3]="000";
uchar RTflag = 1;
uchar temp;
uint    datanumber = 0;

void main(void)
{
    uchar ii;
    Init_LED_IO();
    initUARTtest();
    while(1)
    {   // 接收
        if(RTflag == 1)
        {   if( temp != 0)
            {   // '#' 被定义为结束字符
                if((temp!='#')&&(datanumber<3))
                {   // 最多能接收 3 个字符
                    Recdata[datanumber++] = temp;
                }
                else
                {   // 进入改变小灯的程序
                    RTflag = 3;
                }
                // 接收三个字符后进入 LED 控制
```

```
                if(datanumber == 3)RTflag = 3;
                temp    = 0;
            }
        }
    // 控制 LED1
    if(RTflag == 3)
    {   // 控制 LED1
        if(Recdata[0]=='1')
        {   // 10#  关 LED1
            if(Recdata[1]=='0')
            {
                lED1 = 1;
            }
            else
            {   // 11#  开 LED1
                lED1 = 0;
            }
        }
        // 控制 LED2
        if(Recdata[0]=='2')
        {   // 20#  关绿色 LED
            if(Recdata[1]=='0')
            {
                LED2 = 1;
            }
            else
            {   // 21#  开绿色 LED
                LED2 = 0;
            }
        }
    RTflag = 1;
    // 清除刚才的命令
    for(ii=0;ii<3;ii++)Recdata[ii]=' ';
    // 指针归位
    datanumber = 0;
    }
    }
}
```

4)　中断函数部分

【描述 4.D.5】　UART0_ISR( )函数

```
#pragma vector = URX0_VECTOR
__interrupt void UART0_ISR(void)
{    // 关闭中断
     IEN0 &=  ～0x04;
     if(URX0IF>0)
     {    // 清中断标志
          URX0IF = 0;
          // 读取 U0DBUF 的值
          temp = U0DBUF;
     }
     // 开启中断
     IEN0 |= 0x04;
}
```

其现象是：当发送 10#时，LED1 灭；发送 11#时，LED1 亮。当发送 21#时，LED2 亮；发送 20# 时，LED2 灭。

4.8　DMA

CC2530 内置一个存储器直接存取(DMA)控制器。该控制器可以用来减轻 8051CPU 内核传送数据时的负担，有效降低功耗。CPU 做初始化工作后，DMA 控制器就可以将数据从相关外设传送到存储器。

4.8.1　DMA 概述

CC2530 的 DMA 控制器协调所有的 DMA 传送，确保 DMA 请求和 CPU 访问存储器之间按照优先等级协调合理地进行。DMA 控制器含有若干个可编程的 DMA 通道，用来实现存储器与存储器之间的数据传送，即 DMA 控制器通过访问整个 XDATA 存储空间来进行存储器与外设之间的数据传输。

使用 DMA 可以在 CPU 休眠的状态下使外部设备之间传送数据，从而降低各系统的能耗，因此 DMA 的操作能够减轻 CPU 的负担。

DMA 控制器的主要特点如下：

◇　具有 5 个独立的 DMA 通道。

◇　具有 3 个可以配置的 DMA 通道优先级。

◇　具有 31 个可以配置的传送触发事件。

◇　数据传输的源地址和目标地址可独立控制。

◇　具有单独传送、数据块传送和重复传送 3 种数据传送模式。

◇　数据传输长度可变。

◇　既可以工作在字模式，又可以工作在字节模式。

4.8.2　DMA 操作与配置

DMA 有 5 个通道，即 DMA 通道 0~4。每个 DMA 通道能够从 DMA 存储器空间的一个位置传送数据到另一个位置，比如从 XDATA 的 XREG 到 RAM。

1. DMA 配置参数

DMA 的运行安装和控制由用户软件完成。DMA 通道在使用之前，必须配置参数。

◇　源地址：DMA 通道要读的数据的首地址。源地址可以是 XDATA 的任何地址，即 RAM、XREG 或 XDATA 寻址的 SFR。

◇　目标地址：DMA 通道从源地址读出的要写数据的首地址。用户必须确认该目标地址可写。目标地址可以是 XDATA 的任何地址，即 RAM、XREG 或 XDATA 寻址的 SFR 中。

◇　传送长度：在 DMA 通道重新进入工作状态或者接触工作状态之前，以及警告 CPU 即将有中断请求到来之前，要传送的长度。长度可以在配置中定义或者定义为 VLEN 设置。

◇　可变长度(VLEN)设置：DMA 通道可以利用源数据中的第一个字节或字(对于字使用[12:0]位)作为传送长度来进行可变长度传输。使用可变长度传输时，需要设定 DMA 配置数据结构中的 VLEN 部分。

◇　优先级别：DMA 通道的 DMA 传送的优先级别与 CPU、其他 DMA 通道和访问端口相关，用于判定同时发生的多个内部存储器请求中的哪一个优先级别最高，以及 DMA 存储器存取的优先级别是否超过同时发生的 CPU 存储器存取的优先级别。在优先级别相同的情况下，采用轮转调度方案应对所有的请求，确认存取对象。

◇　DMA 优先级别有 3 级：

● 高级：最高优先级别。DMA 存取总是优于 CPU 存取。

● 普通级：中等内部预先级别。保证 DMA 存取在每秒内至少一次优于 CPU 存取。

● 低级：最低内部优先级别，DMA 存取总是劣于 CPU 存取。

◇　触发事件：所有 DMA 传输通过 DMA 触发事件产生。这个触发可以启动一个 DMA 块传输或单个 DMA 传输。除了已经配置的触发，DMA 通道可以通过设置指定 DMAREQ.DMAREQx 标志来触发。

◇　源地址和目标地址增量：源地址和目标地址可以设置为增加或减少，或不改变。其地址增量可能有以下 4 种情况：

● 增量为 0：每次传送之后，指针将保持不变。

● 增量为 1：每次传送之后，地址指针将加上 1。

● 增量为 2：每次传送之后，地址指针将加上 2。

● 增量为 −1：每次传送之后，地址指针将减去 1。

◇　传送模式：传输模式确定当 DMA 通道开始传输数据时是如何工作的，即单个传输是块传输，还是重复传输。

● 单一模式：每当触发时，发生一个 DMA 传送，DMA 通道等待下一个触发。完成指定的传送长度后，传送结束，通报 CPU，解除 DMA 通道的工作状态。

● 块模式：每当触发时，按照传送长度指定的若干 DMA 传送被尽快传送，此后，通报 CPU，解除 DMA 通道的工作状态。

● 重复的单一模式：每当触发时，发生一个 DMA 传送，DMA 通道等待下一个触发。完成指定的传送长度后，传送结束，通报 CPU，且 DMA 通道重新进入工作状态。

● 重复的块模式：每当触发时，按照传送长度指定的若干 DMA 传送被尽快传送。此后通报 CPU，DMA 通道重新进入工作状态。

◇ 字节传送或字传送：确定每个 DMA 传输是 8 位字节或 16 位字。

◇ 中断屏蔽：在完成 DMA 通道传送时，产生一个中断请求。这个中断屏蔽位控制中断产生是使能还是禁用。

◇ 模式 8(M8)设置：字节传送时，用来决定是采用 7 位还是 8 位长的字节来传送数据。此模式仅用于字节传送模式。

2. DMA 配置安装

DMA 配置安装包括 DMA 参数的配置和 DMA 地址的配置。其中 DMA 参数的配置是通过向寄存器写入特殊的 DMA 配置数据结构来配置的。DMA 配置数据结构由 8 个字节组成，其详细结构如表 4-45 所示。

表 4-45　DMA 配置数据结构

字节偏移量	位	名　　称	描　　述
0	7：0	SRCADDR[15:8]	DMA 通道源地址，高位
1	7：0	SRCADDR[7:0]	DMA 通道源地址，低位
2	7：0	DESTADDR[15:8]	DMA 通道目的地址，高位
3	7：0	DESTADDR[7:0]	DMA 通道目的地址，低位
4	7：5	VLEN[2:0]	可变长度传输模式，在字模式中，第一个字的 12：0 位被认为是传送长度的 000：采用 LEN 作为传送长度 001：传送的字节/字的长度为第一个字节/字+1(上限由 LEN 指定的最大值)。因此，传输长度不包括字节/字的长度 010：传送通过第一个字节/字指定的字节/字的长度(上限到由 LEN 指定的最大值)。因此传输长度包括字节/字的长度 011：传送通过第一个字节/字指定的字节/字的长度+2(上限到由 LEN 指定的最大值)。因此，传输长度不包括字节/字的长度 100：传送通过第一个字节/字指定的字节/字的长度+3(上限到由 LEN 指定的最大值)。因此，传输长度不包括字节/字的长度 101：保留 110：保留 111：使用 LEN 作为传输长度的备用

字节偏移量	位	名　称	描　述
4	4：0	LEN[12:8]	DMA 的通道传送长度高位。当 VLEN 从 000 到 111 时采用最大允许长度。当处于 WORDSIZE 模式时，DMA 通道以字为单位。否则以字节为单位
5	7：0	LEN[7:0]	DMA 的通道传送长度低位。当 VLEN 从 000 到 111 时采用最大允许长度。当处于 WORDSIZE 模式时，DMA 通道数以字为单位。否则以字节为单位
6	7	WORDSIZE	选择每个 DMA 传送是采用 8 位(0)还是 16 位(1)
6	6：5	TMOD[1:0]	DMA 通道传送模式 00：单个　　　　　01：块 10：重复单一　　　11：重复块
6	4：0	TRIG[4:0]	选择要使用的 DMA 触发 00000：无触发 00001：前一个 DMA 通道完成 00010～11110：选择触发源
7	7：6	SRCINC[1:0]	源地址递增模式(每次传送之后)： 00：0 字节/字　　01：1 字节/字 10：2 字节/字　　11：-1 字节/字
7	5：4	DESTINC[1:0]	目的地址递增模式(每次传送之后)： 00：0 字节/字　　01：1 字节/字 10：2 字节/字　　11：-1 字节/字
7	3	IRQMASK	该通道中断屏蔽 0：禁止中断发生 1：DMA 通道完成时使能中断发生
7	2	M8	采用 VLEN 的第 8 位模式作为传送单位长度；仅应用在 WORDSIZE = 0 且 VLEN 从 000 到 111 时 0：采用所有 8 位作为传送长度 1：采用字节的低 7 位作为传送长度
7	1：0	PRIORITY[1:0]	DMA 通道的优先级别 00：低级 CPU 优先 01：保证级，DMA 至少在每秒一次的尝试中优先 10：高级，DMA 优先 11：保留

一般在程序的编写过程中，通常将 DMA 配置数据结构封装成一个结构体，具体做法如下：

【结构体 4-1】 DMA_CFG

```
typedef    struct
{
    // 源地址高 8 位
    unsigned char    SRCADDRH;
    // 源地址低 8 位
    unsigned char    SRCADDRL;
    // 目的地址高 8 位
    unsigned char    DESTADDRH;
    // 目的地址低 8 位
    unsigned char    DESTADDRL;
    // 长度域模式选择
    unsigned char    VLEN              :3;
    // 传输长度高字节
    unsigned char    LENH              :5;
    // 传输长度低字节
    unsigned char    LENL              :8;
    // 字节或字传输
    unsigned char    WORDSIZE          :1;
    // 传输模式选择
    unsigned char    TMODE             :2;
    // 触发事件选择
    unsigned char    TRIG              :5;
    // 源地址增量 : -1/0/1/2
    unsigned char    SRCINC            :2;
    // 目的地址增量 : -1/0/1/2
    unsigned char    DESTINC           :2;
    // 中断屏蔽
    unsigned char    IRQMASK           :1;
    //7 或 8bit 传输长度，仅在字节传输模式下适用
    unsigned char    M8                :1;
    // 优先级
    unsigned char    PRIORITY          :2;
} DMA_CFG;
```

DMA 配置数据结构的地址是通过一组 SFR 来存放，通过寄存器 DMAxCFGH:DMAxCFGL(高 8 位:低 8 位)送到 DMA 控制器，如表 4-46、表 4-47、表 4-48 和表 4-49 所示。

如果 DMA 通道进入工作状态，DMA 控制器就会读取该通道的配置数据结构，可以由 DMAxCFGH:DMAxCFGL 地址读出。其过程如下：

◇   DMA0CFGH:DMA0CFGL 给出 DMA 通道 0 配置数据结构的开始地址，如表 4-46 和表 4-47 所示。

表 4-46   DMA 通道 0 配置地址高字节寄存器

位	名 称	复位	R/W	描 述
7：0	DMA0CFGH[15:8]	0x00	R/W	DMA 通道 0 配置地址，高位字节

表 4-47   DMA 通道 0 配置地址低字节寄存器

位	名 称	复位	R/W	描 述
7：0	DMA0CFGL[7:0]	0x00	R/W	DMA 通道 0 配置地址，低位字节

◇   DMA1CFGH:DMA1CFGL 给出 DMA 通道 1 配置数据结构的开始地址，其后跟着通道 2～4 的配置数据结构。DMA 通道 1～4 的 DMA 配置数据结构存在于存储器连续的区域内，以 DMA1CFGH:DMA1CFGL 所保存的地址开始，包含 32 个字节，如表 4-48 和表 4-49 所示。

表 4-48   DMA 通道 1～4 配置地址高字节寄存器

位	名 称	复位	R/W	描 述
7：0	DMA1CFGH[15:8]	0x00	R/W	DMA 通道 1～4 配置地址，高位字节

表 4-49   DMA 通道 1～4 配置地址低字节寄存器

位	名 称	复位	R/W	描 述
7：0	DMA1CFGL[7:0]	0x00	R/W	DMA 通道 1～4 配置地址，低位字节

如果定义 DMA 配置数据结构的结构体为 dmaConfig，使用 DMA0CFGH:DMA0CFGL 来读取 dmaConfig 的地址，其读取配置如示例 4-24 所示。

【示例 4-24】   配置结构体首地址

```
// 将配置结构体的首地址赋予相关 SFR
DMA0CFGH = (unsigned char)((unsigned int)&dmaConfig >>8);
DMA0CFGL = (unsigned char)((unsigned int)&dmaConfig);
```

3. DMA 传输及触发

DMAARM 寄存器是 DMA 通道进入工作状态设置寄存器，如表 4-50 所示。可以通过使用 DMAARM 寄存器来设置 DMA 传送的工作状态。将 1 写入 DMAARM.ABORT 寄存器位，就会停止一个或多个进入工作状态的 DMA 通道；同时通过设置相应的 DMAARM. DMARMx 为 1 选择停止某一特定的 DMA 通道。

表 4-50 DMAARM DMA 通道工作状态设置寄存器

位	名 称	复位	R/W	描 述
7	ABORT	0	R0/W	DMA 停止。此位是用来停止正在进行的 DMA 传输。通过设置相应的 DMAARM 位为 1，写 1 到该位停止所有选择的通道 0：正常运行 1：停止所有选择的通道
6：5	--	00	R/W	保留
4	DMAARM4	0	R/W1	DMA 进入工作状态通道 4 为了任何 DMA 传输能够在该通道上发生，该位必须置 1。 对于非重复传输模式，一旦完成传送，该位自动清 0
3	DMAARM3	0	R/W1	DMA 进入工作状态通道 3 为了任何 DMA 传输能够在该通道上发生，该位必须置 1。 对于非重复传输模式，一旦完成传送，该位自动清 0
2	DAMARM2	0	R/W1	DMA 进入工作状态通道 2 为了任何 DMA 传输能够在该通道上发生，该位必须置 1。 对于非重复传输模式，一旦完成传送，该位自动清 0
1	DMAARM1	0	R/W1	DMA 进入工作状态通道 1 为了任何 DMA 传输能够在该通道上发生，该位必须置 1。 对于非重复传输模式，一旦完成传送，该位自动清 0
0	DMAARM0	0	R/W1	DMA 进入工作状态通道 0 为了任何 DMA 传输能够在该通道上发生，该位必须置 1。 对于非重复传输模式，一旦完成传送，该位自动清 0

例如启用 DMA 使用工作状态通道 0，则寄存器 DMAARM 的配置如示例 4-25 所示。

【示例 4-25】 启用 DMA 通道 0 进行传输

```
// 启用 DMA 工作通道 0
DMAARM = 0x01;
```

DMA 有 31 个可以配置的传送触发源，触发源的详细说明如表 4-51 所示。

表 4-51　DMA 触发源

触 发 源		功能单元	描　　　述
号码	名称		
0	NONE	DMA	没有触发器，设置 DMAREQ.DMAREQx 位开始传送
1	PREV	DMA	DMA 通道是通过完成前一个通道来触发的
2	T1_CH0	定时器 1	定时器 1，比较，通道 0
3	T1_CH1	定时器 1	定时器 1，比较，通道 1
4	T1_CH2	定时器 1	定时器 1，比较，通道 2
5	T2_EVENT1	定时器 2	定时器 2，事件脉冲 1
6	T2_EVENT2	定时器 2	定时器 2，事件脉冲 2
7	T3_CH0	定时器 3	定时器 3，比较，通道 0
8	T3_CH1	定时器 3	定时器 3，比较，通道 1
9	T4_CH0	定时器 4	定时器 4，比较，通道 0
10	T4_CH1	定时器 4	定时器 4，比较，通道 1
11	ST	睡眠定时器	睡眠定时器比较
12	IOC_0	I/O 控制器	端口 I/O 引脚输入转换
13	IOC_1	I/O 控制器	端口 1I/O 引脚输入转换
14	URX0	USART_0	USART 0 接收完成
15	UTX0	USART_0	USART 0 发送完成
16	URX1	USART_1	USART 1 接收完成
17	UTX1	USART_1	USART 1 发送完成
18	FLASH	闪存控制器	写闪存数据完成
19	RADIO	无线模块	接收 RF 字节包
20	ADC_CHALL	ADC	ADC 结束一次转换，采样已经准备好
21	ADC_CH11	ADC	ADC 结束通道 0 的一次转换，采样已经准备好
22	ADC_CH21	ADC	ADC 结束通道 1 的一次转换，采样已经准备好
23	ADC_CH32	ADC	ADC 结束通道 2 的一次转换，采样已经准备好
24	ADC_CH42	ADC	ADC 结束通道 3 的一次转换，采样已经准备好
25	ADC_CH53	ADC	ADC 结束通道 4 的一次转换，采样已经准备好
26	ADC_CH63	ADC	ADC 结束通道 5 的一次转换，采样已经准备好
27	ADC_CH74	ADC	ADC 结束通道 6 的一次转换，采样已经准备好
28	ADC_CH84	ADC	ADC 结束通道 7 的一次转换，采样已经准备好
29	ENC_DW	AES	AES 加密处理器请求下载输入数据
30	ENC_UP	AES	AES 加密处理器请求上传输入数据
31	DBG_BW	调试接口	调试接口突发写操作

4. DMA 操作

当 DMA 通道配置完毕后，在允许任何传输发起之前，必须进入工作状态。DMA 通道通过将 DMA 通道工作状态寄存器 DMAARM 中指定位置置 1 就可以进入工作状态。

当 DMA 通道进入工作状态，配置的 DMA 触发时间发生时，传送开始。一个通道准备工作状态的时间(即获得配置数据的时间)需要 9 个系统时钟。如果相应的 DMAARM 位设置了某一通道，触发器在需要配置通道的时间内出现。如果多于一个 DMA 通道同时进入工作状态，所有的通道配置的时间将变长。如果所有 5 个通道都进入工作状态，则需要45 个系统时钟，通道 1 首先准备好，然后通道 2 准备好，最后是通道 0。

为了通过 DMA 触发事件开始 DMA 传送，用户软件可以设置对应的 DMAREQ 寄存器，强制使一个 DMA 传送开始。DMAREQ 寄存器的设置如表 4-52 所示。

表 4-52　DMAREQ DMA 通道开始请求和状态寄存器

位	名　称	复位	R/W	描　述
7：5	--	000	R0	保留
4	DMAREQ4	0	R/W1 H0	DMA 传输请求，通道 4 当设置为 1 时，激活 DMA 通道(与一个触发事件具有相同的效果)。 当 DMA 传输开始时清除该位
3	DMAREQ3	0	R/W0 H0	DMA 传输请求，通道 3 当设置为 1 时，激活 DMA 通道(与一个触发事件具有相同的效果)。 当 DMA 传输开始时清除该位
2	DAMREQ2	0	R/W0 H0	DMA 传输请求，通道 2 当设置为 1 时，激活 DMA 通道(与一个触发事件具有相同的效果)。 当 DMA 传输开始时清除该位
1	DMAREQ1	0	R/W0 H0	DMA 传输请求，通道 1 当设置为 1 时，激活 DMA 通道(与一个触发事件具有相同的效果)。 当 DMA 传输开始时清除该位
0	DMAREQ0	0	R/W0 H0	DMA 传输请求，通道 0 当设置为 1 时，激活 DMA 通道(与一个触发事件具有相同的效果)。 当 DMA 传输开始时清除该位

例如，设置 DMA 通道 0 作为传输通道，其具体的寄存器配置如示例 4-26 所示。

【示例 4-26】 DMAREQ 寄存器配置

　　// 激活 DMA 通道 0 进行传输

　　DMAREQ = 0x01;

　　如果之前配置的触发器在 DMA 正在配置时产生触发事件，就会被当做错过的事件。一旦 DMA 通道准备好，传输就立即开始，即使新的触发和之前的触发不同也会执行新的触发事件。DMA 操作流程如图 4-8 所示。

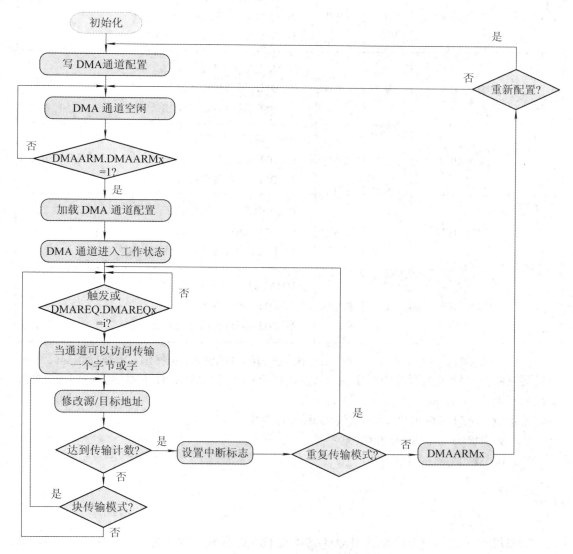

图 4-8　DMA 操作流程

4.8.3　DMA 中断

　　每个 DMA 通道可以配置为，一旦完成 DMA 传送，就产生中断到 CPU。该功能由 DMA 配置数据结构中的 IRQMASK 位在通道配置时实现。当中断产生时，SFR 寄存器 DMAIRQ

中所对应的中断标志位置 1。DMAIRQ 寄存器配置如表 4-53 所示。

表 4-53 DMAIRQ DMA 中断标志寄存器

位	名　称	复位	R/W	描　述
7：5	--	000	R/W0	保留
4	DMAIF4	0	R/W0	DMA 通道 4 中断标志 0：DMA 通道传送标志 1：DMA 通道传送完成/中断未决
3	DMAIF3	0	R/W0	DMA 通道 3 中断标志 0：DMA 通道传送标志 1：DMA 通道传送完成/中断未决
2	DAMIF2	0	R/W0	DMA 通道 2 中断标志 0：DMA 通道传送标志 1：DMA 通道传送完成/中断未决
1	DMAIF1	0	R/W0	DMA 通道 1 中断标志 0：DMA 通道传送标志 1：DMA 通道传送完成/中断未决
0	DMAIF0	0	R/W0	DMA 通道 0 中断标志 0：DMA 通道传送标志 1：DMA 通道传送完成/中断未决

　　一旦 DMA 通道完成传送，不管在通道配置中 IRQMASK 位是何值，中断标志都会置 1。如果要判断某个通道是否有中断发生，只需要判断相应的 DMAIRQ 所对应的位即可，具体操作如示例 4-27 所示。

　　【示例 4-27】　判断 DMA 通道 0 中断是否发生

```
// 判断 DMA 通道 0 是否有中断发生
if(DMAIRQ&0x01)
    {

    }
```

　　当通道重新进入工作状态且 IRQMASK 的设置改变时，软件必须总是检测(并清除)这个寄存器。如果失败，将会根据存储的中断标志产生一个中断。

　　下述内容用于实现任务描述 4.D.6，将字符数组 sourceString 的内容通过 DMA 传输到字符数组 destString 中，通过串口在 PC 机显示结果。其步骤如下：

　　1）定义 DMA 配置结构体

　　【描述 4.D.6】　定义 DMA 配置结构体

```
#pragma bitfields = reversed
typedef    struct
{
        // 源地址高 8 位
        unsigned char    SRCADDRH;
        // 源地址低 8 位
        unsigned char    SRCADDRL;
        // 目的地址高 8 位
        unsigned char    DESTADDRH;
        // 目的地址低 8 位
        unsigned char    DESTADDRL;
        // 长度域模式选择
        unsigned char    VLEN          :3;
        // 传输长度高字节
        unsigned char    LENH          :5;
        // 传输长度低字节
        unsigned char    LENL          :8;
        // 字节或字传输
        unsigned char    WORDSIZE      :1;
        // 传输模式选择
        unsigned char    TMODE         :2;
        // 触发事件选择
        unsigned char    TRIG          :5;
        // 源地址增量： -1/0/1/2
        unsigned char    SRCINC        :2;
        // 目的地址增量 ： -1/0/1/2
        unsigned char    DESTINC       :2;
        // 中断屏蔽
        unsigned char    IRQMASK       :1;
        //7 或 8bit 传输长度，仅在字节传输模式下适用
        unsigned char    M8            :1;
        // 优先级
        unsigned char    PRIORITY      :2;
} DMA_CFG;
#pragma bitfields=default
// 定义配置结构体
DMA_CFG    dmaConfig;
```

2) DMA 的初始化

【描述 4.D.6】　DMA 初始化

```
void DMAtest(void)
{
        char i;
        char error = 0;
        // 源字符串
        unsigned char sourceString[] = "I am the sourceString!\r\n";
        // 目的字符串
        unsigned char destString[sizeof(sourceString)];
        memset(destString,0,sizeof(destString));
        // 源地址
        dmaConfig.SRCADDRH=(unsigned char)((unsigned int)&sourceString >> 8);
        dmaConfig.SRCADDRL=(unsigned char)((unsigned int)&sourceString );
        // 目的地址
        dmaConfig.DESTADDRH=(unsigned char)((unsigned int)&destString >> 8);
        dmaConfig.DESTADDRL=(unsigned char)((unsigned int)&destString);
        // 选择 LEN　作为传送长度
        dmaConfig.VLEN = 0x00;
        // 传输长度
        dmaConfig.LENH = (unsigned char)((unsigned int)sizeof(sourceString)>>8);
        dmaConfig.LENL = (unsigned char)((unsigned int)sizeof(sourceString));
        // 选择字节 byte 传送
        dmaConfig.WORDSIZE = 0x00;
        // 选择块传送模式
        dmaConfig.TMODE = 0x01;
        // 无触发，可理解为手动触发
        dmaConfig.TRIG   = 0;
        // 源地址增量为 1
        dmaConfig.SRCINC = 0x01;
        // 目的地址增量为 1
        dmaConfig.DESTINC =0x01;
        // 使能中断
        dmaConfig.IRQMASK = 1;
        // 选择 8 位长的字节来传送数据
        dmaConfig.M8 = 0x00;
```

```
       // 传送优先级为高
       dmaConfig.PRIORITY = 0x02;
       // 将配置结构体的首地址赋予相关 SFR
       DMA0CFGH = (unsigned char)((unsigned int)&dmaConfig >>8);
       DMA0CFGL = (unsigned char)((unsigned int)&dmaConfig);
       asm("nop");
       // 启用配置
       DMAARM = 0x01;
       // 清中断标志
       DMAIRQ = 0x00;
       // 启动 DMA 传输
       DMAREQ = 0x01;
       // 等待传输结束
       while(!(DMAIRQ&0x01));
       // 发送字符串到串口以让 PC 显示
       Uart0SendString(sourceString);
       Uart0SendString(destString);
       }
```

3) 主函数部分

【描述 4.D.6】　main( )

```
       // 头文件
       #include <iocc2530.h>
       #include <string.h>

       // LED 的定义
       #define     LED1    P1_0
       #define     LED2    P1_1
       #define     LED3    P1_2
       #define     LED4    P1_3
       // 源字符串
       unsigned char sourceString[] = "I am the sourceString!\r\n";
       // 目的字符串
       unsigned char destString[sizeof(sourceString)];
       // 函数的声明
       void InitDMA(void);
       void LED_Init(void);
       void initUARTtest(void)
```

```
/****************************
* LED 初始化
****************************/
void LED_Init(void)
{
    // p1 为普通 I/O 口
    P1SEL   =   0x00;
    // p1.0,p1.1,p1.7 输出
    P1DIR   |=  0x0F;
    // 打开 LED1
    LED1 = 0;
    // 打开 LED2
    LED2 = 0;
    // 关闭 LED3
    LED3 = 0;
    // 关闭 LED4
    LED4 = 0;
}


/************************************
* main()函数
************************************/
void main(void)
{
    Delay(100);
    EA = 0;
    // LED 初始化;
    LED_Init();
    // 串口初始化
    initUARTtest();
    // DMA 初始化
    InitDMA();
    // 开 DMA 中断
    IEN1|=0x01;
    // 开总中断
    EA = 1;
```

```
while(1)
{

}
}
```

4) 串口输出部分

其中，串口的初始化 initUARTtest()可参照任务描述 4.D.4，串口发送字符串函数如下：

【描述 4.D.6】　串口发送字符串函数

```
void    Uart0Send(unsigned char data)
{

    U0DBUF = data;
    while(UTX0IF == 0);
    UTX0IF = 0;
}

void Uart0SendString(unsigned char *s)
{
    while(*s != '\0')
    {
        Uart0Send(*s++);
    }
}
```

5) DMA 中断处理函数

【描述 4.D.6】　dma_isr( )

```
#pragma vector =   DMA_VECTOR
__interrupt void dma_isr(void)

{
    // 关 DMA 中断
    IEN1 &= ~0x01;
    // 判断是否传输结束
    if(DMAIRQ&0x01)
    {
        // 串口输出数据
        Uart0SendString(sourceString);
        Uart0SendString(destString);
```

```
        LED1 = ～LED1;

        Delay(1000);
    }
    // 开 DMA 中断
    IEN1 |= 0x01;
}
```

通过串口助手观察实验现象，如图 4-9 所示。

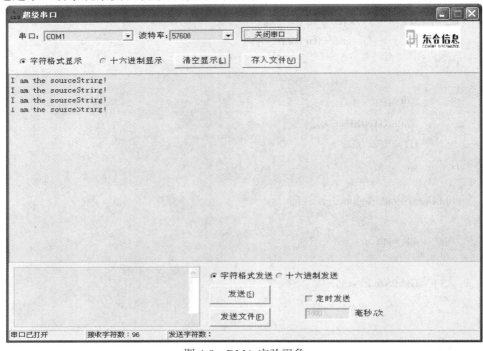

图 4-9　DMA 实验现象

4.9　ADC

CC2530 的 ADC 支持多达 14 位的模拟数字转换，具有多达 12 位的有效数字位。它包括一个模拟多路转换器，具有多达 8 个各自可配置的通道，一个参考电压发生器。转换结果通过 DMA 写入存储器。本节将详细介绍 ADC 的功能及使用。

4.9.1　ADC 特征

CC2530 的 ADC 的主要特征如下：

- ❖　可选的抽取率，设置了 7～12 位的分辨率。
- ❖　8 个独立的输入通道，可接收单端或差分信号。
- ❖　参考电压可选为内部单端、外部单端、外部差分或 AVDD5。
- ❖　产生中断请求。

◇　转换结束时的 DMA 触发。

◇　温度传感器输入。

◇　电池测量功能。

4.9.2　ADC 输入

ADC 的输入是通过端口 0 来实现的。输入引脚 AIN0～AIN7 是连接到 ADC 的。ADC 输入有两种配置：单端输入和差分输入。

单端电压输入 AIN0 到 AIN7 以通道号码 0 到 7 表示。通道号码 8 到 11 表示差分输入，由 AIN0-1、AIN2-3、AIN4-5 和 AIN6-7 组成。通道号码 12 到 15 分别表示 GND、温度传感器和 AVDD5/3。在寄存器 ADCCON2 和寄存器 ADCCON3 中详细配置。寄存器 ADCCON2 和寄存器 ADCCON3 如表 4-54 和表 4-55 所示。

表 4-54　ADCCON2 控制寄存器

位	名　称	复位	R/W	描　述
7：6	SREF[1:0]	00	R/W	选择参考电压用于序列转换 00：内部参考电压 01：AIN7 引脚上的外部参考电压 10：AVDD5 引脚 11：AIN6-AIN7 差分输入外部参考电压
5：4	SDIV	01	R/W	为包含在转换序列内的通道设置抽取率，抽取率也决定完成转换需要的时间和分辨率 00：64 抽取率(7 位有效数字位) 01：128 抽取率(9 位有效数字位) 10：256 抽取率(10 位有效数字位) 11：512 抽取率(12 位有效数字位)
3：0	SCH	0000	R/W	序列通道选择，选择序列结束，一个序列可以是从 AIN0 到 AIN7(SCH<=7)也可以从差分输入 AIN0-AIN1 到 AIN6-AIN7(8<=SCH<=11)。对于其他设置，只能执行单个转换 当读取的时侯，这些位将代表有转换进行的通道号码 0000：AIN0　　0001：AIN1 0010：AIN2　　0011：AIN3 0100：AIN4　　0101：AIN1 0110：AIN6　　0111：AIN7 1000：AIN0-AIN1　1001：AIN2-AIN3 1010：AIN4-AIN5　1011：AIN6-AIN7 1100：GND　　1101：正电压参考 1110：温度传感器　1111：VDD/3

表 4-55 ADCCON3 控制寄存器

位	名 称	复位	R/W	描 述
7：6	EREF[1:0]	00	R/W	选择用于额外转换的参考电压 00：内部参考电压 01：AIN7 引脚上的外部参考电压 10：AVDD5 引脚 11：AIN6-AIN7 差分输入外部参考电压
5：4	EDIV	00	R/W	设置用于额外转换的抽取率。抽取率也决定可完成转换需要的时间和分辨率 00：64 抽取率（7 位有效数字位） 01：128 抽取率（9 位有效数字位） 10：256 抽取率（10 位有效数字位） 11：512 抽取率（12 位有效数字位）
3：0	ECH	0000	R/W	单个通道选择。选择写 ADCCON3 触发的单个转换所在的通道号码。当单个转换完成，该位自动清除 0000：AIN0 0001：AIN1 0010：AIN2 0011：AIN3 0100：AIN4 0101：AIN1 0110：AIN6 0111：AIN7 1000：AIN0-AIN1 1001：AIN2-AIN3 1010：AIN4-AIN5 1011：AIN6-AIN7 1100：GND 1101：正电压参考 1110：温度传感器 1111：VDD/3

　　差分输入包括输入对 AIN0-1、AIN2-3、AIN4-5、AIN6-7，但是负电压和大于 VDD 的电压不适用于这些引脚。AVDD5 引脚适用于 AIN7 输入引脚的外部电压，或适用于 AIN6-AIN7 输入引脚的差分电压。

　　操作寄存器示例如下：要使用 ADCCON3 来对 P0.7 进行采样，其寄存器配置如示例 4-28 所示。

【示例 4-28】 ADCCON3 配置

// 单次转换,参考电压为电源电压，对 P0.7 进行采样 12 位分辨率

ADCCON3=0xb7;

除了输入引脚 AIN0～AIN7，片上温度传感器的输出也可以选择作为 ADC 的输入，用于温度测量。通过配置寄存器 TR0 寄存器和 ATEST 寄存器可以获得片上温度，如表 4-56和表 4-57 所示。

表 4-56　TR0 测试寄存器

位	名　称	复位	R/W	描　述
7：1	--	0000000	R0	保留
0	ADCTM	0	R/W	设置为 1 来连接温度传感器到 SOC_ADC。也可参见 ATEST 寄存器描述来使能温度传感器

表 4-57　ATEST 模拟测试寄存器

位	名　称	复位	R/W	描　述
7：6	--	00	R0	保留
5：0	ATEST_CTRL[5:0]	000000	R/W	控制模拟测试模式： 000000：禁用 000001：使能温度传感器。其他值保留

4.9.3　ADC 转换

ADC 的转换分为 ADC 序列转换和 ADC 单个转换。ADC 执行一系列的转换，并把转换结果通过 DMA 移动到存储器，不需要任何 CPU 的干预。

ADC 序列转换与 APCFG 寄存器的设置有关，如表 4-30 所示。APCFG 为 8 位模拟输入的 I/O 引脚设置，如果模拟 I/O 使能，每一个通道正常情况下应是 ADC 序列的一部分。如果相应的模拟 I/O 被禁用，将启用差分输入，处于差分的两个引脚必须在 APCFG 寄存器中设置为模拟输入引脚。

ADCCON2.SCH 寄存器位用于定义一个 ADC 序列转换，它来自 ADC 输入。如果ADCCON2.SCH 设置为一个小于 8 的值，转换序列来自 AIN0～AIN7 的每个通道上；当ADCCON2.SCH 设置为一个在 8 和 12 之间的值，序列包括差分输入；当 ADCCON2.SCH大于或等于 12，为单个 ADC 转换。

除了序列转换，每个通道都可以进行 ADC 单个转换，ADC 单个转换通过配置寄存器ADCCON3.SCH 完成。当通过写 ADCCON3 触发的一个单个转换完成时，ADC 将产生一个中断。

ADC 的数字转换结果可以通过设置寄存器 ADCCON1 获得。寄存器 ADCCON1 的配置如表 4-58 所示。其转换结果存放在寄存器 ADCH 和 ADCL 中，寄存器 ADCH 和 ADCL配置如表 4-59 和表 4-60 所示。

表 4-58　ADCCON1 控制寄存器

位	名 称	复位	R/W	描 述
7	EOC	0	R/H0	转换结束。当 ADCH 被获取的时候清除。如果已读取前一数据之前，完成一个新的转换，EOC 位仍然为高 0：转换没有完成 1：转换完成
6	ST	0		开始转换。读为 1，直到转换完成 0：没有转换正在进行 1：开始转换序列，如果 ADCCON1.ATAEL=11，则没有其他序列进行转换
5：4	STSEL[1:0]	11	R/W1	启动选择，选择该事件，将启动一个新的转换序列 00：P2.0 引脚的外部触发 01：全速，不等待触发器 10：定时器 1 通道 0 比较事件 11：ADCCON1.ST=1
3：2	RCTRL[1:0]	00	R/W	控制 16 位随机数发生器。操作完成自动清零 00：正常运行　　　　01：LFSR 的时钟一次 10：保留　　　　　　11：停止。关闭随机数发生器
1：0	--	11	R/W	保留

表 4-59　ADCL ADC 数据低位

位	名 称	复位	R/W	描 述
7：2	ADC[5:0]	000000	R	ADC 转换结果低位部分
1：0	--	00	R0	保留

表 4-60　ADCH ADC 数据高位

位	名 称	复位	R/W	描 述
7：0	ADC[13:6]	0x00	R	ADC 转换结构高位部分

例如要开启 AD 转换，ADCCON1 的配置如示例 4-29 所示。

【示例 4-29】　开启 AD 转换

　　// 开启 AD

　　ADCCON1=0x40;

如果需要将转换的结果从 ADC:ADCH 中取出放入到 temp 中(其中 temp 由用户定义)，则需要按照如示例 4-30 所示配置进行。

【示例 4-30】　取出 ADC 转换的值

　　temp[1] = ADCL;

　　temp[0] = ADCH;

下述内容用于实现任务描述 4.D.7，将 AVDD(3.3 V)AD 转换，通过串口在 PC 机显示结果。其程序设计步骤如下：

1）AD 的初始化

【描述 4.D.7】　AD 初始化

```
void InitialAD(void)
{
        // 清 EOC 标志
        ADCH &= 0X00;
        // P0.7 端口模拟 I/O 使能
        ADCCFG |= 0X80;
        // 单次转换,参考电压为电源电压，对 P07 进行采样 12 位分辨率
        ADCCON3=0xb7;
        // 停止 A/D
        ADCCON1 = 0X30;
        // 启动 A/D
        ADCCON1 |= 0X40;
}
```

2）串口的初始化

串口初始化函数和串口发送字符串函数参照任务描述 4.D.4。

3）主函数控制部分的编写

【描述 4.D.7】　main( )函数

```
// 头文件
#include "ioCC2530.h"

#define uint unsigned int
// 定义控制灯的端口
#define LED1 P1_0
#define LED2 P1_1
char temp[2];
uint adc;
float num;
char adcdata[]=" 0.0V ";

// 函数声明
void Delay(uint);
void initUARTtest(void);
void InitialAD(void);
void UartTX_Send_String(char *Data,int len);
void main(void)
{       // P1 控制 LED
```

```
        P1DIR = 0x03;
        // 关 LED
        LED1 = 1;
        LED2 = 1;
        // 初始化串口
        initUARTtest();
        // 初始化 ADC
        InitialAD();
        while(1)
        {
            // 等待 ADC 转换完成
            if(ADCCON1&0x80)
            {
                LED1 = 0;
                temp[1] = ADCL;
                temp[0] = ADCH;
                // 初始化 AD
                InitialAD();
                // 开始下一转换
                ADCCON1 |= 0x40;
                // adc 赋值
                adc = (uint)temp[1];
                adc |= ( (uint) temp[0] )<<8;
                // adc>>=2;
                if(adc&0x8000)adc = 0;
                num = adc*3.3/8096;
                // 定参考电压为 3.3 V。14 位精确度
                adcdata[1] = (char)(num)%10+48;
                adcdata[3] = (char)(num*10)%10+48;
                // 串口送数包括空格
                UartTX_Send_String(adcdata,6);
                // 完成数据处理
                Delay(30000);
                // LED1 状态改变
                LED1 =  ～LED1;
                Delay(30000);
            }
        }
    }
```

将程序下载至协调器设备中，并通过串口在 PC 机上显示结果，如图 4-10 所示。

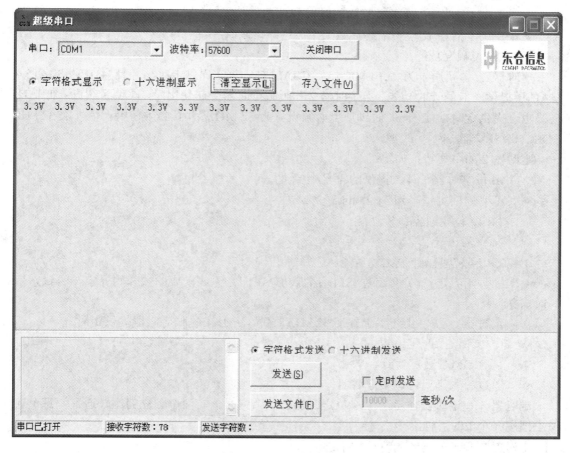

图 4-10　ADC 转换结果

4.10　定时器

CC2530 有四个定时器，分别实现不同的功能，本小节将详细讲述 CC2530 的定时器的功能。

4.10.1　定时器概述

定时器 1 是一个独立的 16 位定时器，支持典型的定时/计数功能，有 5 个独立的捕获/比较通道，每个通道使用一个 I/O 引脚。

定时器 1 的功能如下：

◇　5 个捕获/比较通道。

◇　上升沿、下降沿或任何边沿的输入捕获。

◇　设置、清除或切换输出比较。

◇ 自由运行、模计数或正计数/倒计数操作。

◇ 可被 1，8，32 或 128 整除的时钟分频器。

◇ 在每个捕获/比较和最终计数上生成中断请求。

◇ DMA 触发功能。

定时器 2 主要用于为 IEEE802.15.4 CSAM/CA 算法提供定时，并且为 IEEE802.15.4 MAC 层提供一般的计时功能。当定时器 2 和睡眠定时器一起使用时，即使系统进入低功耗模式也会提供定时功能，此时时钟速度必须设置为 32 MHz，并且必须使用一个外部 32 kHz XOSC 获得精确结果。

定时器 2 的主要特征如下：

◇ 16 位定时器正计数提供的符号/帧周期。

◇ 可变周期可精确到 31.25 ns。

◇ 2×16 位定时器比较功能。

◇ 24 位溢出计数。

◇ 2×24 位溢出计数比较功能。

◇ 帧开始界定符(英文简称 SFD)捕捉功能，即在无线模块的帧开始界定符的状态变高时捕获。

◇ 定时器启动/停止同步于外部 32 kHz 时钟，并且由睡眠定时器提供定时。

◇ 比较和溢出产生中断。

◇ 具有 DMA 触发功能。

◇ 通过引入延迟可调整定时器值。

定时器 3 和定时器 4 是两个 8 位定时器，每个定时器有两个独立的比较通道。每个通道上使用一个 I/O 引脚。

定时器 3 和定时器 4 的特征如下：

◇ 2 个捕获/比较通道。

◇ 设置、清除或切换输出比较。

◇ 时钟分频器，可以被 1，2，4，8，16，32，64，128 整除。

◇ 在每次捕获/比较和最终计数时间发生时产生中断请求。

◇ DMA 触发功能。

4.10.2　定时器 1

定时器 1 是一个 16 位的定时器，在每个活动时钟边沿递增或递减。活动时钟边沿周期由寄存器位 CLKCONCMD.TICKSPD 定义，它设置了全球系统时钟的划分，提供了从 0.25 MHz 到 32 MHz 的不同的时钟标签频率(可以使用 32 MHz XOSC 作为时钟源)。在定时器 1 中由 T1CTL.DIV 设置的分频器值的进一步的划分如表 4-61 所示。这个分频值可以为 1、8、32 或 128。因此当 32 MHz 晶振用作系统时钟源时，定时器 1 可以使用的最低时钟频率是 1953.125 Hz，最高是 32 MHz。当 16 MHz RC 振荡器用作系统时钟源时，定时器 1 可以使用的最高时钟频率是 16 MHz。

示例 4-31 所示为设置 T1CTL 定时器 1 为 128 分频，并且为自由运行模式。

表 4-61　T1CTL 定时器 1 控制和状态寄存器

位	名　称	复位	R/W	描　述
7：4	--	00000	R0	保留
	DIV[1:0]		R/W	分频器划分值。产生主动的时钟边缘用来更新计数器，如下所示： 00：标记频率/1 01：标记频率/8 10：标记频率/32 11：标记频率/128
	MODE[1:0]		R/W	选择定时器 1 的模式。定时器操作模式通过下列方式选择： 00：暂停运行 01：自由运行，从 0x0000 到 0xFFFF 反复计数 10：模，从 0x0000 到 T1CC0 反复计数 11：正计数/倒计数，从 0x0000 到 T1CC0 反复计数且从 T1CC0 倒计数到 0x0000

【示例 4-31】　T1CTL 配置

// 用 T1 来做实验 128 分频;自由运行模式(0x0000->0xffff);
　　　T1CTL = 0x0d;

计数器有三种操作模式：自由运行计数器、模计数器或正计数/倒计数运行。通过两个 8 位的 SFR 读取 16 位的计数器值，即 T1CNTH 和 T1CNTL，分别包含高位字节和低位字节，如表 4-62 和表 4-63 所示。当读取 T1CTL 时，计数器高位字节被缓冲到 T1CNTH 中，以便高位字节可以从 T1CTLH 中读出。T1CNTL 必须总是在读取 T1CNTH 之前首先读取。

表 4-62　T1CNTL 定时器 1 计数器低位

位	名　称	复位	R/W	描　述
7：0	CNT[7:0]	0x00	R/W	定时器计数器低字节。包含 16 位定时器计数器低字节。往该寄存器中写任何值，都会导致计数器被清除为 0x0000，初始化所有通道的输出引脚

表 4-63　T1CNTH 定时器 1 计数器高位

位	名　称	复位	R/W	描　述
7：0	CNT[15:8]	0x00	R/W	定时器计数器高字节。包含在读取 T1CNTL 的时候定时计数器缓存的高 16 位字节

当达到最终计数值(溢出)时，计数器产生一个中断请求。可以用 T1CTL 控制寄存器设置启动并停止该计数器。当初始写入 T1CTL.MODE 的值不为 00 时，计数器开始运行，如果 00 写入到 T1CTL.MODE，计数器停止。

下面详细介绍定时器 1 计数器的三种操作模式：自由运行模式、模计数器模式和正计数/倒计数模式。

1. 自由运行模式

在自由运行操作模式下，计数器从 0x0000 开始，每个活动时钟边沿增加 1。当计数器达到 0xFFFF 溢出时，计数器载入 0x0000，继续递增它的值，如图 4-11 所示。

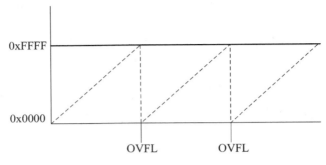

图 4-11　自由运行模式

当定时器 1 达到最终计数值 0xFFFF 时，由硬件自动设置标志 IRCON.T1IF 和 T1STAT.OVFIF，如表 4-64 和表 4-65 所示。如果用户设置了相应的中断屏蔽位，将产生一个中断请求。自由运行模式可以用于产生独立的时间间隔，并输出信号频率。

表 4-64　IRCON 中断标志寄存器

位	名　称	复位	R/W	描　述
7	STIF	0	R/W	睡眠定时器中断标志 0：无中断未决　　　　　1：中断未决
6	--	0	R/W	必须写为 0，写入 1 总是使能中断源
5	P0IF	0	R/W	端口 0 中断标志 0：无中断未决　　　　　1：中断未决
4	T4IF	0	R/WH0	定时器 4 中断标志。当定时器 4 中断发生时设为 1 并且 CPU 指向中断向量服务例程时清除 0：无中断未决　　　　　1：中断未决
3	T3IF	0	R/WH0	定时器 3 中断标志。当定时器 3 中断发生时设为 1 并且 CPU 指向中断向量服务例程时清除 0：无中断未决　　　　　1：中断未决
2	T2IF	0	R/WH0	定时器 2 中断标志。当定时器 2 中断发生时设为 1 并且 CPU 指向中断向量服务例程时清除 0：无中断未决　　　　　1：中断未决
1	T1IF	0	R/WH0	定时器 1 中断标志。当定时器 1 中断发生时设为 1 并且 CPU 指向中断向量服务例程时清除 0：无中断未决　　　　　1：中断未决
0	DMAIF	0	R/W	DMA 完成中断标志 0：无中断未决　　　　　1：中断未决

表 4-65　T1STAT 定时器 1 状态寄存器

位	名　称	复位	R/W	描　述
7：6	--	00	R0	保留
5	OVFIF	0	R/W0	定时器 1 计数器溢出中断标志。 当计数器在自由运行或模计数器模式下达到最终计数值时设置。当在正/倒计数模式下达到零时倒计数。 写 1 没影响
4	CH4IF	0	R/W0	定时器 1 通道 4 中断标志。 当通道 4 中断条件发生时设置。 写 1 没有影响
3	CH3IF	0	R/W0	定时器 1 通道 3 中断标志。 当通道 3 中断条件发生时设置。 写 1 没有影响
2	CH2IF	0	R/W0	定时器 1 通道 2 中断标志。 当通道 2 中断条件发生时设置。 写 1 没有影响
1	CH1IF	0	R/W0	定时器 1 通道 1 中断标志。 当通道 1 中断条件发生时设置。 写 1 没有影响
0	CH0IF	0	R/W0	定时器 1 通道 0 中断标志。 当通道 0 中断条件发生时设置。 写 1 没有影响

2. 模计数器模式

当定时器运行在模计数器模式，16 位计数器从 0x0000 开始，每个活动时钟边沿增加 1。当计数器达到 T1CC0(溢出)，如图 4-12 所示。寄存器 T1CC0H:T1CC0L 保存最终计数值，计算器将复位到 0x0000，并继续递增。如果定时器开始于 T1CC0 以上的一个值，当达到最终计数值 0xFFFF 时，由硬件自动设置标志 IRCON.T1IF 和 T1STAT.OVFIF。如果设置了相应的中断屏蔽位，将产生一个中断请求。模计数器模式可以用于周期不是 0xFFFF 的应用程序。

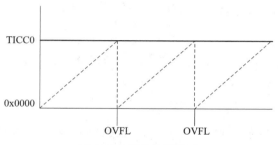

图 4-12　模计数器模式

T1CC0L 和 T1CC0H 寄存器设置如表 4-66 和表 4-67 所示。

表 4-66　T1CC0L 定时器 1 通道 0 捕获/比较值低位

位	名　称	复位	R/W	描　述
7：0	T1CC0[7:0]	0x00	R/W	定时器 1 通道 0 捕获/比较值，低位字节。 写到该寄存器的数据被存储在一个缓存中，不写如 T1CC0[7:0]，之后与 T1CC0H 一起写入生效

表 4-67　T1CC0H 定时器 1 通道 0 捕获/比较值高位

位	名　称	复位	R/W	描　述
7：0	T1CC0[15:8]	0x00	R/W	定时器 1 通道 0 捕获/比较值，高位字节。 当 T1CCTL0.MODE = 1(比 较 模 式) 时写导致 T1CC0[15:8]更新写入值延迟到 T1CNT=0x0000

3. 正计数/倒计数模式

在正计数/倒计数模式，计数器反复从 0x0000 开始，直到"正计数"达到 T1CC0H:T1CC0L 保存的值。然后计数器将"倒计数"直到 0x0000，如图 4-13 所示。

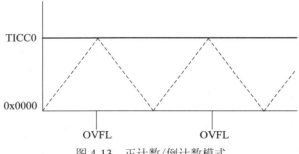

图 4-13　正计数/倒计数模式

这个定时器的输出模式用于周期必须是对称输出脉冲而不是 0xFFFF 的应用程序。在正计数/倒计数模式，达到最终计数值时，设置标志位 IRCON.T1IF 和 T1STAT.OVFIF。如果设置了相应的中断屏蔽位，将产生一个中断请求。

下述内容用于实现任务描述 4.D.8，定时器 1 溢出标志控制 LED 亮灭。

1) 定时器 1 的初始化

【描述 4.D.8】　定时器 1 初始化

```
void Initial(void)
{     // 初始化 P1 口 P1.0 P1.1 为输出
      P1DIR = 0x03;
      // 关 LED1
      LED1 = 1;
      // 关 LED2
      LED2 = 1;
      // 用 T1 来做实验    通道 0,中断有效,128 分频;自动运行模式(0x0000->0xffff);
      T1CTL = 0x0d;
}
```

2) 主函数部分

【描述 4.D.8】　main( )函数

```
#include <ioCC2530.h>

#define uint unsigned int
#define uchar unsigned char

#define LED1 P1_0
#define LED2 P1_1
// 统计溢出次数
uint   counter=0;
// 用来标志是否要闪烁
uint   TempFlag;
// 函数声明
void Initial(void);
void Delay(uint);

void main()
{   // 调用初始化函数
    Initial();
    // 点亮 LED1
    LED1 = 0;
    // 查询溢出
    while(1)
    {
        // 检测是否溢出
        if(IRCON > 0)
        {
            // 清溢出标志
            IRCON = 0;
            // 闪烁标志位状态改变
            TempFlag = !TempFlag;
        }
        if(TempFlag)
        {
            // LED 闪烁
            LED2 = LED1;
            LED1 = !LED1;
            // 延时
            Delay(6000);
```

```
                    Delay(6000);
                }
            }
        }
```

将程序下载至协调器板中，运行程序，可以观察到 LED1 和 LED2 每隔一段时间便闪烁一次。

4.10.3 睡眠定时器和定时器 2

CC2530 运行在低功耗模式下时，需要睡眠定时器和定时器 2 共同工作，来完成此模式的定时功能。

1. 睡眠定时器

睡眠定时器用于设置系统进入和退出低功耗休眠模式之间的周期。睡眠定时器还用于当进入低功耗模式时，维持定时器 2 的定时。睡眠定时器的主要功能如下：

- ◇ 24 位的正计数定时器，运行在 32 kHz 的时钟频率。
- ◇ 24 位的比较器，具有中断和 DMA 触发功能。
- ◇ 24 位捕获。

睡眠定时器是一个 24 位的定时器，运行在一个 32 kHz 的时钟频率上。当定时器的值等于 24 位比较器的值时，就发生一次定时器比较。通过写入寄存器 ST2:ST1:ST0 来设置比较值，ST2、ST1、ST0 寄存器的设置如表 4-68、表 4-69、表 4-70 所示。

表 4-68　ST2 睡眠定时器 2

位	名　称	复位	R/W	描　述
7：0	ST2[7:0]	0x00	R/W	睡眠定时器计数/比较值。当读取时，该寄存器返回睡眠定时器的高位[23:16]，当写该寄存器的值设置比较值的高位[23:16]。在读寄存器 ST0 的时候值的读取是锁定的。当写 ST0 的时候写该值是锁定的

表 4-69　ST1 睡眠定时器 1

位	名　称	复位	R/W	描　述
7：0	ST1[7:0]	0x00	R/W	睡眠定时器计数/比较值。当读取时，该寄存器返回睡眠定时器的中间位[15:8]，当写该寄存器的值设置比较值的中间值[15:8]。在读寄存器 ST0 的时候值的读取是锁定的。当写 ST0 的时候写该值是锁定的

表 4-70　ST0 睡眠定时器 0

位	名　称	复位	R/W	描　述
7：0	ST0[7:0]	0x00	R/W	睡眠定时器计数/比较值。 当读取时，该寄存器返回睡眠定时器的低位[7:0]。 当写该寄存器的值设置比较值的高位[7:0]。 写该寄存器被忽略，除非 STLOAD.LDRDY 是 1

当 STLOAD.LDRDY 是 1 时，写入 ST0 发起加载新的比较值，即写入 ST2、ST1、ST0 寄存器的最新值，STLOAD 寄存器的设置如表 4-71 所示。

表 4-71　STLOAD 睡眠定时器加载状态

位	名　称	复位	R/W	描　　述
7：1	--	0000000	R0	保留
0	LDRDY	0	R	加载准备好。当睡眠定时器加载 24 位比较值时，该位是 0。当睡眠定时器准备好开始加载一个新的比较值时，该位是 1

加载期间 STLOAD.LDRDY 是 0，软件不能开始一个新的加载，直到 STLOAD.LDRDY 回到 1 才能开始加载。读寄存器 ST0 将捕获 24 位计数器的当前值，因此 ST0 寄存器必须在 ST1 和 ST2 之前读，以捕获一个正确的睡眠定时器计数值。当发生一个定时器比较时，中断标志 STIF 被设置。

2. 定时器 2

当定时器 2 停止或者复位后它将进入定时器的休眠模式。当 T2CTRL.RUN 设置为 1 时，定时器将启动，进入定时器启动模式。此时定时器必须立即工作或者同步于 32 kHz 时钟。一旦定时器 2 运行在 RUN 模式，可以通过向 T2CTRL.RUN 写入 0 来停止正在运行的定时器。然后定时器将进入休眠模式，如表 4-72 所示。停止的定时器要么立即停止工作要么同步于 32 kHz 时钟。

表 4-72　T2CTRL 定时器 2 控制寄存器

位	名　称	复位	R/W	描　　述
7：4	--	0000	R0	保留
3	LATCH_MODE	0	R/W	0：读 T2M0，T2MSEL.T2MSEL = 000 锁定定时器的高字节，使它准备好从 T2M1 读。读 T2MOVF0，T2MSEL.T2MOVFSEL=000 锁定溢出计数器的两个最高字节，使可以从 T2MOVF1 和 T2MOVF2 读它们 1：读 T2M0，T2MSEL=000 一次锁定定时器和整个溢出计数器，使可以从 T2M1、T2MOVF1 和 T2MOVF2 读值
2	STATE	0	R	定时器 2 的状态 0：定时器空闲 1：定时器运行
1	SYNC	1	R/W	0：启动和停止定时器是立即的，即和 clk_rf_32m 同步 1：启动和停止定时器在第一个正 32 kHz 时钟边沿发生
0	RUN	0	R/W	写 1 启动定时器，写 0 停止定时器。读时，返回最后写入值

以下示例 4-32 将实现开启定时器 2，具体配置如下：

【示例 4-32】 开启定时器 2

    // 开定时器 2

    T2CTRL|=0X01;

定时器 2 包括一个 16 位定时器，在每个时钟周期递增。计数器值可从寄存器 T2M1:T2M0 中读，此时定时器 2 复用选择寄存器 T2MSEL.T2MSEL 设置为 000。当读 T2M0 寄存器时，T2M1 的内容是锁定的，因此必须总是首先读 T2M0。当定时器空闲时，可以通过写寄存器 T2M1:T2M0 修改计数器，此时定时器 2 复用选择寄存器 T2MSEL.T2MSEL 设置为 000。定时器复用寄存器 T2M0 和 T2M1，如表 4-73 和表 4-74 所示，定时器 2 复用选择寄存器 T2MSEL 如表 4-75 所示。

表 4-73 T2M0 定时器 2 复用寄存器 0

位	名 称	复位	R/W	描 述
7：0	T2M0	0x00	R/W	根据 T2MSEL.T2MSEL 的值，直接返回/修改一个内部寄存器位[7：0]。 当读 T2M0 寄存器，T2MSEL.T2MSEL 设置为 000，且 T2CTRL.LATCH_MODE 设置为 0，定时器值被锁定。 当读 T2M0 寄存器，T2MSEL.T2MSEL 设置为 000，且 T2CTRL.LATCH_MODE 设置为 1，定时器和溢出计数器值被锁定

表 4-74 T2M1 定时器 2 复用寄存器 1

位	名 称	复位	R/W	描 述
7：0	T2M1	0x00	R/W	根据 T2MSEL.T2MSEL 的值，直接返回/修改一个内部寄存器位[15：8]。 当读 T2M0 寄存器，T2MSEL.T2MSEL 设置为 000，且 T2CTRL.LATCH_MODE 设置为 0，定时器值被锁定。 当读该寄存器，T2MSEL.T2MSEL 设置为 000，返回锁定值

以下示例 4-33 将实现溢出值的设定，加入设定溢出值 vale = 255，具体设定如下：

【示例 4-33】 溢出值的设定

    // 设定溢出值

    T2M1 = vale >> 8;

    T2M0 = vale & 0xff;

表 4-75　T2MSEL 定时器 2 复用选择寄存器

位	名　称	复位	R/W	描　述
7	--	0	R0	保留
6：4	T2MOVFSEL	0	R/W	读寄存器的值选择当访问 T2MOVF0.T2MOVF1 和 T2MOVF2 时修改或读的内部寄存器 000：t2ovf(溢出寄存器) 001：t2ovf_cap(溢出捕获) 010：t2ovf_per(溢出周期) 011：t2ovf_cmp1(溢出捕获 1) 100：t2ovf_cmp2(溢出捕获 2) 101-111：保留
	--	0	R/W	保留读作 0
	T2MSEL	0	R/W	该寄存器的值选择当访问 T2M0 和 T2M1 时修改或读的内部寄存器 000：t2tim(定时器计数值) 001：t2_cap(定时器捕获) 010：t2_per(定时器周期) 011：t2_cmp1(定时器比较 1) 100：t2_cmp2(定时器比较 2) 101-111：保留

以下示例 4-34 将实现定时器比较 2 工作方式，具体配置如下：

【示例 4-34】 开启定时器比较 2

// 开定时器比较模式 2

T2MSEL|=0Xf4;

定时器 2 有六个中断源，分别是：

◇ 定时器溢出。

◇ 定时器比较 1。

◇ 定时器比较 2。

◇ 溢出计数溢出。

◇ 溢出计数比较 1。

◇ 溢出计数比较 2。

中断标志在给定的中断标志 T2IRQF 寄存器中，如表 4-76 所示，中断标志位只能通过硬件设置，且只能通过写 SFR 寄存器清除。

表 4-76　T2IRQF 定时器 2 中断标志寄存器

位	名　称	复位	R/W	描　述
7：6	--	0	R0	保留
5	TIMER2_OVF_COMPARE2F	0	R/W	当定时器 2 溢出计数器到达定时器 2 t2ovf_cmp2 设置的值就设置
4	TIMER2_OVF_COMPARE1F	0	R/W	当定时器 2 溢出计数器到达定时器 2 t2ovf_cmp1 设置的值就设置
3	TIMER2_OVF_PERF	0	R/W	当定时器 2 溢出计数器到达定时器 2 t2ovf_per 设置的值就设置
2	TIMER2_OVFPARE2F	0	R/W	当定时器 2 溢出计数器到达定时器 2 t2_cmp2 设置的值就设置
1	TIMER2_CONPAREIF	0	R/W	当定时器 2 溢出计数器到达定时器 2 t2_cmp1 设置的值就设置
0	TIMER2_PERF	0	R/W	当定时器2溢出计数器到达定时器2 t2_per 设置的值就设置

通过寄存器 T2IRQM 来设置中断源，如表 4-77 所示。当设置了相应的中断屏蔽位时，将产生一个中断，否则将不产生中断。无论中断屏蔽位状态是什么，都要设置中断标志位。

表 4-77　T2IRQM 定时器 2 中断屏蔽寄存器

位	名　称	复位	R/W	描　述
7：6	--	0	R0	保留
5	TIMER2_OVF_COMPARE2M	0	R/W	使能 TIMER2_OVF_CONPARE2M 中断
4	TIMER2_OVF_COMPARE1M	0	R/W	使能 TIMER2_OVF_CONPARE1M 中断
3	TIMER2_OVF_PERM	0	R/W	使能 TIMER2_OVF_PERM 中断
2	TIMER2_COMPARE2M	0	R/W	使能 TIMER2_CONPARE2M 中断
1	TIMER2_COMPARE1M	0	R/W	使能 TIMER2_CONPARE1M 中断
0	TIMER2_PERM	0	R/W	使能 TIMER2_PERM 中断

以下示例 4-35 实现设置溢出中断，具体示例如下：

【示例 4-35】　开启定时器溢出中断

```
// 溢出中断
T2IRQM = 0x04;
```

下述内容用于实现任务描述 4.D.9，定时器 2 中断控制 LED 亮灭。其步骤如下：

1）LED 及定时器 2 函数的初始化

【描述 4.D.9】　定时器 2 初始化

```
void Initial(void)
{
    // 初始化 LED1 和 LED2
    P1SEL &= ～0X03;
    P1DIR = 0x03;
```

```
    P1 |= 0X03;
    // 开启定时器 2
    T2IRQM = 0x04;
    // 总中断使能
    EA = 1;
    // 定时器 2 中断使能
    T2IE = 1;
    // 开启定时器比较模式 2
    T2MSEL |= 0xf4;
    // 设定溢出值
    T2M1 = vale >> 8;
    T2M0 = vale & 0xff;
}
```

2）主函数部分

【描述 4.D.9】　main( )

```
#include <ioCC2530.h>
#define uint unsigned int
#define uchar unsigned char
// 统计溢出次数
uint counter=0;
// 用来标志是否要闪烁
uchar TempFlag;
// 设定溢出值
#define vale    255
// LED 的定义
#define lED1 P1_0
#define lED2 P1_1


/************************
// 主函数
************************/
void main( )
{
    // 调用初始化函数
    Initial( );
    // 点亮 LED1
    LED1 = 0;
    // 关闭 LED2
    LED2 = 1;
```

```
                // 开启定时器 2
                T2CTRL|=0X01;
                // 等待中断
                while(1)
                {
                    if(TempFlag)
                    {
                        led2 = !LED2;
                        TempFlag = 0;
                    }
                }
            }
```

3）中断函数

【描述 4.D.9】 T2_ISR( )

```
        #pragma vector = T2_VECTOR
        __interrupt void T2_ISR(void)
        {
            // 设定溢出值
            T2M1 = vale >> 8;
            T2M0 = vale & 0xff;
            // 清 T2 中断标志
            T2IRQF = 0;
            // 200 次中断 LED 闪烁一轮
            if(counter<200)counter++;
            else
            {
                // 计数清零
                counter = 0;
                // 改变闪烁标志
                TempFlag = 1;
            }
        }
```

将程序下载至协调器板中，运行程序，可以观察到 LED1 常亮，LED2 每隔一段时间改变一次状态。

4.10.4　定时器 3 和定时器 4

定时器 3 和定时器 4 的所有定时功能都是基于主要的 8 位计数器建立的。计数器在每个时钟边沿递增或递减。活动时钟边沿的周期由寄存器位 CLKCONCMD.TICKSPD[2:0]定义。由 TxCTL.DIV[2:0](其中 x 指的是定时器号码，3 或者 4)设置分频器值，如表 4-78 所示。

表 4-78　T3CTL 定时器 3 控制寄存器

位	名　称	复位	R/W	描　　述
7：5	DIV[2:0]	000	R/W	分频器划分值。产生有效时钟沿用于来自 CLKCON.TICKSPD 的定时器时钟，如下： 000：标记频率/1　　　001：标记频率/2 010：标记频率 4　　　011：标记频率/8 100：标记频率/16　　101：标记频率/32 110：标记频率/64　　111：标记频率/128
4	START	0	R/W	启动定时器。正常运行时设置，暂停时清除
3	OVFIM	1	R/W0	溢出中断屏蔽 0：中断禁止　　　　　1：中断使能
2	CLR	0	R0/W1	清除计数器。写 1 到 CLR 复位计数器到 0x00，并初始化相关通道所有的输出引脚，总是读作 0
1：0	MODE[1:0]	00	R/W	选择定时器 3 模式.定时器操作模式通过下列方式选择： 00：自由运行，从 0x00 到 0xFF 反复计数 01：倒计数，从 T3CC0 到 0x00 计数 10：模，从 0x0000 到 T1CC0 反复计数 11：正计数/倒计数，从 0x00 到 T3CC0 反复计数且从 T1CC0 倒计数到 0x00

通过设置 TxCTL 控制寄存器的值实现清除和停止计数器。当 TxCTL.START 写入 1 时，计数器开始。当 TxCTL.START 写入 0 时，计数器停留在它的当前位。可以通过设置 SFR 寄存器 TxCNT 读取 8 位计数器的值(其中 x 指的是定时器号码 3 或 4)，如表 4-79 所示为 T3CNT 寄存器。

表 4-79　T3CNT 定时器 3 计数器

位	名　称	复位	R/W	描　　述
7：5	CNT[7:0]	0x00	R/W	定时器计数字节，包含 8 位计数器的当前值

定时器 3 有四种操作模式：

◇　自由运行模式。

◇　倒计数模式。

◇　模计数器模式。

◇　正/倒计数模式。

1. 自由运行模式

在自由运行模式下，计数器从 0x00 开始，每个活动时钟边沿递增。当计数器达到 0xFF

时，计数器将会载入 0x00，并继续递增。当达到最终计数值 0xFF 时，就设置了中断标志 TIMIF.TxOVFIF。如果设置了相应的中断屏蔽位 TxCTL.OVFIM，就产生一个中断请求。自由运行模式可以用于产生独立的时间间隔和输出信号频率。TIMIF 寄存器设置如表 4-80 所示。

表 4-80 TIMIF 定时器 1/3/4 中断标志寄存器

位	名　称	复位	R/W	描　　述
7	--	0	R0	保留
6	T1OVFIM	1	R/W	定时器 1 溢出中断屏蔽
5	T4CH1IF	0	R/W0	定时器 4 通道 1 中断标志 0：无中断发生 1：发生中断
4	T4CH0IF	0	R/W0	定时器 4 通道 0 中断标志 0：无中断发生 1：发生中断
3	T4OVFIF	0	R/W0	定时器 4 溢出中断标志 0：无中断发生 1：发生中断
2	T3CH1IF	0	R/W0	定时器 3 通道 1 中断标志 0：无中断发生 1：发生中断
1	T3CH0IF	0	R/W0	定时器 3 通道 0 中断标志 0：无中断发生 1：发生中断
0	T3OVFIF	0	R/W0	定时器 3 溢出中断标志 0：无中断发生 1：发生中断

2. 倒计数模式

在倒计数模式下，定时器启动后，计数器载入 TxCC0 的内容。然后计数器倒计时，直到 0x00 时，设置标志 TIMIF.TxOVFIF。如果设置了相应的中断屏蔽位 TxCTL.OVFIM，就会产生一个中断请求。定时器倒计数模式一般用于需要事件超时间隔的应用程序。TxCC0 寄存器的设置如表 4-81 所示。

表 4-81 T3CC0 定时器 3 通道 0 捕获/比较值

位	名　称	复位	R/W	描　　述
7：0	VAL[7:0]	0	R/W	定时器捕获比较通道 0 值。当 T3CCTL0.MODE=1(比较模式)时写该寄存器会导致 T3CC0.VAL[7:0]更新写入值延迟到 T3CNT.CNT[7:0]=0x00

3. 模计数器模式

当定时器运行在模计数器模式下，计数器反复从 0x00 启动，每个活动时钟边沿递增。当计数器达到寄存器 TxCC0 所含的最终计数值时，计数器反复到 0x00，并继续递增。当计数器达到寄存器 TxCC0 时设置标志 TIMIF.TxOVFIF。如果设置了相应的中断屏蔽位 TxCTL.OVFIF，就产生一个中断请求。模计数器模式可以用于周期不是 0xFF 的应用程序。

4. 正/倒计数模式

在正/倒计数定时器模式下，计数器反复从 0x00 计数，直到达到寄存器 TxCC0 所含的计数值时，计数器倒计数，直到达到 0x00。这个定时器模式用于需要对称输出脉冲且周期不是 0xFF 的应用程序，因此它允许中心对齐的 PWM 输出应用程序的实现。

定时器 3 和定时器 4 有两个捕获/比较控制通道，即通道 0 和通道 1，由寄存器 T3CCTLx 和 T4CCTLx 控制(其中 x 表示 0 或 1)。T3CCTLx 与 T4CCTLx 寄存器配置基本相同，下面以 T3CCTLx 寄存器为例来讲解，T3CCTLx 寄存器如表 4-82 所示。

表 4-82　T3CCTLx 定时器 3 通道捕获/比较控制

位	名　称	复位	R/W	描　　　述
7	--	0	R0	未使用
6	IM	1	R/W	通道中断屏蔽 0：中断禁止 1：中断使能
5：3	CMP[2:0]	000	R/W	通道比较输出模式选择。当时钟值与在 T3CC0 中的比较值相等时输出特定的操作 000：在比较设置输出 001：在比较清除输出 010：在比较切换输出 011：在比较正计数时设置输出，在 0 清除 100：在比较正计数时清除输出，在 0 设置 101：在比较设置输出，在 0xFF 清除 110：在 0x00 设置，在比较清除输出 111：初始化输出引脚。CMP[2:0]不变
2	MODE	0	R/W	模式，选择定时器 3 通道 0 捕获或者比较模式 0：捕获模式 1：比较模式
1：0	CAP	00	R/W	捕获模式选择 00：无捕获 01：在上升沿捕获 10：在下降沿捕获 11：在两个边沿都捕获

以下示例 4-36 将实现定时器 3 的初始化。

【示例 4-36】　开启定时器溢出中断

```
// 初始化 T3
T3CTL = 0x06;
// 通道 0 的初始化
T3CCTL0 = 0x00;
T3CC0   = 0x00;
// 通道 1 初始化
T3CCTL1 = 0x00;
T3CC1   = 0x00;
```

下述代码用于实现任务描述 4.D.10，用定时器 3 自由模式溢出中断控制 LED 亮灭。

1）LED 及定时器 3 的初始化

【描述 4.D.10】　LED 及定时器初始化

```
void Init_T3_AND_LED(void)
{   // P1.0 和 P1.1 都设为输出
    P1DIR = 0X03;
    // 关闭 LED1
    LED1 = 1;
    // 关闭 LED2
    LED2 = 1;
    // 初始化 T3
    T3CTL   = 0x06;
    T3CCTL0 = 0x00;
    T3CC0   = 0x00;
    T3CCTL1 = 0x00;
    T3CC1   = 0x00;
    // 开 T3 中断
    T3CTL |= 0x08;
    // 开中断
    EA = 1;
    // 打开 T3 中断
    T3IE = 1;
    // T3CTL |= 0X80; 时钟 16 分频
    T3CTL|=0x80;
    // 自动重装 00—>0xff
    T3CTL &= ～0X03;
    // 定时器计数字节
    T3CC0 = 0Xf0;
    // 启动定时器 3
    T3CTL |= 0X10;
}
```

2) 主函数部分

【描述 4.D.10】　main( )函数

```
#include <ioCC2530.h>

#define LED1 P1_0
#define LED2 P1_1
#define uchar unsigned char
int counter = 0;
/*****************************************
// 主函数
*****************************************/
void main(void)
{
    // 初始化
    Init_T3_AND_LED();
    // 打开 LED2
    LED2 = 0;
    // 等待中断
    while(1);
}
```

3) 中断处理部分

【描述 4.D.10】　T3_ISR( )函数

```
#pragma vector = T3_VECTOR
 __interrupt void T3_ISR(void)
{
// 消中断标志，可不清中断标志,硬件自动完成
IRCON = 0x00;
// 200 次中断 LED 闪烁一轮
if(counter<2000)counter++;
 else
{   // 计数清零
    counter = 0;
    // LED1 灯状态改变
    LED1 = !LED1;
    // LED2 灯的状态改变
    LED2 = !LED2;
 }
}
```

将程序下载至协调器板中，全速运行，可以观察到 LED1 和 LED2 每隔一段时间状态分别改变一次。

小 结

通过本章的学习，学生应该能够掌握以下内容：

◆ CC2530 外设包括 I/O 引脚、ADC、DMA、串口等。

◆ CC2530 包括三个 8 位输入/输出(I/O)端口，分别是 P0、P1 和 P2。

◆ CC2530 的 ADC 支持多达 14 位的模拟数字转换，具有多达 12 位的有效数字位。它包括一个模拟多路转换器，具有多达 8 个各自可配置的通道，一个参考电压发生器。

◆ CC2530 的 8051CPU 有四个不同的存储空间，分别为 CODE、DATA、XDATA 和 SFR。

◆ CC2530 内置一个存储器直接存取(DMA)控制器，可以用来减轻 8051CPU 内核传送数据操作的负担，从而实现在高效利用电源的条件下的高性能。

◆ CC2530 具有 USART0 和 USART1 串行通信接口，能够分别运行于异步 URAT 模式或者同步 SPI 模式。

◆ 定时器 1 是一个独立的 16 位定时器，支持典型的定时/计数功能，五个独立的捕获/比较通道。

◆ 定时器 3 和定时器 4 是两个 8 位定时器。每个定时器有两个独立的比较通道，每个通道上使用一个 I/O 引脚。

◆ MAC 定时器即定时器 2，主要用于 802.15.4CSMA/CA 算法定时，为 IEEE802.15.4MAC 层提供一般的计时功能。

◆ 睡眠定时器用于设置系统进入和退出低功耗睡眠模式之间的周期。

 练 习

1. 根据芯片内置闪存的不同容量，提供给用户 4 个版本，即_____、_____、_____、_____。

2. CC2530 包括_____个 8 位输入/输出(I/O)端口，分别是_____、_____和_____。其共有_____个数字 I/O 引脚。

3. 简述 CC2530 的"增强型 8051 内核"与"标准的 8051 微控制器"相比有什么不同。

4. 编写一个 LED 流水灯程序。

5. 编写程序，使用定时器 1 模计数器模式控制 LED 闪烁。

第5章　无线射频与 MAC 层

本章目标

◆ 掌握 RF 内核结构。

◆ 掌握 FIFO 访问。

◆ 掌握 CC2530 无线发送模式。

◆ 掌握 CC2530 无线接收模式。

◆ 掌握 IEEE802.15.4 程序的设计方法。

学习导航

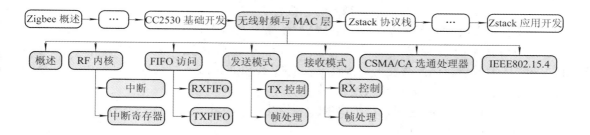

任务描述

➤【描述 5.D.1】

操作寄存器实现数据的发送接收。

➤【描述 5.D.2】

实现 IEEE802.15.4 点对点发送接收。

5.1 概述

CC2530 是兼容 IEEE802.15.4 标准射频模块的片上系统,其中 CC2530 的无线射频模块 (RF 内核)框图如图 5-1 所示。

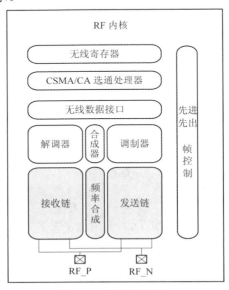

图 5-1　无线射频模块

无线射频模块包括无线寄存器、CSMA/CA 选通处理器、无线数据接口以及射频部分等。CC2530 无线射频模块的主要功能是发送和接收数据,由于此射频模块支持 IEEE802.15.4 标准,因此其发送和接收可以按照 IEEE802.15.4 协议标准来进行。CC2530 的整个无线射频模块由 RF 内核来控制。

本章讲解 CC2530 的无线射频模块(RF 内核)及数据的发送和接收(包括 IEEE802.15.4 标准协议下的数据发送和接收)。

5.2 RF 内核

RF 内核控制无线射频模块并在 MCU 和无线电之间提供一个接口,可以发出命令,读取状态和自动对无线电事件排序。RF 内核包括以下几部分:无线电控制状态模块(FSM)、调制器/解调器、帧过滤和源匹配、频率合成器(FS)、命令选通处理器、定时器 2(MAC 定时器)。其各部分的功能如下所述。

◇　FSM 模块的主要功能包括控制 RF 收发器的状态、发送和接收 FIFO 以及大部分动态受控的模拟信号,比如模拟模块的上电/掉电。FSM 的主要功能如下:

● FSM 用于为事件提供正确的顺序,例如在使能接收器之前执行一个 FS 校准;

● 为解调器输入帧提供分布式的处理;

● 读帧的长度，计算收到的字符数，检查帧尾(FSC)，在成功接收数据帧后，可传送确认帧(ACK 帧)，其中是否需要发送确认帧由用户决定；

● 控制调制器/解调器和 RAM 的 TXFIFO/RXFIFO 之间传输数据。

◇ 调制器：按 IEEE802.15.4 标准，将原始数据转换为 I/Q(同相/正交)信号并发送到发送器 DAC。

◇ 解调器：从收到的信号中检索无线数据。解调器的振幅信息供自动增益控制使用，自动增益控制调整模拟 LAN 的增益，使接收器内的信号水平大致是常量。

◇ 帧过滤和源匹配：支持 RF 内核中的 FSM 模块执行帧过滤和源地址匹配。

◇ 频率合成器：为 RF 信号产生载波。

◇ 命令选通处理器：处理 CPU 所发出的命令，包含有一个 24 字节的程序存储器，可以自动执行 CSMA/CA 机制。

◇ 无线电 RAM：为发送 TXFIFO 和接收 RXFIFO 分别分配 128 字节的 FIFO，为帧过滤和源匹配存储参数保留 128 字节。

◇ 定时器 2(MAC 定时器)：用于无线电事件计时，以捕获输入数据包的时间戳，这一定时器在睡眠模式下也保持计数。

5.2.1　中断

CC2530 无线射频的工作涉及到 CPU 的两个中断向量，即 RFERR 中断和 RF 中断。

1. RFERR 中断

RFERR 中断的功能用于表明无线射频的错误情况，无线射频内核的错误表现为 RF TX RFIO 下溢或 RX FIFO 溢出，通过控制 SFR 寄存器的 IEN0.RFERRIE 位使能，如表 5-1 所示。TCON.RFERRIF 保存了 RFERR 中断标志位(即是否发生中断)，如表 5-2 所示。

表 5-1　IEN0.RFERRIE

位	名　称	复位	R/W	描　　述
0	RFERRIE	0	R/W	RF 内核错误中断 0：中断禁止　　　　1：中断使能

示例 5-1 所示为将在操作寄存器 IEN0 中设置 RFERRIE 内核错误中断使能，其具体配置如下：

【示例 5-1】　RF 内核错误中断使能

```
// 使能 RF 内核错误中断
IEN0 |=0x01;
```

表 5-2　TCON.RFERRIE 中断标志

位	名　称	复位	R/W	描　　述
1	RFERRIE	0	R/W H0	RF 内核错误中断标志，当发生内核错误中断时此位置 1 0：无中断　　　　1：发生中断

如果 RF 内核错误中断请求发生，RFERRIF 中断标志位将自动置 1。用户只需要判断 RFERRIF 中断标志位是否为 1 即可，判断中断是否发生。具体如示例 5-2 所示。

【示例 5-2】 RF 内核错误中断使能

```
// 判断 RFERRIF 中断是否发生
if(RFERRIF = 1)
{

}
```

2. RF 中断

RF 中断用于数据发送和接收。RF 中断是上升沿触发的，通过控制 SFR 寄存器的 IEN2.RFIE 位使能，如表 5-3 所示。S1CON.RFIF 中保存了 RFIF 中断标志位(即是否发生中断)，如表 5-4 所示。

表 5-3　IEN2.RFIE 中断

位	名　称	复位	R/W	描　述
0	RFIE	0	R/W	RF 一般中断使能 0：中断禁止　　　　1：中断使能

示例 5-3 所示为将操作寄存器 IEN2 进行设置 RFIE 内核错误中断的使能，其具体配置如下：

【示例 5-3】 RF 中断使能

```
// 使能 RF 中断
IEN2 |=0x01;
```

表 5-4　S1CON 中断标志寄存器

位	名　称	复位	R/W	描　述
7：2	--	000000	R/W	保留
1	RFIF_1	0	R/W	RF 一般中断。RF 有两个中断标志，RFIF_1 和 RFIF_0，设置其中一个标志就会请求中断服务。当无线设备请求中断时两个标志都要设置 0：无中断　　　　1：中断发生
0	RFIF_0	0	R/W	RF 一般中断。RF 有两个中断标志，RFIF_1 和 RFIF_0，设置其中一个标志就会请求中断服务。当无线设备请求中断时两个标志都要设置 0：无中断　　　　1：中断发生

如果 RF 一般中断请求发生，RFIF 中断标志位将自动置 1。如果用户需要检测无线设备中断是否发生，需要判断 RFIF_1 和 RFIF_2 中断标志位是否都为 1 即可，具体如示例 5-4 所示。

【示例 5-4】 RF 内核错误中断使能

```
// 判断 RF 一般中断是否发生
if((RFIF_1 = 1)&( RFIF_2 = 1))
{
    …
}
```

5.2.2　中断寄存器

RF 内核的两个中断源(RFERR 和 RF)是 RF 内核中若干中断源的组合，其中每个单独的中断源在 RF 内核中有自己的中断屏蔽寄存器和中断标志寄存器。

1. 中断屏蔽寄存器

中断屏蔽寄存器有 RF 中断屏蔽寄存器 RFIRQM0、RF 中断屏蔽寄存器 RFIRQM1 和 RF 错误中断屏蔽寄存器 RFERRM，如表 5-5、表 5-6 和表 5-7 所示。

表 5-5　RFIRQM0 中断屏蔽

位	名　称	复位	R/W	描　　述
7	RXMASKZERO	0	R/W	RXENABLE 寄存器从一个非零状态到全零状态 0：中断禁用　　　　1：中断使能
6	RXPKTDONE	0	R/W	接收到一个完整的帧 0：中断禁用　　　　1：中断使能
5	FRAME_ACCEFTED	0	R/W	帧经过帧过滤 0：中断禁用　　　　1：中断使能
4	SRC_MATCH_FOUND	0	R/W	发现源匹配 0：中断禁用　　　　1：中断使能
3	SRC_MATCH_DONE	0	R/W	源匹配完成 0：中断禁用　　　　1：中断使能
2	FIFOP	0	R/W	RXFIFO 中的字节数超过设置的阈值，当收到一个完整的帧后会触发中断 0：中断禁用　　　　1：中断使能
1	SFD	0	R/W	收到或发出 SFD 0：中断禁用　　　　1：中断使能
0	ACT_UNUSED	0	R/W	保留 0：中断禁用　　　　1：中断使能

表 5-6　RFIRQM1 中断屏蔽

位	名　称	复位	R/W	描　　述
7：6	--	00	R0	保留，读作 0
5	CSP_WAIT	0	R/W	CSP 的一条等待指令之后继续进行 0：中断禁用　　　　1：中断使能
4	CSP_STOP	0	R/W	CSP 停止程序执行 0：中断禁用　　　　1：中断使能
3	CSP_MANINT	0	R/W	来自 CSP 的手动中断产生 0：中断禁用　　　　1：中断使能
2	RFIDLE	0	R/W	射频状态机制进入空闲状态 0：中断禁用　　　　1：中断使能
1	TXDONE	0	R/W	发送一个完整的帧完成 0：中断禁用　　　　1：中断使能
0	TXACKDONE	0	R/W	完整发送了一个确认帧 0：中断禁用　　　　1：中断使能

在进行 RF 初始化的过程中一般会开启帧接收中断,即操作 RFIRQM0 的 RXPKTDONE 位,具体操作如示例 5-5 所示。

【示例 5-5】 开启帧接收中断

// RXPKTDONE 中断位使能

RFIRQM0 |= (1<<6);

如果要开启发送中断,即发送一个完整的帧时发生中断,需要操作 RFIRQM1 的 TXDONE 位,具体操作如示例 5-6 所示。

【示例 5-6】 开启帧发送中断

// TXPKTDONE 中断位使能

RFIRQM1 |= (1<<1);

表 5-7　RFERRM 中断屏蔽

位	名　称	复位	R/W	描　　述
7	--	0	R0	保留
6	STROBEERR	0	R/W	命令选通 0:中断禁用 1:中断使能
5	TXUNDERF	0	R/W	TXFIFO 下溢 0:中断禁用 1:中断使能
4	TXOVERF	0	R/W	TXFIFO 上溢 0:中断禁用 1:中断使能
3	RXUNDERF	0	R/W	RXFIFO 下溢 0:中断禁用 1:中断使能
2	RXOVERF	0	R/W	RXFIFO 上溢 0:中断禁用 1:中断使能
1	RXABO	0	R/W	接收一个帧被中止 0:中断禁用 1:中断使能
0	NLOCK	0	R/W	频率合成器在接收器件超时或锁丢失后,完成锁失败 0:中断禁用 1:中断使能

2. 中断标志寄存器

中断标志寄存器有 RFIRQF0、RFIRQF1 和错误中断标志寄存器 RFIERRF,如表 5-8、表 5-9 和表 5-10 所示。

表 5-8　RFIRQF0 中断标志位寄存器

位	名　称	复位	R/W	描　述
7	RXMASKZERO	0	R/W0	RXENABLE 寄存器从一个非零状态到全零状态 0：无中断发生　　　　1：中断发生
6	RXPKTDONE	0	R/W0	接收到一个完整的帧 0：无中断发生　　　　1：中断发生
5	FRAME_ACCEPTED	0	R/W0	帧经过帧过滤 0：无中断发生　　　　1：中断发生
4	SRC_MATCH_FOUND	0	R/W0	源匹配发现 0：无中断发生　　　　1：中断发生
3	SRC_MATCH_DONE	0	R/W0	源匹配完成 0：无中断发生　　　　1：中断发生
2	FIFOP	0	R/W0	RXFIFO 中的字节数超过设置的阈值，当收到一个完整的帧也会激发本中断 0：无中断发生　　　　1：中断发生
1	SFD	0	R/W0	收到发出 SFD 0：无中断发生　　　　1：中断发生
0	ACT_UNUSED	0	R/W0	保留

表 5-9　RFIRQF1 中断标志位寄存器

位	名　称	复位	R/W	描　述
7：6	--	00	R0	保留
5	CSP_WAIT	0	R/W0	CSP 的一条等待指令之后继续执行 0：无中断发生　　　　1：中断发生
4	CSP_STOP	0	R/W0	CSP 停止程序执行 0：无中断发生　　　　1：中断发生
3	CSP_MANINT	0	R/W0	来自 CSP 的手动中断产生 0：无中断发生　　　　1：中断发生
2	RFIDLE	0	R/W0	无线电状态机制进入空闲状态 0：无中断发生　　　　1：中断发生
1	TXDONE	0	R/W0	发送一个完整的帧完成 0：无中断发生　　　　1：中断发生
0	TXACKDONE	0	R/W0	发送一个完整的确认帧完成 0：无中断发生　　　　1：中断发生

表 5-10　RFERRF RF 错误中断标志位寄存器

位	名　称	复位	R/W	描　述
7	--	0	R0	保留
6	STROBEERR	0	R/W0	命令选通在它无法被处理的时间发出。如果当已经禁用无线电时尝试禁用，且当不再活跃 RX 下尝试执行 SACK、SACKPEND、或 SNACK 命令 0: 无中断发生　　　　1: 中断发生
5	TXUNDERF	0	R/W0	TXFIFO 下溢 0: 无中断发生　　　　1: 中断发生
4	TXOVERF	0	R/W0	TXFIFO 上溢 0: 无中断发生　　　　1: 中断发生
3	RXUNDERF	0	R/W0	RXFIFO 下溢 0: 无中断发生　　　　1: 中断发生
2	RXOVERF	0	R/W0	RXFIFO 上溢 0: 无中断发生　　　　1: 中断发生
1	RXABO	0	R/W0	接收帧被中止 0: 无中断发生　　　　1: 中断发生
0	NLOCK	0	R/W0	频率合成器在接收期间超时或锁丢失后，完成锁失败 0: 无中断发生　　　　1: 中断发生

RFIRQF0、RFIRQF1 和 RFIERRF 中断标志寄存器是判断是否有中断发生，如果有中断发生，则寄存器的相应位会自动置 1，例如需要判断接收中断是否发生，具体操作如示例 5-7 所示。

【示例 5-7】　判断帧接收中断发生

```
// 判断 RF 一般中断是否发生
if((RFIRQF0 & 0x40)
{
    …
}
```

5.3　FIFO 访问

CC2530 发送或接收数据是通过 FIFO 来进行的。FIFO 访问可以分为 TXFIFO 访问和 RXFIFO 访问，两者都是通过 SFR 寄存器的 RFD 操作进行的。当写入 RFD 寄存器时，数据被写入到 TXFIFO，当读取数据 RFD 寄存器时，数据从 RXFIFO 中读出。RFD 寄存器如表 5-11 所示。

表 5-11　RFD 寄存器

位	名　称	复位	R/W	描　述
7：0	RFD[7:0]	0x00	R/W	数据写入寄存器，就是写入 TXFIFO，当读取该寄存器的时候，是从 RXFIFO 中读取

例如要发送的数据 TX[ ] = {"dh"}，首先要将数据写入 TXFIFO 中，需要操作 RFD 寄存器，具体操作如示例 5-8 所示。

【示例 5-8】　将要发送的数据写入 RFD 中

```
unsigned char i;
signed char tx[]={"dh"};
// 将 mac 的内容写到 RFD 中
for(i=0;i<3;i++)
{
    RFD = tx[i];
}
```

5.3.1　RXFIFO

RXFIFO 存储器区域位于地址 0x6000 到 0x607F，一共 128 字节，在 XREG 存储区域中是可以访问的。RXFIFO 可以保存一个或多个收到的帧，只要总字节数不大于 128 字节即可。确定 RXFIFO 中的字节数有以下两种方式。

◇　读 RFD 寄存器，其具体操作如示例 5-9 所示。

【示例 5-9】　通过 RFD 读接收的数据长度

```
unsigned char len;
len = RFD;
```

◇　读 RXFIFOCNT 寄存器，如表 5-12 所示。读 RXFIFOCNT 的具体操作如示例 5-10 所示。

表 5-12　RXFIFOCNT 寄存器

位	名　称	复位	R/W	描　述
7：0	RXFIFOCNT[7:0]	0x00	R	RXFIFO 中的字节数，无符号位

【示例 5-10】　通过 RXFIFOCNT 读接收的数据长度

```
unsigned char len;
len = RXFIFOCNT;
```

⚠ 注意：通过 RFD 寄存器读取的帧长度为数据帧的"实际发送数据域 + 帧尾域"部分；通过 RXFIFOCNT 寄存器读取的帧长度为数据帧"帧长度域 + 实际发送数据域 + 帧尾域"，由于帧长度域占一个字节，因此通过 RXFIFOCNT 寄存器读出来的数据长度比通过 RFD 寄存器读出来的长度多一个字节。数据帧的基本结构详见 5.4.2 节。

5.3.2　TXFIFO

　　TXFIFO 存储器区域位于地址 0x6080 到 0x60FF，一共 128 字节。它在 XREG 存储区域中是可以访问的。在不产生 TX 下溢的情况下，帧数据可以在执行 TX 命令选通之前或之后缓冲，图 5-2 所示为写入 TXFIFO 的帧数据。

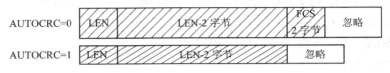

图 5-2　写入到 TXFIFO 的帧数据

　　阴影部分的字节必须写到 TXFIFO 的字节，其他字节可以忽略。写入 TXFIFO 的帧数据根据 AUTOCRC(CRC 自动校验)是否启用可以分为两种情况：当 AUTOCRC 为 0 时，没有启动硬件自动检测；当 AUTOCRC 为 1 时，启动了硬件自动检测。

　　TXFIFO 中的字节数存储在 TXFIFOCNT 寄存器中，可以通过两种方式来进行 TXFIFO 的写操作。

　　◇　写入 RFD 寄存器。

　　◇　由于帧缓冲总是开始于 TXFIFO 存储器的起始地址，因此可以通过使能 FRMCTRL1.IGNORE_TX_UNDERF 位，直接将帧数据写到无线电存储器的 RAM 区域。

　　本书中建议使用 RFD 写数据到 TXFIFO。

　　TXFIFOCNT 寄存器和 FRMCTRL1 寄存器的详细配置如表 5-13 和表 5-14 所示。

表 5-13　TXFIFOCNT TXFIFO 中字节数寄存器

位	名　　称	复位	R/W	描　　述
7：0	TXFIFOCNT[7:0]	0x00	R	TXFIFO 中的字节数，无符号整数

表 5-14　FRMCTRL1 帧处理寄存器

位	名　　称	复位	R/W	描　　述
7：3	--	00000	R0	保留
2	PENDING_OR	0	R/W	定义输出确认帧的未决数据位总是设置为 1，还是由主要 FSM 和地址过滤控制 0：未决数据位由主要 FSM 和地址过滤控制 1：未决数据位总是 1
1	IGNORE_TX_UNDERF	0	R/W	定义是否忽略 TX 溢出 0：一般 TX 操作。检测 TX 溢出，如果发生溢出中止 TX 1：忽略 TX 溢出，将数据帧写入到无线电存储器的 RAM 区域
0	SET_RXENMASK_ON_TX	1	R/W	定义 STXON 是否设置 RXENABLE 寄存器的位 6，还是保持不变 0：不设置 RXENABLE 1：设置 RXENABLE 的位 6。用于向后兼容 CC2420

5.4　发送模式

本节将详细讲解 CC2530 射频的发送过程：发送器的控制以及帧的处理。

5.4.1　TX 控制

在帧处理和报告状态下，无线电有许多内置的功能，这些功能可精确控制输出帧的时序。在设置 TX 和 RX 的过程中可以通过寄存器来设置，需要设置的寄存器如表 5-15 所示。此寄存器必须在 TX 和 RX 中同时设置。

表 5-15　TX、RX 寄存器设置

寄存器名称	值(十六进制)	描　　　述
AGCCTRL1	0x15	调整 AGC 目标值
TXFILTCFG	0x09	设置 TX 抗混叠过滤器
FSCAL1	0x00	降低 VCO，推荐默认值获得最佳的 EVM

在编写程序的过程中，一般在射频的初始化中需要操作这些寄存器，其具体操作过程如示例 5-11 所示。

【示例 5-11】　TX、RX 寄存器设置

```
// 设置 TX 抗混叠过滤器以获得合适的带宽
TXFILTCFG = 0x09;
// 调整 AGC 目标值
AGCCTRL1 = 0x15;
// 获得最佳的 EVM
FSCAL1 = 0x00;
```

5.4.2　帧处理

CC2530 数据帧的基本结构由三部分构成：同步头、需要传输的数据以及帧尾，如图 5-3 所示。

图 5-3　数据帧的基本结构

1. 同步头

物理层数据帧的同步头由两部分构成：帧引导序列和帧开始界定符。如图 5-4 所示。当已经发送了所需的帧引导序列字节数，射频部分会自动发送 1 字节长的 SFD(帧开始界定符)。SFD 是固定的，软件不能改变其值。

图 5-4 同步头

2. 需要传输的数据

需要传输的数据由两部分组成，具体描述如下：

◇　LEN(帧长度域)：帧长度域用于确定要发送多少个字节。

◇　MAC 帧：MAC 帧包括 MHR(MAC 帧头)和 MAC 负载两部分，是来自于 MAC 层的数据。

当发送了 SFD，调制器开始从 TXFIFO 读数据，首先读帧长度域，然后是 MHR(MAC 帧头)和 MAC 负载。

3. 帧尾

寄存器 FRMCTRL0.AUTOCRC 控制位控制帧尾域的帧校验序列自动产生，其中帧尾不写入 TXFIFO 中，存储在一个单独的 16 位寄存器中。除了可能用于调试的目的，建议使能 AUTOCRC。如果 FRMCTRL.AUTOCRC=0，那么调制器期望在 TXFIFO 中找到 FCS，所以软件必须产生 FCS，连同 MAC 负载一起写到 TXFIFO。寄存器 FRMCTRL 的详细设置如表 5-16 所示。

表 5-16　FRMCTRL0 帧处理寄存器

位	名　称	复位	R/W	描　　述
7	APPEND_DATA_MODE	0	R/W	当 AUTOCRC = 0：可以不考虑 当 AUTOCRC = 1 时有两种情况 0：RSSI + CRC_OK 位和 7 位相关值附加到每个收到帧的末尾 1：RSSI + CRC_OK 位和 7 位 SRCRESINDEX 附加到每个收到帧的末尾
6	AUTOCRC	1	R/W	在 TX 中 1：硬件检查一个 CRC-16，并附加到发送帧。不需要写最后 2 个字节到 TXBUF 0：没有 CRC-16 附加到帧。帧的最后两个字节必须手动产生并写到 TXBUF(如果没有发生 TX 下溢) 在 RX 中： 1：硬件检查一个 CRC-16，并以一个 16 位状态字寄存器代替 RX_FIFO，状态字中包括一个 CRC_OK 位。状态字可通过 APPEND_DATA_MODE 控制 0：帧的最后 2 个字节(CRC-16 域)存储在 RXFIFO，CRC 校验(如果有必须手动完成)

续表

位	名　称	复位	R/W	描　述
5	AUTOACK	0	R/W	定义无线电是否自动发送确认帧。当 AUTOACK 使能,所有经过地址过滤接受的帧都设置确认请求标志,在接收之后自动确认一个有效的 CRC12 符号周期 0:AUTOACK 禁用 1:AUTOACK 使能
4	ENERGY_SCAN	0	R/W	定义 RSSI 寄存器是否包括自能量扫描使能以来最新的信号强度或峰值信号强度 0:最新的信号强度 1:峰值信号强度
3:2	RX_MODE[1:0]	00	R/W	设置 RX 模式 00:一般模式,使用 RXFIFO 01:保留 10:RXFIFO 循环忽略 RXFIFO 的溢出,无限接收 11:和一般模式一样,除了禁用符号搜索。当不用于找到符号时,可以用于测量 RSSI 或 CCA
1:0	TX_MODE[1:0]	00	R/W	设置 TX 的测试模式 00:一般操作,发送 TXFIFO 01:保留,不能使用 10:TXFIFO 循环忽略 TXFIFO 的溢出和读循环,无线发送 11:发送来自 CRC 的伪随机数,无限发送

4. 数据帧的产生

数据帧的产生由 CC2530 射频部分负责,具体产生过程如下:

❖　CC2530 射频部分产生并自动传输物理层的同步头,包括帧引导序列和帧开始界定符(SFD)。

❖　通过射频部分传输帧长度域和指定的字节数,包括 MAC 帧头和 MAC 负载。

❖　通过操作寄存器计算并自动传输帧尾(FSC)。

5.5 接收模式

本节详细讲解接收器的控制以及 RX 帧的处理。

5.5.1 RX 控制

接收器分别根据 RF 内核指令集 SRXON 和 SRFOFF 命令选通开启和关闭,或使用 RXENABLE 寄存器。命令选通提供一个硬件开启/关闭机制,而 RXENABLE 操作提供一个软开启和关闭机制。RXENABLE 寄存器的详细配置如表 5-17 所示。

表 5-17　RXENABLE 寄存器

位	名　称	复位	R/W	描　述
7：0	RXENMASK[7:0]	0x00	R	RXENABLE 使能寄存器的非零值导致主要的 FSM 在传输之后以及确认传输之后，并且空闲时使能接收器 以下选通可以修改 RXENMASK： SRXON：设置 RXENMASK 的位 7 STXON：设置 SET_RXENMASK_ON_TX = 1，设置 RXENMASK 的位 8 SRFOFF：清除 RXENMASK 的所有位 SRXMASKBISET：设置 RXENMASK 的位 5 通过访问寄存器 RXMASKSET 和 RXMASKCLR，RXENABLE 可以直接由 CPU 控制 如果 CSP 和 CPU 同时修改 RXENMASK，操作之间可能有冲突，故要使用以下规则处理同时访问 RXENMASK 的情况： 如果两个源不冲突(它们修改寄存器不同的部分)，两个修改 RXENMASK 的请求都被处理 如果都尝试同时修改屏蔽，RXMASKSET 的总线写操作和 RXMASKCLR 优先于 CSP，不建议进行这种操作

　　一般接收数据是通过接收中断来处理的，在发送数据完成之后，首先要打开接收中断，接收中断是通过寄存器 RFIRQM0 的第 6 位 RXPKTDONE 和 IEN2 寄存器的第 0 位来控制的，具体操作如示例 5-12 所示。

【示例 5-12】　打开接收中断

```
// 打开 RX 中断
RFIRQM0 |= (1<<6);
// 打开 RF 中断
IEN2 |= (1<<0);
```

　　当接收到数据帧之后，接收中断发生，数据的接收通过中断函数进行，接收数据是通过操作 RFD 寄存器实现的，具体过程如示例 5-13 所示。

【示例 5-13】　接收数据

```
// 接收帧长度
len = RFD;
len &= 0x7f;
// 将接收的数据写入 buf 中
for (i = 0; i < len; i++)
```

```
{       buf[i] = RFD;
        Delay(200);
}
```

5.5.2 帧处理

CC2530 的接收器收到的帧结构如图 5-5 所示。

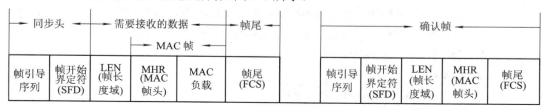

图 5-5   收到的帧结构

当 CC2530 的射频模块接收到一个数据帧时执行以下操作。

(1) 移除同步头：由 CC2530 射频硬件部分检测和移除收到的 PHY 同步头(帧引导序列和 SFD)。

(2) 接收数据帧：通过操作寄存器接收帧长度域规定的字节数(包括 MHR 和 MAC 负载)。

(3) 帧过滤：通过操作寄存器可以实现帧过滤功能，拒绝接收目标不明确的数据帧。

(4) 匹配源地址：包括多达 24 个短地址或 12 个扩展 IEEE 地址的表，源地址存储在无线电 RAM 中。

(5) 自动 FCS 检查：通过操作寄存器可以选择把自动检查的结果和其他状态值(RSSI、LQI 和源匹配结果)填入接收到的帧中。

(6) 具有正确时序的自动确认传输：可以通过操作寄存器且正确设置帧未决位，基于源地址匹配和 FCS 校验的结果。

⚠ 注意：以上接收模式的帧处理中的"匹配源地址"是符合 IEEE802.15.4 标准的，在直接操作寄存器实现数据的发送和接收可以不考虑此项操作，例如在任务描述 5.D.1 中，可以禁止帧过滤功能。

5.6   CSMA/CA 选通处理器

CSMA/CA 选通处理器提供控制 CPU 和无线射频模块之间的通信。CSMA/CA 选通处理器通过 SFR 寄存器 RFST 以及 XREG 寄存器和 CPU 通信。本书中采用 RFST 寄存器和 CPU 进行通信。RFST 寄存器具体描述如表 5-18 所示。

表 5-18   RFST CSMA/CA 选通处理寄存器

位	名　称	复位	R/W	描　　述
7：0	RFST[7:0]	0x00	R/WH0	无线电的选通命令写入此寄存器，当此寄存器准备好一个新的命令时，该寄存器被清零(0x00)

写入 RFST 寄存器的指令为 CC2530 的 RF 指令集，例如操作 RFST 实现使能 RX 并校准频率合成器的操作指令码为 0xe3(关于内核指令集请参见本章实践篇的拓展知识部分)，具体实现如示例 5-14 所示。

【示例 5-14】 RFST 寄存器设置

```
// 为 RX 使能并校准频率合成器
RFST = 0xe3;
```

下述内容将实现任务描述 5.D.1，操作寄存器实现数据的发送和接收。发送节点发送完数据后 LED1 灯闪烁，接收节点接收完数据后 LED1 闪烁，射频初始化程序如下：

【描述 5.D.1】 rf_init( )函数

```
void rf_init()
{      // 硬件 CRC 以及 AUTO_ACK 使能
       FRMCTRL0 |= (0x20 | 0x40);
       // 设置 TX 抗混叠过滤器以获得合适的带宽
       TXFILTCFG = 0x09;
       // 调整 AGC 目标值
       AGCCTRL1 = 0x15;
       // 获得最佳的 EVM
       FSCAL1 = 0x00;
       // RXPKTDONE 中断位使能
       RFIRQM0 |= (1<<6);
       //   RF 中断使能
       IEN2 |= (1<<0);
       // 开中断
       EA = 1;
       // 信道选择，选择 11 信道
       FREQCTRL = 0x0b;
       // 目标地址过滤期间使用的短地址
       SHORT_ADDR0 = 0x05;
       SHORT_ADDR1 = 0x00;
       // 目标地址过滤期间使用的 PANID
       PAN_ID0 = 0x22;
       PAN_ID1 = 0x00;
       // 清除 RXFIFO 缓冲区并复位解调器
       RFST = 0xed;
       // 为 RX 使能并校准频率合成器
       RFST = 0xe3;
       // 禁止帧过滤
       FRMFILT0 &= ～(1<<0);
}
```

发送函数如下：

【描述 5.D.1】 tx( )函数

```
void tx()
{      unsigned char i;
       signed char tx[]={"hello"};
       // 为 RX 使能并校准频率合成器
       RFST = 0xe3;
       // TX_ACTIVE | SFD
       while (FSMSTAT1 & ((1<<1) | (1<<5)));
       // 禁止 RXPKTDONE 中断
       RFIRQM0 &= ～(1<<6);
       // 禁止 RF 中断
       IEN2 &= ～(1<<0);
       // 清除 TXFIFO 缓存
       RFST = 0xee;
       // 清除 TXDONE 中断
       RFIRQF1 = ～(1<<1);
       // 发送的第一个字节是传输的帧长度
       RFD = 5;
       // 将 mac 的内容写到 RFD 中
       for(i=0;i<5;i++)
       {      RFD = tx[i];
       }
       // 打开 RX 中断
       RFIRQM0 |= (1<<6);
       // 打开 RF 中断
       IEN2 |= (1<<0);
       // 校准后使能 TX
       RFST = 0xe9;
       // 等待传输结束
       while (!(RFIRQF1 & (1<<1)));
       // 清除 TXDONE 状态
       RFIRQF1 = ～(1<<1);
       // LED1 灯状态改变
       LED1=～LED1;
       // 延时
       Delay(200);
       Delay(200);
}
```

接收函数如下：

【描述 5.D.1】 中断处理函数

```
// 接收中断处理
#pragma vector=RF_VECTOR
__interrupt void rf_isr(void)
{
    unsigned char   i;
    // 关中断
    IEN2 &= ~0X01;
    // 接收帧结束
    if (RFIRQF0 & (1<<6))
    {
        // 接收帧长度
        len = RFD;
        len &= 0x7f;
        // 将接收的数据写入 buf 中
        for (i = 0; i < len; i++)
        {
            buf[i] = RFD;
            Delay(200);
        }
        // 清 RF 中断
        S1CON = 0;
        // 清 RXPKTDONE 中断
        RFIRQF0 &= ~(1<<6);
        // LED1 等状态改变
        LED1 = ~LED1;
    }
    IEN2 |= (1<<0);
}
```

主函数如下：

【描述 5.D.1】 main 函数

```
#include "ioCC2530.h"
#define LED1 P1_0
#define LED2 P1_1
static unsigned char buf[128];
static unsigned char len=0;
unsigned char i;
```

```
void main(void)
{
    // P1 为普通 I/O 口
    P1SEL  &=  ～(1<<0);
    // P1.0   P1.1 设置为输出
    P1DIR |= 0x03;
    // 关闭 LED1
    LED1=1;
    // 关闭 LED2
    LED2=1;
    // 关闭总中断
    EA = 0;
    // 设置时钟频率为 32 M
    SLEEPCMD &=  ～0x04;
    // 等待时钟稳定
    while(!(SLEEPSTA & 0x40));
    CLKCONCMD &=  ～0x47;
    SLEEPCMD |= 0x04;
    // 初始化 RF
    rf_init();
    // 中断使能
    EA = 1;
    // 发送或等待接收中断
    while(1)
    {
        // 宏定义 RX
        #ifndef RX
        // 如果没有定义 RX，开始发送
        tx();
        // 延时
        Delay(200);
        Delay(200);
        // 如果定义 RX，等待接收中断
        # else

        #endif
    }
}
```

分别将发送程序与接收程序下载至两个不同的设备中首先打开发送设备，可以观察到发送设备的 LED1 闪烁；然后打开接收设备，可以观察到接收设备的 LED1 闪烁频率和发送设备的 LED1 是相同的。如果将发送设备关掉，接收设备的 LED1 将停止闪烁。

5.7 IEEE802.15.4

CC2530 芯片的射频发送和接收是通过操作寄存器来实现的，虽然直接操作寄存器可以实现数据的发送和接收，但存在以下弊端：

- ❖ 不能指定接收者，即一个接收设备可以接收任何一个发送者发来的数据。
- ❖ 当发送者比较多时会出现信道碰撞问题。
- ❖ 不能建立个域网。

IEEE802.15.4 可以解决以上问题。IEEE802.15.4 采用 CSMA/CA 机制来避免数据冲突：节点使用 CSMA/CA 机制竞争信道，当信道比较忙时，节点会随机退避一段时间，执行 CCA(空闲信道评估)，若信道空闲则发送数据，若信道忙就重新等待一段时间后执行 CCA。

以下将详细讲解 IEEE802.15.4 的实现过程，首先讲解 IEEE802.15.4 的调制规范和数据格式，然后讲解 IEEE802.15.4 的射频程序设计。

5.7.1 IEEE802.15.4 调制规范

IEEE802.15.4 的数字高频调制使用 2.4 G 直接序列扩频技术。直接序列扩频(Direct Sequence Spread Spectrum)工作方式，简称直扩方式(DSSS 方式)。DSSS 是直接用伪噪声序列对载波进行调制的，传送的数据信息需要经过信道编码后，再进行调制。接收机收到信号后，首先通过解调及时恢复出数据信息，完成整个直扩通信系统的信号接收。DSSS 的扩展调制功能如图 5-6 所示。

图 5-6 扩展调制功能

在进行调制前需要将数据信号进行转换处理：每 1 个字节信息分为 2 个符号(symbol)，每个符号包括 4 比特(bit)。根据符号数据，从 16 个几乎正交的伪随机(PN)序列中，选取一个作为发送序列。根据所发送连续的数据信息将所选出的 PN 序列串接起来，并使用 O-QPSK 的调制方式将这些集合在一起的序列调制到载波上。

在比特—符号(bit-to-symbol)转换时，将每个字节中的低 4 位转换成一个符号，高 4 位转换成另外一个符号。每一个字节都要逐个进行处理，即从前同步码字段到最后一个字节。在每个字节的处理过程中，优先处理低 4 位，随后处理高 4 位。

将经过比特—符号转换得到的符号数据进行扩展，每个符号数据映射成一个 32 位的伪随机序列(PN 序列)，也即符号—码片转换。符号和码片的对应关系如表 5-19 所示。

表 5-19　符号—码片映射

Symbol (符号)	PN 序列	Symbol (符号)	PN 序列
0	11011001110000110101001000101110	8	10001100100101100000011101111011
1	11101101100111000011010100100010	9	10111000110010010110000001110111
2	00101110110110011100001101010010	10	01111011100011001001011000000111
3	00100010111011011001110000110101	11	01110111101110001100100101100000
4	01010010001011011011001110000011	12	00000111011110111000110010010110
5	00110101001000101110110110011100	13	01100000011101111011100011001001
6	11000011010100010010110110110001	14	10010110000011101111011100011000
7	10011100001101010010001011101101	15	11001001011000000111011110111000

扩展后的码元序列采用半正弦脉冲形式的 O-QPSK 调制方式,将符号数据信号调制到载波信号上。采用直接序列扩频系统的优点如下所述:

◇　抗干扰能力强,且具有强的抗多径干扰能力。
◇　对其他电台干扰小,抗截获能力强。
◇　可以同频工作。
◇　便于实现多址通信。

5.7.2　IEEE802.15.4 数据格式

IEEE802.15.4 定义了 MAC 层以及物理层的通信数据格式。其中,物理层的数据格式是在 MAC 协议数据单元格式前加上同步头以及物理头两部分,如图 5-7 所示。

图 5-7　IEEE802.15.4 定义通信数据格式

◇　同步头包括帧引导序列和帧开始界定符。
◇　物理头即帧长度域。
◇　物理层服务数据单元(PSDU)即 MAC 协议数据单元(MPDU),包括:MAC 头、MAC 载荷以及帧尾。其中,MAC 头由帧控制、序列码和寻址信息组成,具体讲解详见第 2 章;MAC 协议数据单元的 MAC 载荷部分为用户要发送的数据。

5.7.3　IEE802.15.4 射频程序设计

IEEE802.15.4 射频程序主要分为发送和接收两部分,其主函数的程序流程如图 5-8 所示。

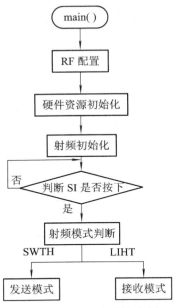

图 5-8　射频程序设计流程

下述内容实现了任务描述 5.D.2，即实现 IEEE802.15.4 点对点的发送接收。

1. 下载软件包

首先从 **TI** 的官方网站 www.ti.com 上下载 srf05_cc2530 软件包，解压后使用 IAR 打开
CC2530 BasicRF→ide→srf05_ cc2530→iar→light_switch.eww 文件，如图 5-9 所示。

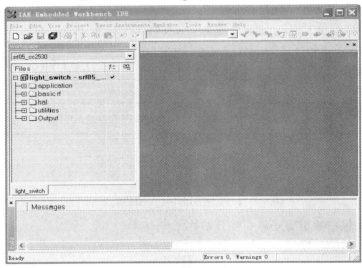

图 5-9　light_switch 工程

⚠ 注意：从 **TI** 官方网站 www.ti.com 下载的 srf05_cc2530 软件包，要求用 IAR 7.51A 版
本打开。

2. 定义发送和接收选项

为了实现点对点的发送和接收，需要对 light_switch 工程做如下改动，首先需要定义"发

送"和"接收"两个不同的工程选项，本例程将"发送"定义为"SWITCH"，"接收"定义为"LIGHT"。定义过程如下：

点击工程的工具栏的 Project 选项，选择下拉菜单中的"Edit Configuration…"选项，如图 5-10 所示。

点击 Edit Configuration 选项后，弹出 Configuration for "light_switch"对话框，点击"New…"选项，如图 5-11 所示。

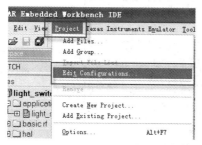

图 5-10　Edit Configuration 选项

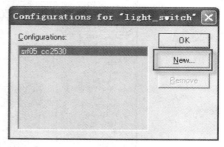

图 5-11　Configuration for "light_switch"对话框

点击"New"选项之后会弹出"New Configuration"的对话框，在此对话框的"Name："一栏中写入"SWITCH"，点击"OK"选项，如图 5-12 所示。

可以看到在"Configuration for'light_switch'"对话框中已经添加了"SWITCH"选项，如图 5-13 所示。

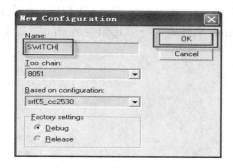

图 5-12　添加新的选项

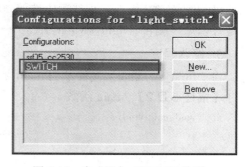

图 5-13　完成添加 SWITCH 选项

以相同的方式添加"LIGHT"选项，添加完成之后，在"light_switch"工程的"Workspace"的下拉菜单中可以看到添加了"SWITCH"和"LIGHT"选项，如图 5-14 所示。

选择"LIGHT"选项，右击"light_switch-LIGHT"选择"option"选项，编辑"Options"选项，如图 5-15 所示。

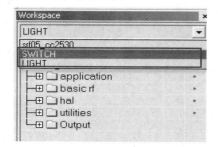

图 5-14　完成"发送"和"接收"选项的添加

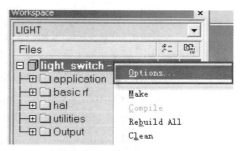

图 5-15　编辑 Options 选项

点击"Option"选项，弹出"Option for node 'light_switch'"的对话框，在此对话框右侧的"Category"一栏中选择"C/C++ Compiler"选项，然后在左侧选择"Preprocessor"选项，在"Define Symbol："一栏中添加宏定义"LIGH"，并点击"OK"选项完成添加，如图 5-16 所示。

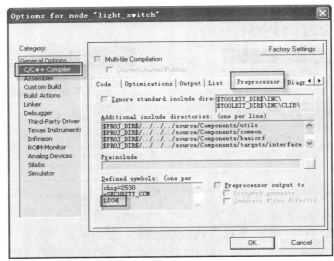

图 5-16　宏定义

以相同的方法，在工程选项中选择"SWITCH"选项，添加宏定义"SWTH"。在完成宏定义以后，编辑"light_switch 工程"→"application 文件夹"→"light_switch.c"文件。

3. 修改程序

将"light_switch.c"文件下的 main 函数修改如下：

【描述 5.D.2】　main 函数

```
void main(void)
{
    // 模式定义为空
    uint8 appMode = NONE;

/***********RF 配置*******************/
    // PANID 设置
    basicRfConfig.panId = PAN_ID;
    // 信道设置
    basicRfConfig.channel = RF_CHANNEL;
    // 确认请求
    basicRfConfig.ackRequest = TRUE;
    #ifdef SECURITY_CCM
        // 安全选型设置
        basicRfConfig.securityKey = key;
    #endif
```

```
/***********RF 配置*****************/

        // 硬件初始化
        halBoardInit();
        // hal_rf 初始化
        if(halRfInit()==FAILED)
        {
            HAL_ASSERT(FALSE);
        }
        // 点亮 LED1
        halLedSet(1);
        // 等待 S1 按下
        while (halButtonPushed()!=HAL_BUTTON_1);
        // 延时
        halMcuWaitMs(350);
        // 如果定义了 SWIH
    #ifdef    SWTH
        // 模式为按键模式
        appMode =SWITCH;
    #endif
    // 如果定义了 LIHT
    #ifdef    LIHT
        // 模式为 LIGHT 模式
        appMode = LIGHT;
    #endif
    // 如果模式为 SWITCH 模式，将调用 appSwitch()函数
    if(appMode == SWITCH)
    {
            appSwitch();
    }
    // 如果为 LIGHT 模式，将调用 appLight()函数
    else if(appMode == LIGHT)
    {
            appLight();
    }
    // 如果返回错误将执行闪灯命令
    HAL_ASSERT(FALSE);
}
```

基于 IEEE802.15.4 点对点的数据发送和接收，由于发送和接收需要符合 IEEE802.15.4 规范，因此在程序的编写过程中首先要定义一些结构体，比较重要的结构体有两个：

◇ RF 初始化结构体 basicRfCfg_t。

◇ MAC 数据帧帧头结构体 basicRfPktHdr_t。

1) basicRfCfg_t

IEEE802.15.4 在发送数据时，需要初始化 RF。在程序中，RF 的初始化信息定义在一个结构体 basicRfCfg_t 中。

【描述 5.D.2】 basicRfCfg_t

```
typedef struct {
    uint16 myAddr;
    uint16 panId;
    uint8 channel;
    uint8 ackRequest;
    #ifdef SECURITY_CCM
    uint8* securityKey;
    uint8* securityNonce;
    #endif
} basicRfCfg_t;
```

此结构体成员描述如表 5-20 所示。

表 5-20 basicRfcfg_t 结构体描述

成 员	描 述
myAddr	源地址信息：为 16 位短地址
panId	网络 PANID：16 位信息
channel	信道：取值为 11～26
ackRequest	确认请求：1 接收确认帧；0 不接收
aecurityKey	安全密钥：定义了安全项才考虑(本书不考虑)
securityNonce	安全密钥：定义了安全项才考虑(本书不考虑)

在主函数的编写过程中，首先要进行对 basicRfCfg_t 的配置：

◇ panId 表明设备在同一个网络中，不同的 panId 中的设备是不能通信的。

◇ channel 为信道的选择，IEEE802.15.4 在中国所用的 2.4 G 频段上有 16 个信道，分别为 11～26，如果设备在不同的信道，那么他们之间是不能通信的。

◇ ackRequest 为是否需要确认请求回复，如果设置为 1 则需要确认回复，如果设置为 0 则不需要确认回复。

2) basicRfPktHdr_t

在发送数据时，需要在用户发送的实际数据前、后分别加上数据帧头和帧尾才能符合 IEEE802.15.4 协议标准，在程序中数据帧头和帧尾被定义成一个结构体 basicRfPktHdr_t。此结构体包含了 MAC 层数据结构的 MAC 帧头各成员的定义。

【描述 5.D.2】 basicRfPktHdr_t

```
typedef struct
{
    uint8    packetLength;
    uint8    fcf0;
    uint8    fcf1;
    uint8    seqNumber;
    uint16   panId;
    uint16   destAddr;
    uint16   srcAddr;
    #ifdef SECURITY_CCM
    uint8    securityControl;
    uint8    frameCounter[4];
    #endif
} basicRfPktHdr_t;
```

此结构体的描述如表 5-21 所示。

表 5-21　basicRfPktHdr_t 结构体描述

成　　员	描　　述
packetLength	数据帧长度
fcf0	帧控制域低字节
fcf1	帧控制域高字节
seqNumber	帧序号
panId	PANID
destAddr	目的地址信息
srcAddr	源地址信息
securityControl	安全控制域(定义了安全选项才考虑此项)
frameCounter	安全帧控制域(定义了安全选项才考虑此项)

5.7.4　发送过程

在主函数中判定发送模式和接收模式，如果为发送模式，将调用 appSwitch()函数发送数据，此函数的功能为实现每秒钟发送一次数据。appSwitch()函数在 light_switch.c 文件中。

【描述 5.D.2】 appSwitch()

```
static void appSwitch()
{
    // 需要发送的命令
    pTxData[0] = LIGHT_TOGGLE_CMD;
    // 赋予源地址信息
    basicRfConfig.myAddr = SWITCH_ADDR;
```

```
        if(basicRfInit(&basicRfConfig)==FAILED)
        {
              HAL_ASSERT(FALSE);
        }
        // 关闭接收器
        basicRfReceiveOff();
        // 每隔一秒钟发送一个数据
        while (TRUE)
        {
              // 延时 1s
              Delay();
              // 发送函数
              basicRfSendPacket(LIGHT_ADDR, pTxData, APP_PAYLOAD_LENGTH);
        }
    }
```

在发送函数 appSwitch()中调用了一个重要的函数 basicRfSendPacket()，此函数在 basic_rf.c 文件中。basicRfSendPacket()实现将数据按照 IEEE802.15.4 的数据格式将数据发送出去，如果发送成功帧序号将加 1。

【描述 5.D.2】 basicRfSendPacket()

```
    uint8 basicRfSendPacket(uint16 destAddr, uint8* pPayload, uint8 length)
    {
        uint8 mpduLength;
        uint8 status;
        // 如果接收器没有打开将打开接收器
        if(!txState.receiveOn)
        {
            halRfReceiveOn();
        }
        // 发送数据帧长度
        length = min(length, BASIC_RF_MAX_PAYLOAD_SIZE);
        // 等待发送就绪
        halRfWaitTransceiverReady();
        // 关闭接收中断
        halRfDisableRxInterrupt();
        // 获得发送数据长度
        mpduLength = basicRfBuildMpdu(destAddr, pPayload, length);
        // 将 txbuffer 写入 RFD
        halRfWriteTxBuf(txMpdu, mpduLength);
```

```
// 打开 RX 中断接收 ACK 帧
halRfEnableRxInterrupt();
// 发送数据帧的同时检测信道是否空闲. 如果发送不成功返回 FAILED
if(halRfTransmit() != SUCCESS)
{
    status = FAILED;
}
// 等待接收确认帧，如果没有收到确认帧则返回 FAISE
if (pConfig->ackRequest)
{
    // 如果没有收到 ACK 帧
    txState.ackReceived = FALSE;
    // 等待收到确认帧，等待的时间为收到一个 ack 帧的持续时间
    halMcuWaitUs((12 * BASIC_RF_SYMBOL_DURATION)
                    + (BASIC_RF_ACK_DURATION)
                    + (2 * BASIC_RF_SYMBOL_DURATION) + 10);
    // 如果接收到确认帧，接收确认位置 1 返回 SUCCESS
    status = txState.ackReceived ? SUCCESS : FAILED;
}
else
{
    status = SUCCESS;
}
// 关闭接收器
if (!txState.receiveOn)
{
    halRfReceiveOff();
}
// 如果发送成功则发送帧序号加 1
if(status == SUCCESS)
{
    txState.txSeqNumber++;
}
return status;
}
```

在 basicRfSendPacket()函数中调用了 basicRfBuildMpdu( )函数，此函数是用来获得发送数据的长度的。

在 basicRfBuildMpdu( )函数中调用 basicRfBulidHeader( )，按照 IEEE802.15.4 规范的数

据帧结构添加帧头，其代码如下：

【描述 5.D.2】 basicRfBuildMpdu()

```
static uint8 basicRfBuildMpdu(uint16 destAddr, uint8* pPayload, uint8 payloadLength)
{
    uint8 hdrLength, n;
    // 按照 MAC 数据帧结构添加帧头
    hdrLength = basicRfBuildHeader(txMpdu, destAddr, payloadLength);

    for(n=0;n<payloadLength;n++)
    {   // 将要发送的信息传递给 txMpdu
        txMpdu[hdrLength+n] = pPayload[n];
    }
    // 返回帧长度
    return hdrLength + payloadLength;

}
```

basicRfBuildHeader()函数按照 IEEE802.15.4 规范的数据帧结构写在用户发送数据前添加数据 MAC 帧头部分，MAC 帧头部分首先要判断是否需要确认帧回复，需要确认帧回复的 MAC 帧头部分和不需要确认帧回复的帧头部分是不同的。basicRfBuildHeader()函数在basic_rf.c 文件中，其代码如下所示：

【描述 5.D.2】 basicRfBuildHeader()

```
static uint8 basicRfBuildHeader(uint8* buffer, uint16 destAddr, uint8 payloadLength)
{
    basicRfPktHdr_t *pHdr;
    uint16 fcf;

    pHdr= (basicRfPktHdr_t*)buffer;

    // 计算帧长度
    pHdr->packetLength=payloadLength+BASIC_RF_PACKET_OVERHEAD_SIZE;
    // 判断需不需要确认帧回复，如果需要 fcf 为 BASIC_RF_FCF_ACK，
    // 否则为 BASIC_RF_ FCF_NOACK
    fcf=pConfig->ackRequest ? BASIC_RF_FCF_ACK : BASIC_RF_FCF_NOACK;
    // 帧控制域低字节
    pHdr->fcf0 = LO_UINT16(fcf);
    // 帧控制域高字节
    pHdr->fcf1 = HI_UINT16(fcf);
    // 帧序号
    pHdr->seqNumber= txState.txSeqNumber;
    // panId 设置
```

```
        pHdr->panId= pConfig->panId;
        // 目的地址信息
        pHdr->destAddr= destAddr;
        // 源地址信息
        pHdr->srcAddr= pConfig->myAddr;

        /***** 确保地址信息为 IEEE802.15.4 所定义的类型 *********/
        UINT16_HTON(pHdr->panId);
        UINT16_HTON(pHdr->destAddr);
        UINT16_HTON(pHdr->srcAddr);

        // 返回值为 MAC 帧头长度
        return BASIC_RF_HDR_SIZE;
    }
```

　　数据的发送和接收是通过 hal_rf.c 文件中的 halRfWriteTxBuf()和 halRfTransmit()函数来实现的，halRfWriteTxBuf()函数将发送的数据写入到 RX 中，halRfTransmit()函数在发送数据帧的同时检测信道是否空闲。其代码如下：

　　【描述 5.D.2】　halRfWriteTxBuf()

```
    void halRfWriteTxBuf(uint8* pData, uint8 length)
    {
        uint8 i;
        // 清空 TX FIFO
        ISFLUSHTX();
        // 清 TX 中断
        RFIRQF1 = ～IRQ_TXDONE;
        // 将要发送的数据给 RFD
        for(i=0;i<length;i++)
        {
            RFD = pData[i];
        }
    }
```

　　【描述 5.D.2】　halRfTransmit()

```
    uint8 halRfTransmit(void)
    {
        uint8 status;
        // 使能 TX 发送
        ISTXON();
        // 等待发送完成(检测到接收一个完整的帧)
```

```
        while(!(RFIRQF1 & IRQ_TXDONE) );
        // 清标志位
        RFIRQF1 =  ~IRQ_TXDONE;
        // 发送成功返回 SUCCESS
        status= SUCCESS;
        return status;
}
```

halRfWriteTxBuf()和 halRfTransmit()函数是通过 basicRfSendPacket()函数来触发的,
basicRfSendPacket()函数在 basic_rf.c 文件中，此函数实现将数据发送至目的地址。

```
uint8 basicRfSendPacket(uint16 destAddr, uint8* pPayload, uint8 length)
{
    uint8 mpduLength;
    uint8 status;
    // 如果接收器没有打开将打开接收器
    if(!txState.receiveOn)
    {
        halRfReceiveOn();
    }
    // 发送数据帧长度
    length = min(length, BASIC_RF_MAX_PAYLOAD_SIZE);
    // 等待发送就绪
    halRfWaitTransceiverReady();
    // 关闭接收中断
    halRfDisableRxInterrupt();
    // 获得发送数据长度
    mpduLength = basicRfBuildMpdu(destAddr, pPayload, length);
    // 安全项定义(此处没有定义安全项不必考虑)
    #ifdef SECURITY_CCM
    halRfWriteTxBufSecure(txMpdu, mpduLength, length, BASIC_RF_LEN_AUTH,
                            BASIC_RF_SECURITY_M);
    txState.frameCounter++;        // Increment frame counter field
    #else
    // 将 txbuffer 写入 RFD
    halRfWriteTxBuf(txMpdu, mpduLength);
    #endif
    // 打开 RX 中断接收 ACK 帧
    halRfEnableRxInterrupt();
    // 发送数据帧的同时检测信道是否空闲，如果发送不成功返回 FAILED
    if(halRfTransmit() != SUCCESS)
```

```
    {
        status = FAILED;
    }
    // 等待接收确认帧，如果没有收到确认帧则返回 FAISE
    if (pConfig->ackRequest)
    {
        // 如果没有收到 ACK 帧
        txState.ackReceived = FALSE;
        // 等待收到确认帧，等待的时间为收到一个 ack 帧的持续时间
        halMcuWaitUs((12*BASIC_RF_SYMBOL_DURATION) + (BASIC_RF_ACK_DURATION)
                    + (2 * BASIC_RF_SYMBOL_DURATION) + 10);
        // 如果接收到确认帧，接收确认位置 1 返回 SUCCESS
        status = txState.ackReceived ? SUCCESS : FAILED;
    } else
    {
        status = SUCCESS;
    }
    // 关闭接收器
    if (!txState.receiveOn)
    {
        halRfReceiveOff();
    }
    // 如果发送成功则发送帧序号加 1
    if(status == SUCCESS)
    {
        txState.txSeqNumber++;
    }
    // 没有定义安全项
#ifdef SECURITY_CCM
    halRfIncNonceTx();
#endif
    return status;
}
```

5.7.5　接收过程

在主函数中判定为接收模式时，程序将执行 light_switch.c 文件中的接收函数 appLight( )，该函数对射频进行初始化，然后按照接收信息执行命令，其代码如下所示：

【描述 5.D.2】 appLight()

```
static void appLight()
{
    // BasicRF 初始化
    basicRfConfig.myAddr = LIGHT_ADDR;
    // 初始化射频
    if(basicRfInit(&basicRfConfig)==FAILED)
    {
        HAL_ASSERT(FALSE);
    }
    // 打开射频接收器
    basicRfReceiveOn();
    // 等待接收中断
    while (TRUE)
    {
        while(!basicRfPacketIsReady());
        // 如果接收到的数据
        if(basicRfReceive(pRxData, APP_PAYLOAD_LENGTH, NULL)>0)
        {
            // 判断接收数据是否为闪灯命令
            if(pRxData[0] == LIGHT_TOGGLE_CMD)
            {
                // LED1 状态改变
                halLedToggle(1);
            }
        }
    }
}
```

在 appLight( )函数中调用 basic_rf.c 文件中的 basicRfInit( )函数对射频进行初始化，配置信道、短地址信息和 PANID，并且对中断接收做相应的配置。其代码如下所示：

【描述 5.D.2】 basicRfInit()

```
uint8 basicRfInit(basicRfCfg_t* pRfConfig)
{
    if (halRfInit()==FAILED)
        return FAILED;
    // 关闭所有中断
    halIntOff();
    // 按照协议配置结构体
    pConfig = pRfConfig;
```

```
    rxi.pPayload      = NULL;
    // 接收状态设置
    txState.receiveOn = TRUE;
    // 接收帧序号设置
    txState.frameCounter = 0;
    // 设置信道
    halRfSetChannel(pConfig->channel);

    /*向 CC2520 RAM 中写入源地址信息和 PANID 信息*/
    halRfSetShortAddr(pConfig->myAddr);
    halRfSetPanId(pConfig->panId);

    // 设置射频中断接收函数
    halRfRxInterruptConfig(basicRfRxFrmDoneIsr);
    // 开总中断
    halIntOn();

    return SUCCESS;
}
```

basic_rf.c 文件中的 basicRfRxFrmDoneIsr( )函数为中断接收函数，在中断接收函数中，除了接收数据外，还对接收到的数据进行 CRC 校验，其具体代码如下所示：

【函数 5.D.1】　basicRfRxFrmDoneIsr()

```
    static void basicRfRxFrmDoneIsr(void)
    {
        basicRfPktHdr_t *pHdr;
        uint8 *pStatusWord;
        // 配置 MAC 帧头
        pHdr= (basicRfPktHdr_t*)rxMpdu;
        // 清接收中断
        halRfDisableRxInterrupt();
        // 打开所有的中断
        halIntOn();

        // 读数据长度
        halRfReadRxBuf(&pHdr->packetLength,1);
        pHdr->packetLength &= BASIC_RF_PLD_LEN_MASK;

        // 如果是确认帧(只有确认帧是 5 个字节)
        if (pHdr->packetLength == BASIC_RF_ACK_PACKET_SIZE)
```

```
{
    // 读数据帧
    halRfReadRxBuf(&rxMpdu[1], pHdr->packetLength);

    /****** 确保地址信息为 IEEE802.15.4 所定义的类型******/
      UINT16_NTOH(pHdr->panId);
      UINT16_NTOH(pHdr->destAddr);
      UINT16_NTOH(pHdr->srcAddr);

    // 是否需要确认请求判断，判断帧控制域的确认请求域是否为 1
    rxi.ackRequest = !!(pHdr->fcf0 & BASIC_RF_FCF_ACK_BM_L);
    // 取出确认帧的最后一个字节进行 CRC 校验
    pStatusWord= rxMpdu + 4;

    // CRC 检测成功且如果检测到前面接收到的数据有相同的帧序号则丢弃掉此帧数据，
    // 接收 ACK 回复成功
    if ((pStatusWord[1] & BASIC_RF_CRC_OK_BM) && (pHdr->seqNumber ==
        txState.txSeqNumber))
    {
        txState.ackReceived = TRUE;
    }
}
else
{

    // 获得 MAC 负载数据的真实长度
    rxi.length=pHdr->packetLength-BASIC_RF_PACKET_OVERHEAD_SIZE;
    // 读 MAC 数据帧
    halRfReadRxBuf(&rxMpdu[1], pHdr->packetLength);

    /****** 确保地址信息为 IEEE802.15.4 所定义的类型******/
    UINT16_NTOH(pHdr->panId);
    UINT16_NTOH(pHdr->destAddr);
    UINT16_NTOH(pHdr->srcAddr);

    // 是否需要确认请求判断，判断帧控制域的确认请求域是否为 1
    rxi.ackRequest = !!(pHdr->fcf0 & BASIC_RF_FCF_ACK_BM_L);
    // 读源地址信息
    rxi.srcAddr= pHdr->srcAddr;
    // 读 MAC 层负载
```

```
rxi.pPayload = rxMpdu + BASIC_RF_HDR_SIZE;
// 数据帧尾获得 CRC 和 RSSI
pStatusWord= rxi.pPayload+rxi.length;
// 帧尾第一个字节为 RSSI
rxi.rssi = pStatusWord[0];

/* CRC 检测成功且如果检测到前面接收到的数据有相同的帧序号则丢弃掉此帧数据*/
if((pStatusWord[1]&BASIC_RF_CRC_OK_BM)&&(rxi.seqNumber!=pHdr->seqNumber))
{
    if(((pHdr->fcf0&(BASIC_RF_FCF_BM_L))==BASIC_RF_FCF_NOACK_L))
    {
        rxi.isReady = TRUE;
    }


}
rxi.seqNumber = pHdr->seqNumber;
}

// 使能总中断
halIntOff();
// 使能接收中断
halRfEnableRxInterrupt();
}
```

5.7.6　实验结果及现象

在 Workspace 工程选项中分别选择 SWITCH 和 LIGHT 选项，将程序下载至两个路由器设备中。将下载有 SWITCH 程序的设备标记为设备 1(即发送数据设备)，将下载有 LIGHT 程序的设备标记为设备 2(即接收数据设备)。

启动设备的操作步骤以及现象描述如下：

◇　首先按下设备 1 的 SW1 按键，此时设备 1 的 LED4 点亮。

◇　其次按下设备 2 的 SW1 按键，此时设备 2 的 LED4 点亮，并且设备 2 的 LED1 开始闪烁。

◇　LED1 闪烁 1 次，表明接收一次数据。

如果关掉设备 1，将停止发送数据。设备 2 的 LED1 将不再闪烁，说明设备 2 接收不到设备 1 的数据。

 小　结

通过本章的学习，学生应该能够掌握以下内容：

◆ RF 内核控制无线电模块，在 MCU 和无线电之间提供一个接口，可以发出命令、读取状态和自动对无线电事件排序。

◆ 可以通过 SFR 寄存器 RFD 访问 TXFIFO 和 RXFIFO，当写入 RFD 寄存器时，数据被写入 TXFIFO；当读取 RFD 寄存器时，数据从 RXFIFO 中读出。

◆ CC2530 数据帧的基本结构由三部分构成：同步头、需要传输的数据以及帧尾。

◆ IEEE802.15.4 采用 CSMA/CA 机制来避免数据冲突。

◆ IEEE802.15.4 的数字高频调制使用 2.4 G 直接序列扩频技术。

练 习

1. RF 内核包括以下几部分：_____、_____、_____、_____、_____、_____。

2. CC2530 无线射频的工作涉及到 CPU 两个中断向量，即_____和_____。

3. IEEE802.15.4 的数字高频调制使用_____技术。

4. 简述 RF 内核各部分的功能。

5. 直接操作寄存器实现数据的发送和接收的弊端。

6. 编写程序，实现两个设备之间蜂鸣器的控制(操作寄存器进行数据的发射和接收)。

第6章 Zstack 协议栈

本章目标

◆ 理解 Zstack 软件架构。
◆ 掌握操作系统的运行机制。
◆ 掌握 Zstack 各层的作用。

📖 **学习导航**

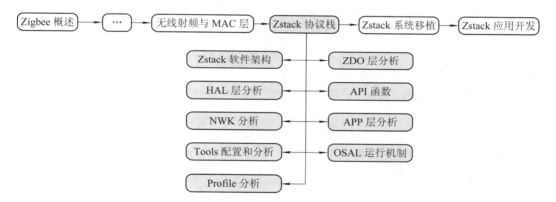

任务描述

➤ 【描述 6.D.1】

使用 Zstack 协议栈进行数据传输。

6.1 概述

Zstack 协议栈是德州仪器(TI)公司为 Zigbee 提供的一个解决方案，结合 CC2530F256 芯片可以完整的实现 Zigbee。本章将对 Zstack 协议栈进行分层剖析，以介绍其运作原理，这是进行 Zstack 应用开发的基础。

6.2　Zstack 软件架构

　　Zstack 协议栈符合 Zigbee 协议结构，由物理层、MAC 层、网络层和应用层组成。如本书前面所述，物理层和 MAC 层由 IEEE 802.15.4 定义，网络层和应用层由 Zigbee 联盟定义。Zigbee 联盟将应用层详细划分为应用支持子层、应用设备框架以及 Zigbee 设备对象等。

　　本节将详细介绍 Zigbee 协议栈的结构。

6.2.1　Zigbee 协议栈的结构

　　Zigbee 协议栈的结构可参考第 2 章的图 2-3，其中各层的功能如下：

　　◇　物理层内容：物理层定义了物理无线信道和 MAC 子层之间的接口，提供物理层数据服务单元(PD-SAP)和物理层管理服务(MLME-SAP)。

　　◇　MAC(介质接入控制子层)：MAC 层负责处理所有物理无线信道的访问，并产生网络信号、同步信号；支持 PAN 连接和分离，提供两个对等的 MAC 实体之间的可靠链路。

　　◇　NWK(网络层)：网络层是 Zigbee 协议栈的核心部分，网络层主要实现节点加入或者离开网络、接收或抛弃节点、路由查找及维护等功能。

　　◇　APL(应用层)：Zigbee 应用层包括应用支持子层 APS、应用程序框架 AF、Zigbee 设备对象 ZDO 等。

　　◇　应用支持子层 APS：APS 层在 NWK 层和 APL 层之间，提供 APSDE-SAP 和 APSME-SAP 两个接口，两个接口的主要功能如下：

　　● APSDE-SAP 提供在同一个网络中的两个或者更多的应用实体之间(即端点)的数据通信。

　　● APSME-SAP 提供多种服务给应用对象 ZDO，这些服务包括安全服务和绑定设备服务，并维护管理对象的数据库(即 AIB)。

　　◇　应用程序框架 AF：运行在 Zigbee 协议栈上的应用程序实际是厂商自定义的应用对象，并且遵循规范(Profile)运行在端点 1～240 上。

　　◇　设备对象层 ZDO：远程设备通过 ZDO 请求描述信息，接收到这些请求时，ZDO 会调用配置对象获取相应的描述符值。ZDO 通过 APSME-SAP 接口提供绑定服务。

6.2.2　Zstack 协议栈

　　Zstack 协议栈可以从 TI 的官方网站下载(截止本书出版时，Zstack 协议栈的最新版本为 Zstack-CC2530-2.5.1a)，其下载网址为 www.ti.com，下载完成后，双击可执行程序即可安装。使用 IAR 8.10 版本打开 Zstack-CC2530-2.5.1a 中的 SampleApp 工程，其协议栈代码文件夹如图 6-1 所示。

　　其中部分层的功能如下：

　　◇　APP：应用层目录，用户可以根据需求添加自己的任务。这个目录中包含了应用层和项目的主要内容，在协议栈里面一般是以操作任务实现的。

图 6-1　协议栈代码文件夹

◇　HAL：硬件驱动层，包括与硬件相关的配置、驱动以及操作函数。

◇　OSAL：协议栈的操作系统。

◇　Profile：AF 层目录，包含 AF 层处理函数。

◇　Security&Services：安全服务层目录，包含安全层和服务层处理函数，比如加密。

◇　Tools：工程配置目录，包括空间划分及 ZStack 相关配置信息。

◇　ZDO：ZDO 设备对象目录。

◇　ZMac：MAC 层目录，包括 MAC 层参数及 MAC 层的 LIB 库函数回调处理函数。

◇　Zmain：主函数目录，包括入口函数及硬件配置文件。

◇　Output：输出文件目录，由 IAR 自动生成。

6.2.3　Zigbee 协议栈与 Zstack 的对比

Zigbee 协议栈的结构与 Zstack 协议栈的各层关系如表 6-1 所示。

表 6-1　Zigbee 协议栈结构与 Zstack 对比

Zigbee 协议栈的结构	Zstack
应用层	APP 层、OSAL
ZDO、APS 层	ZDO 层
AF 层	Profile
NWK	NWK
MAC	ZMAC、MAC
物理层	HAL、MAC
安全服务提供商	Security& Services

⚠ 注意：Zstack 协议栈是一个半开源的协议栈，其中 MAC 层和 ZMAC 层的源码没有全
部开源，关于他们的具体内容，在实际的工程开发中也不需要详细了解。

6.3 HAL 层分析

Zigbee 的 HAL 层提供了开发板所有硬件设备(例如 LED、LCD、KEY、UART 等)的驱动函数及接口。HAL 文件夹为硬件平台的抽象层，包含 common、include 和 target 三个文件夹，如图 6-2 所示。

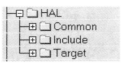

图 6-2 HAL 层目录

6.3.1 Common 文件夹

Common 文件夹下包含有 hal_assert.c 和 hal_dirvers.c 两个文件。其中 hal_assert.c 是声明文件，用于调试，hal_dirvers.c 是驱动文件，如图 6-3 所示。

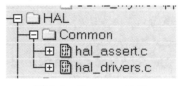

图 6-3 Common 目录

1. hal_assert.c

在 hal_assert.c 文件中包含两个重要的函数：halAssertHandler()和 halAssertHazardLights()。

(1) halAssertHandler()函数为硬件系统检测函数。如果定义了 ASSERT_RESET 宏，系统将调用 HAL_SYSTEM_RESET 复位，否则将调用 halAaaertHazardLights()执行闪烁 LED 命令。halAssertHandler()函数如下：

【函数 6-1】 halAssertHandler()

```
void halAssertHandler(void)
{
    // 如果定义了 ASSERT_RESET 宏定义
    #ifdef ASSERT_RESET
        // 系统复位
        HAL_SYSTEM_RESET();
    #else !defined ASSERT_WHILE
    // 当检测到错误时，LED 灯闪烁命令函数
        halAssertHazardLights();
    #else
    while(1);
    #endif
}
```

(2) halAssertHazardLights()函数控制 LED 灯闪烁,根据不同的硬件平台定义的 LED 的个数来决定闪烁的 LED 的不同。例如,CC2430 和 CC2530 所使用的硬件平台不同,决定了闪烁的 LED 不同,其主要代码如下:

【代码 6-1】 halAssertHazardLights()

```
// 如果硬件平台定义的 LED 的个数为 1
#if (HAL_NUM_LEDS >= 1)
//LED1 闪烁
HAL_TOGGLE_LED1();
// 如果硬件平台定义的 LED 的个数为 2
#if (HAL_NUM_LEDS >= 2)
//LED2 闪烁
HAL_TOGGLE_LED2();
// 如果硬件平台定义的 LED 的个数为 3
#if (HAL_NUM_LEDS >= 3)
//LED3 闪烁
HAL_TOGGLE_LED3();
// 如果硬件平台定义的 LED 的个数为 4
#if (HAL_NUM_LEDS >= 4)
//LED4 闪烁
HAL_TOGGLE_LED4();
#endif
#endif
#endif
#endif
```

2. hal_drivers.c

hal_drivers.c 文件中包含了与硬件相关的初始化和事件处理函数。此文件中有 4 个比较重要的函数:硬件初始化函数 Hal_Init()、硬件驱动初始化函数 HalDriverInit()、硬件事件处理函数 Hal_ProcessEvent()和询检函数 Hal_ProcessPoll()。

(1) Hal_Init()函数是硬件初始化函数,其功能是通过"注册任务 ID 号"以实现在 OSAL 层注册,从而允许硬件驱动的消息和事件由 OSAL 处理。其函数内容为:

【函数 6-2】 Hal_Init()

```
void Hal_Init( uint8 task_id )
{
  // 注册任务 ID
  Hal_TaskID = task_id;
}
```

(2) HalDriverInit()函数被 main()函数调用,用于初始化与硬件设备有关的驱动。HalDriverInit()函数的具体功能如下:

【函数 6-3】 HalDriverInit()

```
void HalDriverInit (void)
{
    // 如果定义了定时器则初始化定时器
    #if (defined HAL_TIMER) && (HAL_TIMER == TRUE)
        // 在 Zstack-CC2530-2.5.1a 版本中移除了定时器的初始化，但不影响 Zstack 的运行。
        #error "The hal timer driver module is removed."
    #endif
    // 如果定义了 ADC，初始化 ADC
    #if (defined HAL_ADC) && (HAL_ADC == TRUE)
        HalAdcInit();
    #endif
    // 如果定义了 DMA，初始化 DMA
    #if (defined HAL_DMA) && (HAL_DMA == TRUE)
        HalDmaInit();
    #endif
    // 如果定义了 AES，初始化 AES
    #if (defined HAL_AES) && (HAL_AES == TRUE)
        HalAesInit();
    #endif
        // 如果定义了 LCD，初始化 LCD
    #if (defined HAL_LCD) && (HAL_LCD == TRUE)
        HalLcdInit();
    #endif
    // 如果定义了 LED，初始化 LED
    #if (defined HAL_LED) && (HAL_LED == TRUE)
        HalLedInit();
    #endif
    // 如果定义了 UART，初始化 UART
    #if (defined HAL_UART) && (HAL_UART == TRUE)
        HalUARTInit();
    #endif
    // 如果定义了按键，初始化 KEY
    #if (defined HAL_KEY) && (HAL_KEY == TRUE)
        HalKeyInit();
    #endif
    // 如果定义了 SPI，初始化 SPI
    #if (defined HAL_SPI) && (HAL_SPI == TRUE)
```

```
            HalSpiInit();
        #endif
        // 如果定义了 USB，初始化 USB，只限 CC2531
        #if (defined HAL_HID) && (HAL_HID == TRUE)
            usbHidInit();
        #endif
    }
```

(3) Hal_ProcessEvent()函数在 APP 层中的任务事件处理中被调用，用于对相应的硬件事件作出处理，具体包括系统消息事件、LED 闪烁事件、按键处理事件和睡眠模式等。

【函数 6-4】 Hal_ProcessEvent()

```
    uint16 Hal_ProcessEvent( uint8 task_id, uint16 events )
    {
        uint8 *msgPtr;

        (void)task_id;
        // 系统消息事件
        if ( events & SYS_EVENT_MSG )
        {
            msgPtr = osal_msg_receive(Hal_TaskID);

            while (msgPtr)
            {
                osal_msg_deallocate( msgPtr );
                msgPtr = osal_msg_receive( Hal_TaskID );
            }
            return events ^ SYS_EVENT_MSG;
        }
        // LED 闪烁事件
        if ( events & HAL_LED_BLINK_EVENT )
        {
            #if (defined (BLINK_LEDS)) && (HAL_LED == TRUE)
                HalLedUpdate();
            #endif
                return events ^ HAL_LED_BLINK_EVENT;
        }
        // 按键处理事件
        if (events & HAL_KEY_EVENT)
        {
```

```
#if (defined HAL_KEY) && (HAL_KEY == TRUE)
    HalKeyPoll();
    if (!Hal_KeyIntEnable)
    {
        osal_start_timerEx( Hal_TaskID, HAL_KEY_EVENT, 100);
    }
#endif
    return events ^ HAL_KEY_EVENT;
}
// 睡眠模式
#ifdef POWER_SAVING
if ( events & HAL_SLEEP_TIMER_EVENT )
{
    halRestoreSleepLevel();
    return events ^ HAL_SLEEP_TIMER_EVENT;
}
#endif
    return 0;
}
```

(4) Hal_ProcessPoll()函数在 main()函数中被 osal_start_system()调用，用来对可能产生的硬件事件进行询检。函数原型为：

【函数 6-5】 Hal_ProcessPoll()

```
void Hal_ProcessPoll ()
{
    // 定时器询检
#if (defined HAL_TIMER) && (HAL_TIMER == TRUE)
    HalTimerTick();
#endif
    // UART 询检
#if (defined HAL_UART) && (HAL_UART == TRUE)
    HalUARTPoll();
#endif

    // 定时器询检
#if (defined HAL_TIMER) && (HAL_TIMER == TRUE)
    // 在 Zstack-CC2530-2.5.1a 版本中移除了定时器的初始化，但不影响 Zstack 的运行。
    #error "The hal timer driver module is removed."
#endif
```

```
    // 串口询检
#if (defined HAL_UART) && (HAL_UART == TRUE)
    HalUARTPoll();
#endif
    // SPI 询检
#if (defined HAL_SPI) && (HAL_SPI == TRUE)
    HalSpiPoll();
#endif
    // USB 询检(仅限 CC2530)
#if (defined HAL_HID) && (HAL_HID == TRUE)
    usbHidProcessEvents();
#endif
    // 如果定义了休眠模式
#if defined( POWER_SAVING )
    // 允许在下一个事件到来之前进入休眠模式
    ALLOW_SLEEP_MODE();
#endif
}
```

硬件驱动初始化函数 HalDriverInit()和硬件事件处理函数 Hal_ProcessEvent()是 Zigbee 协议栈固有的,一般不需要作出较大范围的修改,只需要直接使用即可。

6.3.2 Include 文件夹

Include 文件夹主要包含各个硬件模块的头文件,主要内容是与硬件相关的常量定义以及函数声明,如图 6-4 所示。

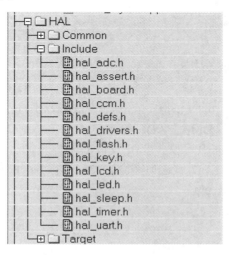

图 6-4 Include 目录

各个头文件的具体类型如表 6-2 所示。

表 6-2　Include 目录下头文件类型

头 文 件	说　　明	头 文 件	说　　明
hal_adc.h	ADC 驱动文件	hal_driver.h	驱动通用头文件
hal_key.h	按键驱动头文件	hal_sleep.h	休眠/省电模式头文件
hal_lcd.h	LCD 驱动头文件	hal_assert.h	调试头文件
hal_led.h	LED 驱动头文件	hal_board.h	板级配置头文件
hal_timer.h	定时器驱动文件	hal_flash.h	Flash 接口文件
hal_uart.h	串口驱动头文件	hal_ccm.h	安全接口头文件
hal_defs.h	宏定义		

6.3.3　Target 文件夹

Target 目录下包含了某个设备类型下的硬件驱动文件、硬件开发板上的配置文件、MCU 信息和数据类型。本书采用的硬件平台为 CC2530，因此本节以硬件设备类型 CC2530EB(EB 是版本号，表示的是评估版)为例进行讲解，如图 6-5 所示。

⚠️ 注意：上述"CC2530EB"中的字符"EB"是 TI 公司的 Zstack 在某个硬件实现上的版本号，例如，"BB"是电池版(Battery Board)，"DB"是开发版(Development Board)，"EB"是评估版(Evaluate Board)。

在 CC2530EB 文件夹下包含了三个子文件夹，分别是 Config、Drivers、Includes，如图 6-6 所示。

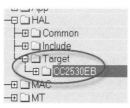

图 6-5　Target 文件夹

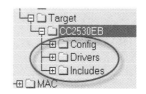

图 6-6　CC2530EB 文件夹

1. Config 文件夹

Config 文件夹中包含了 hal_board_cfg.h，在 hal_board_cfg.h 中定义了硬件 CC2530 硬件资源的配置，比如 GPIO、DMA、ADC 等。

在 hal_board_cfg.h 文件中可以定义开发板的硬件资源。以 LED 为例，TI 官方的 CC2530EB 版本定义了两个 LED：LED1 和 LED2，其在 hal_board_cfg.h 中定义如下：

【代码6-2】　hal_board_cfg.h

```
// 有关 LED1 宏定义
#define LED1_BV              BV(0)
#define LED1_SBIT            P1_0
#define LED1_DDR             P1DIR
#define LED1_POLARITY        ACTIVE_HIGH
```

```
// 如果定义了 HAL_BOARD_CC2530EB_REV17,则定义 LED2 和 LED3
#if defined (HAL_BOARD_CC2530EB_REV17)
    // 有关 LED2 的宏定义
    #define LED2_BV              BV(1)
    #define LED2_SBIT            P1_1
    #define LED2_DDR             P1DIR
    #define LED2_POLARITY        ACTIVE_HIGH
    // 有关 LED3 的宏定义
    #define LED3_BV              BV(4)
    #define LED3_SBIT            P1_4
    #define LED3_DDR             P1DIR
    #define LED3_POLARITY        ACTIVE_HIGH
#endif
```

LED 宏定义完成之后，设置 LED 的打开和关闭，其代码在 hal_board_cfg.h 文件中，代码如下：

【代码 6-3】　hal_board_cfg.h

```
/* 如果定义了 HAL_BOARD_CC2530EB_REV17 且没有定义 HAL_PA_LNA 和 HAL_PA_LNA_
   CC2590，则定义 LED 的状态 */
#if defined (HAL_BOARD_CC2530EB_REV17) && !defined (HAL_PA_LNA)
        && !defined (HAL_PA_LNA_CC2590)
// 打开 LED1～LED3
#define HAL_TURN_OFF_LED1()          st( LED1_SBIT = LED1_POLARITY (0); )
#define HAL_TURN_OFF_LED2()          st( LED2_SBIT = LED2_POLARITY (0); )
#define HAL_TURN_OFF_LED3()          st( LED3_SBIT = LED3_POLARITY (0); )
#define HAL_TURN_OFF_LED4()          HAL_TURN_OFF_LED1()
// 关闭 LED1～LED3
#define HAL_TURN_ON_LED1()           st( LED1_SBIT = LED1_POLARITY (1); )
#define HAL_TURN_ON_LED2()           st( LED2_SBIT = LED2_POLARITY (1); )
#define HAL_TURN_ON_LED3()           st( LED3_SBIT = LED3_POLARITY (1); )
#define HAL_TURN_ON_LED4()           HAL_TURN_ON_LED1()
// 改变 LED1～LED3 的状态
#define HAL_TOGGLE_LED1()            st( if (LED1_SBIT) { LED1_SBIT = 0; }
    else { LED1_SBIT = 1;} )
#define HAL_TOGGLE_LED2()            st( if (LED2_SBIT) { LED2_SBIT = 0; }
    else { LED2_SBIT = 1;} )
#define HAL_TOGGLE_LED3()            st( if (LED3_SBIT) { LED3_SBIT = 0; }
    else { LED3_SBIT = 1;} )
#define HAL_TOGGLE_LED4()            HAL_TOGGLE_LED1()
```

LED 的设置根据开发板的不同,可以设置不同的 LED,其设置过程如上所述。

2. Drivers 文件夹

在 Drivers 文件中定义了硬件资源的驱动文件,所定义的硬件资源如表 6-3 所示。

表 6-3　硬件资源驱动文件

文　件	说　明	文　件	说　明
hal_adc.c	ADC 驱动	hal_uart.c	串口驱动
hal_key.c	按键驱动	hal_dma.c	DMA 驱动
hal_lcd.c	LCD 驱动	hal_startup.c	启动代码初始化
hal_led.c	LED 驱动	hal_sleep.c	睡眠/电源管理
hal_timer.c	定时器驱动	hal_flash.c	闪存驱动

其中,以最常用的 LED 为例,在 hal_led.c 文件中提供了两个封装好的函数,在应用层可以直接调用,以控制 LED,这两个函数是:

◇　HalLedSet (uint8 leds, uint8 mode)。

◇　HalLedBlink (uint8 leds, uint8 numBlinks, uint8 percent, uint16 period)。

(1) HalLedSet()函数用来控制 LED 的亮灭,该函数的原型如下:

【函数 6-6】　HalLedSet()

　　　HalLedSet (uint8 leds, uint8 mode);

其中:

◇　参数 leds,指 LED 的名称,取值可以是:

● HAL_LED_1。

● HAL_LED_2。

● HAL_LED_3。

● HAL_LED_4。

◇　参数 mode,指 LED 的状态,取值可以为以下几种情况:

● 打开 LED:HAL_LED_MODE_ON。

● 关闭 LED:HAL_LED_MODE_OFF。

● 改变 LED 状态:HAL_LED_MODE_TOGGLE。

以上数据定义在 hal_led.h 文件中。

(2) HalLedBlink()函数是用来控制 LED 闪烁的,函数原型如下:

【函数 6-7】　HalLedBlink()

　　　HalLedBlink (uint8 leds, uint8 numBlinks, uint8 percent, uint16 period)

其中:

◇　参数 leds,指 LED 的名称,参数可以为:

● HAL_LED_1。

● HAL_LED_2。

● HAL_LED_3。

● HAL_LED_4。

◇　参数 numBlinks，指闪烁次数。

◇　参数 percent，指 LED 亮和灭的所用事件占空比，例如亮和灭所用的事件比例为 1∶1，则占空比为 100/2 = 50。

◇　参数 period，指 LED 闪烁一个周期所需要的时间，以毫秒为单位。

6.4　NWK 层分析

Zstack 的 NWK 层负责的功能有：节点地址类型的分配、协议栈模板、网络拓扑结构、网络地址的分配的选择等。在 Zstack 协议栈中，NWK 层的结构如图 6-7 所示。

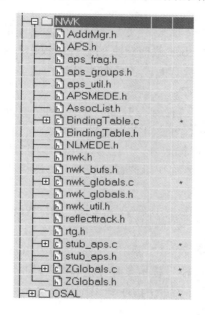

图 6-7　NWK 层结构

6.4.1　节点地址类型的选择

Zstack 中地址类型有两种：64 位 IEEE 地址和 16 位网络地址(在 Zstack 中也称短地址或网络短地址)。

◇　64 位 IEEE 地址：即 MAC 地址(也称"长地址"或"扩展地址")，是一个全球唯一的地址，一经分配将跟随设备一生，通常由制造商在设备出厂或安装时设置，这些地址由 IEEE 组织来维护和分配。

◇　16 位网络地址：是设备加入网络后，由网络中的协调器分配给设备的地址(也称"短地址")，它在网络中是唯一的，用来在网络中鉴别设备和发送数据。对于协调器，网络地址固定为 0x0000。

Zstack 协议栈声明了读取 IEEE 地址和网络地址的函数，函数的声明可以在 NLMEDE.h

文件中看到，但是具体的函数实现是非开源的，在使用的时候直接调用即可。

【代码6-4】　NLMEDE.h

```
// 读取父节点的网络地址
uint16 NLME_GetCoordShortAddr(void);
// 读取父节点的物理地址
void NLME_GetCoordExtAddr(byte*);
// 读取节点本身的网络地址
uint16 NLME_GetShortAddr(void);
// 读取自己的物理地址
byte *NLME_GetExtAddr(void);
```

6.4.2　协议栈模板

Zstack 协议栈模板由 Zigbee 联盟定义，在同一个网络中的设备必须符合相同的协议栈模板。Zstack 协议栈使用了 Zigbee 联盟定义的三种模板：Zigbee 协议栈模板、ZigbeePRO 协议栈模板和特定网络模板。所有的设备只要遵循该协议，一般情况下，即使使用不同厂商的不同设备，同样可以形成网络。

另外，开发者为了开发具有特殊性的产品，可以向 Zigbee 联盟申请自定义的模板，在 Zstack 协议栈中，开发者申请了两种自定义模板。

协议栈模板由一个 ID 标识符区分，此 ID 标识符可以通过查询设备发送的信标帧获得。在设备加入网络之前，首先需要确认协议栈模板的 ID 标识符。在 Zstack 协议栈中，各种模板的 ID 标识符的定义如下：

◇　"特定网络"模板的 ID 标识符被定义为"NETWORK_SPECIFIC"，且模板 ID 标识符为 0。

◇　"Zigbee 协议栈"模板的 ID 标识符被定义为"HOME_SPECIFIC"，且模板 ID 标识符为 1。其中，"Zigbee 协议栈"模板常用于智能家居的控制。

◇　"ZigbeePRO 协议栈"模板的 ID 标识符被定义为"ZIGBEEPRO_SPECIFIC"，且模板 ID 标识符为 2。

◇　自定义模板的 ID 标识符被定义为"GENERIC_STAR"和"GENERIC_TREE"，且模板 ID 标识符被分别定义为 3 和 4。从模板 ID 标识符的定义来看，这两个自定义模板分别是为星型网络和树型网络专门定义的。

三种模板的配置在 nwk_globals.h 文件中，代码如下：

【代码6-5】　nwk_globals.h

```
// "特定网络"模板 ID
#define NETWORK_SPECIFIC        0
// Zigbee 协议模板 ID
#define HOME_CONTROLS           1
// ZigbeePRO 模板 ID
#define ZIGBEEPRO_PROFILE       2
// 自定义模板 ID
```

```
#define GENERIC_STAR          3
// 自定义模板 ID
#define GENERIC_TREE          4


// 如果定义了 ZIGBEEPRO,那么协议栈为 ZIGBEEPRO 模板
#if defined ( ZIGBEEPRO )
    #define STACK_PROFILE_ID      ZIGBEEPRO_PROFILE
#else
// 如果没有定义 ZIGBEEPRO,那么协议栈为 ZIGBEE 模板
    #define STACK_PROFILE_ID      HOME_CONTROLS
#endif
```

6.4.3　网络参数配置

网络参数配置包括对网络类型参数、网络深度和网络中每一级可以容纳的节点个数的配置。

◇　网络类型即网络的拓扑结构,包括星型网络、树型网络和网状型网络。

◇　网络深度即路由级别,协调器位于深度 0,协调器的一级子节点(即协调器的直属子节点)位于深度 1,协调器的二级子节点(即协调器直属子节点的子节点)位于深度 2……依次类推,在 Zstack 协议栈中定义 MAX_NODE_DEPTH 为网络的最大深度。

◇　网络中每一级可以容纳的节点个数,即在 Zstack 协议栈中规定的每一级的路由可以挂载的路由器或终端节点的个数。

1. 网络类型参数和网络深度的设置

在 Zstack 协议栈中星型网络、树型网络和网状型网络三种网络类型的定义在 nwk_globals.h 文件中,其代码如下:

【代码 6-6】　nwk_globals.h—网络类型的定义

```
/**********定义网络类型**********/
// 星型网
#define NWK_MODE_STAR         0
// 树型网
#define NWK_MODE_TREE         1
// 网状网
#define NWK_MODE_MESH          2
```

在 Zstack 协议栈中定义的三种网络拓扑结构分别在不同的模板下定义,且每一种模板下都定义了该网络的网络深度,具体定义在 nwk_globals.h 文件中,其代码如下:

【代码 6-7】　nwk_globals.h—网络类型和网络深度的定义

```
// 如果协议栈模板为 ZigbeePRO 模板
#if ( STACK_PROFILE_ID == ZIGBEEPRO_PROFILE )
// 网络的最大深度为 20
```

```
        #define MAX_NODE_DEPTH           20
        // 定义网络类型为网状网络
        #define NWK_MODE                 NWK_MODE_MESH
        #define SECURITY_MODE            SECURITY_COMMERCIAL
    #if   ( SECURE != 0  )
        #define USE_NWK_SECURITY         1    // true or false
        #define SECURITY_LEVEL           5
    #else
        #define USE_NWK_SECURITY         0    // true or false
        #define SECURITY_LEVEL           0
    #endif
// 如果协议栈模板定义为 Zigbee 协议栈模板
#elif ( STACK_PROFILE_ID == HOME_CONTROLS )
        // 网络的最大深度为 5
        #define MAX_NODE_DEPTH           5
        // 定义网络类型为网状网络
        #define NWK_MODE                 NWK_MODE_MESH
        #define SECURITY_MODE            SECURITY_COMMERCIAL
    #if   ( SECURE != 0  )
        #define USE_NWK_SECURITY         1    // true or false
        #define SECURITY_LEVEL           5
    #else
        #define USE_NWK_SECURITY         0    // true or false
        #define SECURITY_LEVEL           0
    #endif
// 如果模板为星型网络的自定义模板
#elif ( STACK_PROFILE_ID == GENERIC_STAR )
// 网络的最大深度为 5
        #define MAX_NODE_DEPTH           5
// 定义网络类型为星型网络
        #define NWK_MODE                 NWK_MODE_STAR
        #define SECURITY_MODE            SECURITY_RESIDENTIAL
    #if   ( SECURE != 0  )
        #define USE_NWK_SECURITY         1    // true or false
        #define SECURITY_LEVEL           5
    #else
        #define USE_NWK_SECURITY         0    // true or false
        #define SECURITY_LEVEL           0
    #endif
#endif
```

```
// 如果网络模板为特定网络模板
#elif ( STACK_PROFILE_ID == NETWORK_SPECIFIC )
// 网络的最大深度为 5
    #define MAX_NODE_DEPTH            5
// 定义网络类型为网状型网络
    #define NWK_MODE               NWK_MODE_MESH
    #define SECURITY_MODE          SECURITY_RESIDENTIAL
  #if    ( SECURE != 0 )
    #define USE_NWK_SECURITY       1     // true or false
    #define SECURITY_LEVEL         5
  #else
    #define USE_NWK_SECURITY       0     // true or false
    #define SECURITY_LEVEL         0
  #endif
#endif
```

2. 每一级可以容纳的节点个数的配置

在 Zstack 协议栈中，每一级路由可以容纳的节点的个数的配置分为两种情况。

◇　一个路由器或者一个协调器可以连接的子节点的最大个数。

◇　一个路由器或者一个协调器可以连接的具有路由功能的节点的最大个数。

如果前者用 C 来表示，后者用 R 来表示，那么 R 为 C 的一个子集。另外，这两个参数的设置与协议栈模板有关系，具体配置在 nwk_globals.c 文件中，其代码如下：

【代码 6-8】 nwk_globals.c

```
// 如果协议规范为 ZigbeePRO 模板
#if ( STACK_PROFILE_ID == ZIGBEEPRO_PROFILE )
// 定义 MAX_ROUTERS 为默认值
    byte CskipRtrs[1] = {0};
// 定义 MAX_ROUTERS 为默认值
    byte CskipChldrn[1] = {0};
// 如果协议规范为 Zigbee 模板
#elif ( STACK_PROFILE_ID == HOME_CONTROLS )
// 定义协调器和每级路由器下携带的路由器节点个数为 6
    byte CskipRtrs[MAX_NODE_DEPTH+1] = {6,6,6,6,6,0};
// 定义协调器和每级路由器可以携带的节点个数为 20 个
    byte CskipChldrn[MAX_NODE_DEPTH+1] = {20,20,20,20,20,0};
// 如果协议模板为自定义 GENERIC_STAR 模板
#elif ( STACK_PROFILE_ID == GENERIC_STAR )
// 定义协调器和每级路由器下携带的路由器节点个数为 5
```

```
    byte CskipRtrs[MAX_NODE_DEPTH+1] = {5,5,5,5,5,0};
  定义协调器和每级路由器下携带的节点个数为 5
    byte CskipChldrn[MAX_NODE_DEPTH+1] = {5,5,5,5,5,0};
// 如果协议规范为自定义 GENERIC_STAR 规范
#elif ( STACK_PROFILE_ID == NETWORK_SPECIFIC )
// 定义协调器和每级路由器下携带的路由器节点个数为 5
    byte CskipRtrs[MAX_NODE_DEPTH+1] = {5,5,5,5,5,0};
// 定义协调器和每级路由器下携带的路由器节点个数为 5
    byte CskipChldrn[MAX_NODE_DEPTH+1] = {5,5,5,5,5,0};
```

以上代码定义中将 C 和 R 分别定义为 CskipChldrn 和 CskipRtrs 数组中的元素值。在数组中元素 0 表示协调器下面挂载的节点或路由器节点的个数，元素 1 表示路由器 1 级下面挂载的节点或路由器节点的个数。依次类推，元素 n 表示 n 级路由器下面挂载的节点或路由器节点的个数。例如 CskipChldrn 数组中的第一个元素为 20，那么 C = 20；CskipRtrs 数组中的第一个元素为 6，那么 R = 6。

这两个参数的设置，有时会影响网络地址的分配。在 Zigbee 网络中，网络地址的分配是由网络中的协调器来完成的。在网状型网络中，网络地址的分配是由协调器随机地分配的。但是在树型网络中，网络地址的分配遵循了一定的算法。

在 ZigbeePRO 协议栈模板中定义的 CskipChldrn 和 CskipRtrs 数组为默认值，其定义代码如下：

【代码 6-9】 ZigbeePRO 定义的 CskipChldrn 和 CskipRtrs

```
// 如果协议规范为 ZigbeePRO 模板
#if ( STACK_PROFILE_ID == ZIGBEEPRO_PROFILE )
// 定义 MAX_ROUTERS 为默认值
    byte CskipRtrs[1] = {0};
// 定义 MAX_ROUTERS 为默认值
    byte CskipChldrn[1] = {0};
```

当在协议栈模板中使用的 CskipChldrn 和 CskipRtrs 数组为默认值时，网络地址遵循随机分配机制，对新加入的节点使用随机地址分配，即当一个节点加入时，首先将接收到父节点的随机分配的网络地址，然后产生"设备声明"(包含分配到的网络地址和 IEEE 地址)发送至网络中的其余节点。如果另一个节点有着同样的网络地址，则通过路由器广播"网络状态-地址冲突"至网络中的所有节点。所有发生网络地址冲突的节点更改自己的网络地址，然后再发起"设备声明"检测新的网络地址是否冲突。

终端设备不会广播"地址冲突"，它们的父节点会帮助完成这个过程。如果一个终端设备发生了"地址冲突"，它们的父节点发送"重新加入"消息至终端设备，并要求其更改网络地址。然后，终端设备再发起"设备声明"检测新的网络地址是否冲突。

3. 树型网络中网络地址分配的算法

在 Zigbee 的树型网络中，网络地址分配算法需要三个参数：

✧ 网络的最大深度，在 Zstack 协议中被定义为 MAX_NODE_DEPTH，在此算法中用 L 表示。

◇　路由器或协调器可以连接的子节点的最大个数，在 Zstack 协议栈中被定义为 CskipChldrn 数组中元素的值，在此算法中用 C 表示。

◇　路由器或协调器可以连接的具有路由功能的子节点的最大个数，在 Zstack 协议栈中被定义为 CskipRtrs 数组中的元素的值，在此算法中用 R 表示。

以上三个参数设置完成后，如果需要计算深度为 d 的网络地址偏移量 Cskip(d)，则有如下计算公式：

$$Cskip(d)=\begin{cases} \dfrac{1+C-R-C\cdot R^{L-d-1}}{1-R} & R\neq 1 \\ 1+C\cdot(L-d-1) & R=1 \end{cases}$$

若 L = 6，C = 20，R = 6，那么计算深度 d = 1 的网络地址偏移量 Cskip(1) 为 5181(十六进制为 143D)，协调器网络地址为 0x0000，那么协调器下第一个路由器的网络地址为 0x0001，第二个路由器的网络地址为 0x0001 + 0x143D = 0x143E。

6.5　Tools 配置和分析

Tools 文件为工程设置文件目录，比如信道、PANID、设备类型的设置，如图 6-8 所示为 Tools 文件。

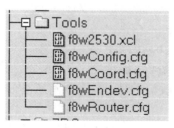

图 6-8　Tools 文件

在 Tools 文件中包含了五个子文件，分别是 f8w2530.xcl 文件、f8wConfig.cfg 文件、f8wCoord.cfg 文件、f8wEndev.cfg 文件和 f8wRouter.cfg 文件。其中 f8w2530.xcl 为 CC2530 的配置文件，使用 Zstack 协议栈时不用修改此项，在这里不做讲解。

1. f8wConfig.cfg 文件

f8wConfig.cfg 文件为 Zstack 协议栈的配置文件，在此文件中设置 Zigbee 使用的信道和 Zigbee 网络 PANID。其代码如下：

【代码 6-10】　f8wConfig.cfg

```
// 信道设置
//          0        : 868 MHz        0x00000001
//          1 - 10 : 915 MHz         0x000007FE
```

```
//          11 - 26 : 2.4 GHz        0x07FFF800
// -DMAX_CHANNELS_868MHz        0x00000001
// -DMAX_CHANNELS_915MHz        0x000007FE
// -DMAX_CHANNELS_24GHz         0x07FFF800
// 以下为信道 11-26 的设置
// -DDEFAULT_CHANLIST=0x04000000    // 26 - 0x1A
   -DDEFAULT_CHANLIST=0x02000000    // 25 - 0x19
// -DDEFAULT_CHANLIST=0x01000000    // 24 - 0x18
// -DDEFAULT_CHANLIST=0x00800000    // 23 - 0x17
// -DDEFAULT_CHANLIST=0x00400000    // 22 - 0x16
// -DDEFAULT_CHANLIST=0x00200000    // 21 - 0x15
// -DDEFAULT_CHANLIST=0x00100000    // 20 - 0x14
// -DDEFAULT_CHANLIST=0x00080000    // 19 - 0x13
// -DDEFAULT_CHANLIST=0x00040000    // 18 - 0x12
// -DDEFAULT_CHANLIST=0x00020000    // 17 - 0x11
// -DDEFAULT_CHANLIST=0x00010000    // 16 - 0x10
// -DDEFAULT_CHANLIST=0x00008000    // 15 - 0x0F
// -DDEFAULT_CHANLIST=0x00004000    // 14 - 0x0E
// -DDEFAULT_CHANLIST=0x00002000    // 13 - 0x0D
// -DDEFAULT_CHANLIST=0x00001000    // 12 - 0x0C
// -DDEFAULT_CHANLIST=0x00000800    // 11 - 0x0B
// 网络 PANID 的设置
   -DZDAPP_CONFIG_PAN_ID=0xFFFF
```

Zigbee 工作在 2.4 GHz，在 2.4 GHz 上定义了 16 个信道，即 11～26 号信道，以上是工作在 25 号信道上的。当需要修改信道时，只需要将所需信道的注释符 "//" 去掉，将原来使用的信道注释掉。

当网络 PANID 设置为 0xFFFF 时，即协调器建立网络时将在 0x0000～0xFFFF 之间随机选择一个数作为网络的 PANID。如果网络的 PANID 为 0x0000～0xFFFF 之间指定的一个数，则协调器建立网络时将会以选定的 PANID 作为网络 PANID 建立网络。例如：

【示例 6-1】 f8wConfig.cfg
```
// 网络 PANID 的设置
   -DZDAPP_CONFIG_PAN_ID=0x1234
```
示例 6-1 中设定网络 PANID 为 0x1234，那么协调器建立网络后，将会选择 0x1234 作为网络 PANID。

2．f8wCoord.cfg 文件

f8wCoord.cfg 文件是 Zstack 协议栈协调器设备类型配置文件，其功能是将程序编译成具有协调器和路由器的双重功能(这是因为协调器需要同时具有网络建立和路由器的功能)，其代码如示例 6-2 所示。

【示例 6-2】 f8wCoord.cfg

/* 协调器设置 */

// 协调器功能

-DZDO_COORDINATOR

// 路由器功能

-DRTR_NWK

3. f8wRouter.cfg 文件

f8wRouter.cfg 文件为路由器配置文件，此文件将程序编译成具有路由器的功能，其代码如示例 6-3 所示。

【示例 6-3】 f8wRouter.cfg

/* 路由器设置 */

-DRTR_NWK

4. f8wEndev.cfg 文件

此文件为终端节点的配置文件，在此文件中既没有编译协调器的功能也没有编译路由器的功能，因此，此文件一般不需要配置。

6.6　Profile 层分析

Profile 对应 Zigbee 软件架构中的应用程序框架 AF 层，其结构如图 6-9 所示。Profile 文件夹下面包含两个文件：AF.c 和 AF.h。

图 6-9　Profile 文件

AF 层提供应用支持子层 APS 到应用层的接口，AF 层主要提供两种功能：端点的管理和数据的发送和接收。

6.6.1　端点的管理

在 Zigbee 协议中每个设备都被看作一个节点，每个节点都有物理地址(长地址)和网络地址(短地址)，长地址或短地址用来作为其他节点发送数据的目的地址。另外，每一个节点都有 241 个端点，其中端点 0 预留，端点 1～240 被应用层分配，每个端点是可寻址的。端点的主要作用可以总结为以下两个方面。

◇　数据的发送和接收：当一个设备发送数据时，必须指定发送目的节点的长地址或短地址以及端点来进行数据的发送和接收，并且发送方和接收方所使用的端点号必须一致。

◇　绑定：如果设备之间需要绑定，那么在 Zigbee 的网络层必须注册一个或者多个端点来进行数据的发送和接收以及绑定表的建立。

端点的实现由端点描述符来完成，每一个端点描述符由一个结构体来实现，在端点描述符中又包含了一个简单描述符，它们的定义在 AF.h 中，具体讲解如下。

1. 端点描述符

节点中的每一个端点都需要一个端点描述符，此端点描述符结构体定义在 AF.h 文件中，如下所示。

【结构体 6-1】 endPointDesc_t

```
typedef struct
{
    byte endPoint;
    byte *task_id;
    SimpleDescriptionFormat_t *simpleDesc;
    afNetworkLatencyReq_t latencyReq;
} endPointDesc_t;
```

其中，endPointDesc_t 结构体中每个成员所代表的含义如表 6-4 所示。

表 6-4　endPointDesc_t 结构体成员

结构体成员	含　　义
EndPoint	端点号：1~240，由用户定义，用来接收数据
task_id	任务 ID 的指针，当接收到一个消息时，此 ID 号指示消息传递的目的地
simpleDesc	指向 Zigbee 端点简单描述符的指针
latencyReq	必须用 noLatencyReqs 来填充

2. 简单描述符

每一个端点必有一个 Zigbee 简单描述符，其他设备通过查询这个端点的简单描述符来获得设备的一些信息，端点的简单描述符结构体在 AF.h 文件中定义。

【结构体 6-2】 SimpleDescriptionFormat_t

```
typedef struct
{
    byte        EndPoint;
    uint16      AppProfId;
    uint16      AppDeviceId;
    byte        AppDevVer:4;
    byte        Reserved:4;
    byte        AppNumInClusters;
    cId_t       *pAppInClusterList;
    byte        AppNumOutClusters;
    cId_t       *pAppOutClusterList;
} SimpleDescriptionFormat_t;
```

其中，SimpleDescriptionFormat_t 结构体中每个成员所代表的含义如表 6-5 所示。

表 6-5　SimpleDescriptionFormat_t 结构体成员含义

结构体成员	含　义
EndPoint	端点号：1～240，由用户定义，用来发送和接收数据
AppProfID	定义了端点支持的 Profile ID，其值为 0x0000～0xFFFF
AppDeviceID	端点支持的设备 ID 号，其值为 0x0000～0xFFFF
AppDevVer	端点上设备执行的设备描述版本：由用户定义
Reserved	保留
AppNumInCluster	端点支持的输入簇个数
pAppInClusterList	指向输入簇列表的指针
AppNumOutCluster	端点支持的输出簇个数
pAppOutClusterList	指向输出簇列表的指针

在实际数据收发的过程中，参与通信的两个设备之间简单描述符的输入/输出簇要相对应，即发送方的输出簇对应接收方的输入簇。例如，在 Zstack 官方的例程 SampleAPP 中，发送方所用的输入/输出簇都为 SampleApp_ClusterList[]，具体如示例 6-4 所示。

【示例 6-4】　收发双方的输入/输出簇

```
const cId_t SampleApp_ClusterList[SAMPLEAPP_MAX_CLUSTERS] =
{
    SAMPLEAPP_PERIODIC_CLUSTERID,
    SAMPLEAPP_FLASH_CLUSTERID
};
```

3. 端点的注册

在端点配置成功后，需要在 AF 层注册端点，用到的函数是 afRegister()，此函数在 AF.c 文件中定义，应用层将调用此函数注册一个新的端点到 AF 层，其函数原型为：

【函数 6-8】　afRegister

```
afStatus_t afRegister( endPointDesc_t *epDesc ).
```

参数描述：epDesc——指向端点描述符的指针。

返回值：afStatus_t——如果注册成功则返回 ZSuccess，否则返回 ZcomDef.h 中定义的错误。

6.6.2　数据的发送和接收

Zstack 协议栈数据的发送和接收是通过数据发送和接收 API 来实现的，数据发送和接收的 API 在 AF 层定义。

1. 数据的发送

数据的发送只要通过调用数据发送函数即可实现，数据发送函数为 AF_DataRequest()，此函数在 AF.c 文件中定义，数据发送函数原型为：

【函数 6-9】 AF_DataRequest()

afStatus_t AF_DataRequest

(

      afAddrType_t *dstAddr,

      endPointDesc_t *srcEP,

      uint16 cID,

      uint16 len,

      uint8 *buf,

      uint8 *transID,

      uint8 options,

      uint8 radius

);

各参数描述如下：

◇ destAddr：指向发送目的的地址指针，地址类型为一个结构体。

◇ srcEP：指向目的端点的端点描述符指针。

◇ cID：发送端点的输出簇 ID。

◇ len：发送字节数。

◇ buf：指向发送数据缓存的指针。

◇ transID：发送序列号指针，如果消息缓存发送，这个序列号将增加 1。

◇ options：发送选项，options 的详细配置如表 6-6 所示。其中 options 可以由表 6-6 中的一项或几项相或得到。

◇ radius：最大条数半径。

表 6-6　options 选项

名　称	值域	描　　述
AF_ACK_REQUEST	0x10	APS 层应答确认请求，只使用在单播模式中
AF_DISCV_ROUTE	0x20	如果要使设备发现路由，将一直使能此选项
AF_SKIP_ROUTING	0x80	如果使用这个选项将导致设备跳过路由直接发送消息
AF_EN_SECURITY	0x40	保留

返回值是一个 afStatus_t 类型的数据，发送成功将返回"Zsuccess"，发送失败将返回 ZcomDef.h 中定义的"Errors"。

当设备要发送数据时，在应用层直接调用此函数即可，发送信息代码如示例 6-5 所示。

【示例 6-5】 发送信息

```
void MySendtest_SendPeriodicMessage(void)
{   // 发送的数据
    char theMessageData[] = "LED1";
    if( AF_DataRequest(     // 发送目的地址
                &MySendtest_Periodic_DstAddr,
```

```
                         // 发送的端点描述符
                         &MySendtest_epDesc,
                         // 簇 ID 号
                         MySendtest_PERIODIC_CLUSTERID,
                         // 发送的字节长度
                         (uint16)osal_strlen( theMessageData) + 1,
                         // 发送的数据
                         (uint8 *)theMessageData,
                         // 发送的数据 ID 序号
                         & MyfirstAppCoordManage_TransID,
                         // 设置路由发现
                         AF_DISCV_ROUTE,
                         // 设置路由域
                         AF_DEFAULT_RADIUS ) == ZSUCCESS )
        {

        }
        else
        {

        }
    }
```

2. 发送数据的目的地址

发送函数 AF_DataRequest()中的第一个参数是发送目的地址的信息，目的地址的信息为一个结构体，此结构体在 AF.h 中定义。

【结构体 6-3】　afAddrType_t

```
        typedef struct
        {
            union
            {
                uint16      shortAddr;
                ZLongAddr_t extAddr;
            } addr;
            afAddrMode_t addrMode;
            byte endPoint;
            uint16 panId;
        } afAddrType_t;
```

其中，结构体 afAddrType_t 中有四个成员，每个成员所代表的含义如表 6-7 所示。

表 6-7 afAddrType_t 结构体成员

成 员	描 述
addr	目的地址，union 类型，16 位短地址或 64 位长地址
addrMode	地址模式，枚举类型，有四种模式
endPoint	端点信息
panid	网络 PANID

其中，addrMode 被定义为枚举类型 afAddrMode_t，afAddrMode_t 成员定义了发送信息的四种地址模式，afAddrMode_t 在 AF.h 中定义。

【枚举 6-1】 afAddrMode_t

```
typedef enum
{   // 间接寻址
    afAddrNotPresent = AddrNotPresent,
    // 单点寻址，指定短地址
    afAddr16Bit        = Addr16Bit,
    // 单点寻址，指定长地址
    afAddr64Bit        = Addr64Bit,
    // 组寻址
    afAddrGroup        = AddrGroup,
    // 广播寻址
    afAddrBroadcast = AddrBroadcast
} afAddrMode_t;
```

由以上定义可知，四种发送模式分别为间接寻址、单点寻址、组寻址和广播寻址。

1）间接寻址

间接寻址多用于绑定。当应用程序不知道数据包的目标地址时，将寻址模式设定为 AddrNotPresent。Zstack 底层将自动从堆栈的绑定表中查找目标设备的具体网络地址，这称为源绑定。如果在绑定表中找到多个设备，则向每个设备都发送一个数据包的拷贝。

2）单点寻址

单点寻址是标准的寻址模式，是点对点的通信，它将数据包发送给一个已知网络地址的网络设备，单点寻址有两种设置方式：Addr16Bit 和 Addr64Bit。

❖ 当寻址方式设置为 Addr16Bit 时，afAddrType_t 中的目标地址 addr 应设置为 shortAddr。

❖ 当寻址方式设置为 Addr64Bit 时，afAddrType_t 中的目标地址 addr 应设置为 extAddr。

以下是单点寻址 Addr16Bit 方式，其地址分配如示例 6-6 所示。

【示例 6-6】 单点寻址

```
afAddrType_t    MySendtest_Single_DstAddr;
// 寻址方式为 Addr16Bit
MySendtest_Single_DstAddr.addrMode= afAddr16Bit;
// 设置端点号
```

MySendtest_Single_DstAddr.endPoint=MySendtest_ENDPOINT;

// 目标地址 addr 为协调器的短地址

MySendtest_Single_DstAddr.addr.shortAddr=0x0000;

3) 组寻址

当应用程序需要将数据包发送给网络上的一组设备时，使用该模式。此时，地址模式设置为 afAddrGroup，并且地址信息结构体 afAddrType_t 中的目标地址 addr 应设置为组 ID。在使用这个功能之前，必须在网络中定义组。

以下示例 6-7 描述的为组寻址地址的分配方式：

【示例 6-7】 组寻址

afAddrType_t　　　MySendtest_Danbo_DstAddr;

// 寻址方式为组寻址

MySendtest_Danbo_DstAddr.addrMode=afAddrGroup;

// 设置端点号

MySendtest_Danbo_DstAddr.endPoint=MySendtest_ENDPOINT;

// 设置目标地址 addr 为组 ID 号

MySendtest_Danbo_DstAddr.addr.shortAddr=MySendtest_FLASH_GROUP;

4) 广播寻址

当应用程序需要将数据包发送给网络中的每一个设备时，使用此模式。此时将地址模式设置为 AddrBrodcast，地址信息结构体 afAddrType_t 中的目标地址 addr 可以设置为以下广播地址中的一种。

◇　0xFFFF：如果目的地址为 0xFFFF，数据包将被传送到网络上的所有设备，包括睡眠中的设备。对于睡眠中的设备，数据包将被保留在其父节点，直到它苏醒后主动到父节点查询，或者直到消息超时丢失此数据包。0xFFFF 是广播模式目标地址的默认值。

◇　0xFFFD：如果目的地址为 0xFFFD 时数据包将被传送到网络上所有空闲时打开接收的设备，即除了睡眠中的所有设备。

◇　0xFFFC：如果目的地址为 0xFFFC，数据包发送给所有的路由器，其中也包括协调器。

◇　0xFFFE：如果目的地址为 0xFFFE，应用层将不指定目标设备，而是通过协议栈读取绑定表获得相应额度的目标设备的短地址。

以下示例 6-8 描述的为广播寻址地址的分配方式：

【示例 6-8】 广播寻址

afAddrType_t　　　MySendtest_Periodic_DstAddr;

// 设置广播地址模式

MySendtest_Periodic_DstAddr.addrMode=afAddrBroadcast;

// 设置端点

MySendtest_Periodic_DstAddr.endPoint=MySendtest_ENDPOINT;

// 设置广播地址目的地址短地址，默认值

MySendtest_Periodic_DstAddr.addr.shortAddr=0xFFFF;

3. 数据的接收

数据包被发送到一个登记注册过的端点，在应用层通过 OSAL 事件处理函数中的接收信息事件 AF_INCOMING_MSG_CMD 来处理数据的接收。其中数据的接收是通过在 AF 层定义的结构体 afIncomingMSGPacket_t 来进行的，此结构体定义在 AF.h 文件中。

【结构体 6-4】 afIncomingMSGPacket_t

```
typedef struct
{
    osal_event_hdr_t hdr;
    uint16 groupId;
    uint16 clusterId;
    afAddrType_t srcAddr;
    uint16 macDestAddr;
    uint8 endPoint;
    uint8 wasBroadcast;
    uint8 LinkQuality;
    uint8 correlation;
    int8   rssi;
    uint8 SecurityUse;
    uint32 timestamp;
    afMSGCommandFormat_t cmd;
} afIncomingMSGPacket_t;
```

其中，每个成员所代表的含义如表 6-8 所示。

表 6-8　afIncomingMSGPacket_t 结构体

成　员	描　述
hdr	OSAL 消息队列，接收消息事件为 AF_INCOMING_MSG_CMD
groupId	消息的组 ID，如果组 ID 号为 0，即没有设置组寻址
clusterId	消息的簇 ID
srcAddr	源地址信息
macDestAddr	目的地址的短地址
endPoint	端点
wasBroadcast	当寻址方式为广播寻址时为 TRUE
LinkQuality	接收数据帧的链路质量
correlation	接收数据帧的原始相关值
rssi	RF 接收功率
SecurityUse	保留
timestamp	MAC 时隙
cmd	接收的应用层数据

在 Zstack 中，数据的接收过程是通过 afIncomingMSGPacket_t 结构体中的 clusterId 来

判断是否为所需要接收的数据。以下示例 6-9 为示例 6-5 的接收部分，首先判断接收的输入簇 ID 是否为发送函数的输出簇 ID，然后再判断接收到的数据是否为"LED1"，如果是"LED1"，则执行 LED1 闪烁命令。

【示例 6-9】　数据的接收

```
void SampleApp_MessageMSGCB( afIncomingMSGPacket_t *pkt )
{
    uint16 flashTime;
    // 数据的接收通过判断 clusterId
    switch ( pkt->clusterId )
    {   // 判断接收的输入簇 ID
      case SAMPLEAPP_PERIODIC_CLUSTERID:
        // 判断是否接收到"LED1"
        if((pkt->cmd.Data[0] == 'L')
              &&(pkt->cmd.Data[1] == 'E')
              &&(pkt->cmd.Data[2] == 'D')
              &&(pkt->cmd.Data[3] == '1'))
        {
            // LED1 闪烁
            HalLedBlink( HAL_LED_1, 4, 50, 500 );
        }
        break;
        // 判断接收的簇 ID
      case SAMPLEAPP_FLASH_CLUSTERID:
        break;
    }
}
```

6.7　ZDO 层分析

ZDO(Zigbee Device Objects，即 Zigbee 设备对象)层提供了 Zigbee 设备管理功能，包括网络建立、发现网络、加入网络、应用端点的绑定和安全管理服务。

ZDP(Zigbee Device Profile，即 Zigbee 设备规范)描述了 ZDO 内部一般性的 Zigbee 设备功能是如何实现的，其定义了相关的命令和相应的函数。ZDP 为 ZDO 和应用程序提供了如下功能：

◆　设备网络启动。
◆　设备和服务发现。
◆　终端设备绑定、辅助绑定和解除绑定服务。
◆　网络管理服务。

本书只重点介绍 ZDO 网络设备的启动和绑定服务。

6.7.1 ZDO 网络设备启动

1. ZDApp_Init()

Zigbee 网络设备的启动是通过 ZDApp_Init()函数来实现的，ZDApp_Init()函数在 ZDApp.c 中定义。

【代码 6-11】 ZDApp_Init

```
void ZDApp_Init( uint8 task_id )
{
    // 保存 task ID
    ZDAppTaskID = task_id;
    // 初始化 ZDO 网络设备短地址
    ZDAppNwkAddr.addrMode = Addr16Bit;
    ZDAppNwkAddr.addr.shortAddr = INVALID_NODE_ADDR;
    // 获得长地址信息
    (void)NLME_GetExtAddr();
    // 检测到手工设置 SW_1 则会设置 devState = DEV_HOLD,从而避开网络初始化
    ZDAppCheckForHoldKey();
    // 通过判断预编译器来开启一些函数功能
    ZDO_Init();
    // 在 AF 层注册端点描述符
    afRegister( (endPointDesc_t *)&ZDApp_epDesc );
    // 初始化用户描述符
    #if defined( ZDO_USERDESC_RESPONSE )
    ZDApp_InitUserDesc();
    #endif
    // 设备是否启动
    if ( devState != DEV_HOLD )
    {
        ZDOInitDevice( 0 );
    }
    else
    {
        // 闪灯命令
        HalLedBlink ( HAL_LED_4, 0, 50, 500 );
    }
    ZDApp_RegisterCBs();
}
```

在判断设备是否启动时，需要检测"devState"，在协调器的启动过程中，对"devState"的判断是根据是否定义了"HOLD_AUTO_START"选项来进行的，因为在协调器的程序中没有定义 HOLD_AUTO_START，所以初始化 devStat=DEV_INIT，具体代码如下：

【代码6-12】 判断"devState"

```
#if defined( HOLD_AUTO_START )
    devStates_t devState = DEV_HOLD;
#else
    devStates_t devState = DEV_INIT;
#endif
```

2．ZDOInitDevice()

ZDOInitDevice()函数用于开启设备，其函数原型为：

【函数6-10】 ZDOInitDevice

```
uint8 ZDOInitDevice(uint16 startDelay);
```

参数：startDelay——设备启动延时(毫秒)。

返回值：返回值有以下三种。

❖　ZDO_INITDEV_RESTORED_NETWORK_STATE，网络状态为"恢复"。

❖　ZDO_INITDEV_NEW_NETWORK_STATE，网络状态为"初始化"。

❖　ZDO_INITDEV_LEAVE_NOT_STARTED，网络状态为"未启动"。

6.7.2　终端设备绑定、辅助绑定和解除绑定

绑定是指两个节点在应用层上建立起来的一条逻辑链路。在同一个节点上可以建立多个绑定服务，分别对应不同种类的数据包，此外，绑定也允许有多个目标设备。

比如在一个灯控制的网络中，有多个开关和灯光设备，每个开关可以控制一个或多个灯光设备。在这种情况下，需要在每个开关和灯设备之间建立绑定服务。这使得开关中的应用服务在不知道灯光设备确切的目标地址时,可以顺利地向灯光设备发送数据,如图 6-10所示。

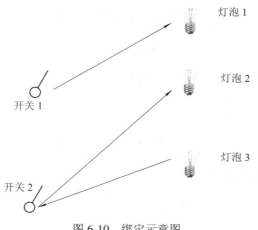

图 6-10　绑定示意图

开关 1 控制灯泡 1，开关 2 同时控制灯泡 2 和灯泡 3，这就需要开关 1 与灯泡 1 之间建立绑定关系，而开关 2 与灯泡 2 和灯泡 3 之间建立绑定关系。绑定的 API 函数在 ZDO 层定义，绑定服务包括终端设备绑定、辅助绑定和解除绑定。本书中重点讲解两种绑定方式：终端设备绑定和辅助绑定。

1. 终端设备绑定

终端设备绑定是通过协调器来实现的，绑定双方需要在一定的时间内同时向协调器发送绑定请求，通过协调器来建立绑定服务。终端设备绑定不仅仅用于"终端节点"之间的绑定，还可以用于路由器与路由器之间的绑定。其具体过程如下：

(1) 协调器首先需要调用 ZDO_RegisterForZDOMsg()函数在应用层注册绑定请求信息 End_Device_Bind_req。

(2) "需要绑定的节点"即"本地节点"调用 ZDP_EndDeviceBindReq()函数发送终端设备绑定请求至协调器；"需要被绑定的节点"即"远程节点"必须在规定时间内(在 Zstack 协议栈中规定为 6 秒)，调用 ZDP_EndDeviceBindReq()函数发送终端设备绑定请求至协调器。

(3) 协调器接收到该请求信息后，调用 ZDO_MatchEndDeviceBind()函数处理终端设备绑定请求。

(4) 终端设备绑定请求信息处理完毕后，协调器将调用 ZDP_EndDeviceBindRsp()函数将反馈信息发送给"本地节点"和"远程节点"。

(5) "本地节点"和"远程节点"收到协调器的反馈信息后，两者之间将建立起绑定。

1) ZDO_RegisterForZDOMsg()

协调器调用 ZDO_RegisterForZDOMsg()函数(一般是在用户任务初始化时调用)在应用层注册设备绑定请求信息 End_Device_Bind_req，其函数原型如下：

【函数 6-11】 ZDO_RegisterForZDOMsg

　　ZStatus_t ZDO_RegisterForZDOMsg(uint8 taskID, uint16 clusterID);

参数描述：

◇　taskID——任务 ID 号；

◇　clusterID——需要注册的信息，在这里取 End_Device_Bind_req。

返回值：

Zstatus_t 是定义在 ZcomDef.h 中的数据类型，本质上是无符号的 8 位整型数，用于描述函数的返回状态。函数执行成功返回 Success，失败则返回 Error。

2) ZDP_EndDeviceBindRep()

"本地节点"和"远程节点"调用 ZDP_EndDeviceBindRep()函数建立和发送一个终端设备绑定请求，在绑定建立之后，"本地节点"与"远程节点"之间可以相互通信。此函数原型如下：

【函数 6-12】 ZDP_EndDeviceBindReq

　　afStatus_t ZDP_EndDeviceBindReq(zAddrType_t *dstAddr,

　　　　　　　　　　　　　　　uint16 LocalCoordinator,

```
                    byte endPoint,

                    uint16 ProfileID,

                    byte NumInClusters,

                    cId_t *InClusterList,

                    byte NumOutClusters,

                    cId_t *OutClusterList,

                    byte SecurityEnable );
```

各参数描述:

✧　dstAddr——目的地址;

✧　LocalCoordinator——本地节点 16 位短地址;

✧　endPoint——应用端点;

✧　ProfileID——应用规范 ID;

✧　NumInClusters——输入簇个数;

✧　InClusterList——输入簇列表;

✧　NumOutClusters——输出簇个数;

✧　OutClusterList——输出簇列表;

✧　SecurityEnable——安全使能位。

返回值:

函数成功返回 ZSuccess,失败则返回 Error。

3) ZDP_EndDeviceBindRsp()

协调器调用 ZDP_EndDeviceBindRsp()函数来响应终端设备的绑定请求信息,其函数原型如下:

【函数 6-13】　ZDP_EndDeviceBindRsp

　　　　afStatus_t　ZDP_EndDeviceBindRsp(TransSeq,dstAddr,Status,SecurityEnable);

参数描述:

✧　TransSeq——传输序列号;

✧　dstAddr——目的地址;

✧　Status——成功或其他值(ZDP_SUCCESS 或 ZDP_INVALID_REQTYPE 等);

✧　SecurityEnable——安全使能。

返回值:

与 Zstatus_t 一样,afStatus_t 是定义在 ZcomDef.h 中的数据类型,本质上是无符号的 8 位整型数。函数成功返回 ZSuccess,失败则返回 Error。

2. 辅助绑定

任何一个设备和一个应用程序都可以通过无线信道向网络上的另一个设备发送一个 ZDO 消息,帮助其他节点建立一个绑定记录,这称为辅助绑定。辅助绑定是在消息发向的设备上建立一个绑定条目。其绑定过程如下:

(1) 协调器首先在 ZDO 层注册 Bind_Rsp 消息事件;

(2) 待绑定节点在 ZDO 层注册 Bind_Req 消息事件；

(3) 协调器调用 ZDP_BindReq()函数发起绑定请求；

(4) 待绑定节点接收到绑定请求后，处理绑定请求，建立绑定表，并且通过调用函数 ZDP_SendData()发送响应消息至协调器；

(5) 协调器接收到绑定反馈消息后调用函数 ZDMatchSendState()处理绑定反馈信息。

1) ZDP_BindReq()

通过调用 ZDP_BindReq()函数创建和发送一个绑定请求，使用此函数来请求 Zigbee 协调器基于簇 ID 绑定的应用。其函数原型如下：

【函数 6-14】　ZDP_BindReq

　　　　afStatus_t　ZDP_BindReq(dstAddr，

　　　　　　　　　　　　　　　SourceAddr，

　　　　　　　　　　　　　　　SrcEP,

　　　　　　　　　　　　　　　ClusterID,

　　　　　　　　　　　　　　　DestinationAddr,

　　　　　　　　　　　　　　　DstEP,

　　　　　　　　　　　　　　　SecurityEnable);

参数描述：

◇　dstAddr——目的地址；

◇　SourceAddr——发出请求信息的设备的 64 位长地址；

◇　SrcEP——发出请求信息的应用的端点；

◇　ClusterID——请求信息要绑定的簇 ID；

◇　DestinationAddr——接收请求信息的设备的 64 位长地址；

◇　DstEP——接收请求信息的应用的端点；

◇　SecurityEnable——信息的安全使能。

返回值：

函数成功返回 ZSuccess，失败则返回 Error。

2) ZDP_BindRsp()

调用函数 ZDP_BindRsp 来响应绑定请求，函数原型如下：

【函数 6-15】　ZDP_BindRsp

　　　　afStatus_t　ZDP_BindRsp(TransSeq,dstAddr,Status,SecurityEnable);

参数描述：

◇　TransSeq——传输序列号；

◇　dstAddr——目的地址；

◇　Status——成功或其他值(如果成功：ZDP_SUCCESS)；

◇　SecurityEnable——信息的安全使能。

返回值：

函数成功返回 ZSuccess，失败则返回 Error。

3. 解除绑定

解除绑定即通过发送一个信息来请求 Zigbee 协调器移除一个绑定，协调器通过解除绑定信息来响应移除请求。

1) 解除绑定请求

解除绑定请求通过调用函数 ZDP_UnbindReq()来实现这个过程。其函数原型如下：

【函数 6-16】　ZDP_UnbindReq

```
ZDP_UnbindReq(    dstAddr,
                  SourceAddr,
                  SrcEP,
                  ClusterID,
                  DestinationAddr,
                  DstEP,
                  SecurityEnable);
```

参数描述：

◇　dstAddr——目的地址；

◇　SourceAddr——发出请求信息的设备的 64 位长地址；

◇　SrcEP——发出请求信息的应用的端点；

◇　ClusterID——请求信息要绑定的簇 ID；

◇　DestinationAddr——接收请求信息的设备的 64 位长地址；

◇　DstEP——接收请求信息的应用的端点；

◇　SecurityEnable——信息安全使能。

返回值：

函数成功返回 ZSuccess，失败则返回 Error。

2) 解除绑定响应

通过调用 ZDP_UnbindRsp()来响应解除绑定请求。其函数原型如下：

【函数 6-17】　ZDP_UnbindRsp

```
afStatus_t ZDP_UnbindRsp(TransSeq，dstAddr，Status，SecurityEnable);
```

参数描述：

◇　TransSeq——传输序列号；

◇　dstAddr——目的地址；

◇　Status——成功或其他值(如果成功：ZDP_SUCCESS)；

◇　SecurityEnable——信息的安全使能。

返回值：函数成功返回 ZSuccess，失败则返回 Error。

6.8　API 函数

Zstack 协议栈依靠协议栈内部的 OS(即 OSAL)才能运行起来，OSAL 提供的服务和管理包括：信息管理、任务同步、时间管理、中断管理、任务管理、内存管理、电源管理以及非易失存储管理。下面介绍这些服务和管理的 API 函数。

6.8.1 信息管理 API

信息管理 API 为任务和处理单元之间的信息交换提供了一种具有不同处理环境的机制(例如，在一个控制循环中调用中断服务常规程序或函数)。这个 API 中的函数可以使任务分配或回收信息缓冲区，给其他任务发送命令信息以及接收回复信息。

1. osal_msg_allocate()

这个函数被一个任务调用去分配一个信息缓冲，这个任务/函数将填充这个信息并且调用 osal_msg_send()发送信息到另外一个任务中。

函数原型如下：

【函数 6-18】 osal_msg_allocate()

```
uint8 *osal_msg_allocate( uint16 len );
```

参数描述：

◇　len 是信息的长度。

返回值：返回值是指向一个信息分配的缓冲区的指针。一个空值的返回表明信息分配操作失败。

2. osal_msg_deallocate()

此函数用来回收一个信息缓冲区，在完成处理一个接收信息后这个函数被一个任务(或处理机单元)调用。

函数原型如下：

【函数 6-19】 osal_msg_deallocate()

```
uint8   osal_msg_deallocate(byte *msg_ptr);
```

参数描述：

◇　msg_ptr 是指向必须回收的信息缓冲的指针。

返回值：返回值指示了操作的结果。

◇　ZSUCCESS：分配成功；

◇　INVALID_MSG_POINTER：无效的信息指针；

◇　MSG_BUFFER_NOT_AVAIL：缓冲区队列。

3. osal_msg_send()

此函数的功能是被一个任务调用，给另一个任务或处理单元发送命令或数据信息。

函数原型如下：

【函数 6-20】 osal_msg_send()

```
uint8 osal_msg_send( byte destination_task, byte *msg_ptr);
```

参数描述：

◇　destination_task 是接收信息任务的 ID。

◇　msg_ptr 是指向包含信息的缓冲区的指针。msg_ptr 必须指向 osal_msg_allocate()分配的一个有效缓冲区。

返回值：返回值是一个字节，表明操作结果。

✧　ZSUCCESS：分配成功。

✧　INVALID_MSG_POINTER：无效的信息指针。

✧　INVALID_TASK：destination_task 是无效的。

4. osal_msg_receive()

此函数被一个任务调用来检索一条已经收到的命令信息。调用 osal_msg_deallocate()处理信息之后，必须回收信息缓冲区。

函数原型如下：

【函数 6-21】　osal_msg_receive()

uint8 *osal_msg_receive(byte task_id);

参数描述：task_id 是调用任务(信息指定的)的标识符。

返回值：返回值为一个指向包含该信息的缓冲区的指针，如果没有已接收的信息，返回值为空(NULL)。

6.8.2　任务同步 API

任务同步 API 使得任务等待事件发生，并在等待期间返回控制。这个 API 中的函数可以用来为一个任务设置事件，无论设置了什么事件都通知任务。

通过 osal_set_event()这个函数调用，为一个任务设置事件的标志，其函数原型如下：

【函数 6-22】　osal_set_event()

uint8 osal_set_event(byte task_id,UINT16 event_flag);

参数描述：

✧　task_id 是设置事件的任务的标识符。

✧　event_flag 是两个字节的位图且每个位详述了一个事件。这仅有一个系统事件(SYS_EVENT_MSG)，其余的事件/位是通过接收任务来规定的。

返回值：返回值指示了操作的结果。

✧　ZSUCCESS：成功。

✧　INVALID_TASK：无效事件。

6.8.3　定时器管理 API

定时器管理 API 使 Zstack 内部的任务和外部的应用层任务都可以使用定时器。API 提供了启动和停止一个定时器的功能，这定时器可设定递增的一毫秒。

1. osal_start_timer()

启动一个定时器时调用此函数。当定时器终止时，给定的事件位将设置。这个事件通过 osal_start_timer 函数调用，将在任务中设置。

函数原型如下：

【函数 6-23】　osal_start_timer()

uint8 osal_start_timer(UINT16 event_id, UINT16 timeout_value);

参数描述：

❖ event_id 是用户确定事件的 ID。当定时器终止时，该事件将被触发。

❖ timeout_value 指定时器事件设置之前的时长(以毫秒为单位)。

返回值：返回值指示了操作的结果。

❖ ZSUCCESS：成功。

❖ NO_TIMER_AVAILABLE：没有能够启动定时器。

2. osal_start_timerEx()

类似于 osal_start_timer()，增加了 taskID 参数。允许访问这个调用程序为另一个任务设置定时器。

函数原型如下：

【函数 6-24】 osal_start_timerEx()

```
uint8 osal_start_timerEx(byte taskID,UINT16 event_id, UINT16 timeout_value);
```

参数描述：

❖ taskID 是定时器终止时，获得该事件任务的 ID。

❖ event_id 是用户确定事件的位。当定时器终止时，该事件将被触发。

❖ timeout_value 指定时器事件设置之前的时长(以毫秒为单位)。

返回值：返回值指示了操作的结果。

❖ ZSUCCESS：成功。

❖ NO_TIMER_AVAILABLE：没有能够启动定时器。

3. osal_stop_timer()

此函数用来停止一个已启动的定时器，如果成功，函数将取消定时器并阻止设置调用程序中与定时器相关的事件。使用 osal_stop_timer()函数，意味着在调用 osal_stop_timer()的任务中定时器正在运行。

函数原型如下：

【函数 6-25】 osal_stop_timer()

```
uint8 osal_stop_timer(UINT16 event_id);
```

参数描述：

❖ event_id 是要停止的计时器的标识符。

返回值：返回值指示了操作的结果。

❖ ZSUCCESS：关闭定时器成功。

❖ INVALID_EVENT_ID：无效事件。

4. osal_stop_timerEx()

此函数功能是在不同的任务中中止定时器的，与 osal_stop_timer 相似，只是指明了任务 ID。

函数原型如下：

【函数 6-26】 osal_stop_timerEx()

```
uint8 osal_stop_timerEx(byte task_id,UINT16 event_id);
```

参数描述：

◇　task_id 停止定时器所在的任务 ID。

◇　event_id 是将要停止的计时器的标识符。

返回值：返回值指示了操作的结果。

◇　ZSUCCESS：关闭定时器成功。

◇　INVALID_EVENT_ID：无效事件。

5．osal_GetSystemClock()

此函数功能为读取系统时钟。函数原型如下：

【函数 6-27】　osal_GetSystemClock()

    uint32 osal_GetSystemClock(void);

参数描述：无。

返回值：系统时钟，以毫秒为单位。

6.8.4　中断管理 API

中断管理 API 可以使一个任务与外部中断相互交流。API 中的函数允许和每个中断去联络一个具体的服务流程。中断可以启用或禁用，在服务例程内部，可以为其他任务设置事件。

1．osal_int_enable()

此函数的功能是启用一个中断，中断一旦启用将调用与该中断相联系的服务例程。

函数原型如下：

【函数 6-28】　osal_int_enable()

    uin8 osal_int_enable(byte interrupt_id);

参数描述：

◇　interrupt_id：指明要启用的中断。

返回值：返回值指示操作结果。

◇　ZSUCCESS：开启中断成功。

◇　INVALID_INTERRUPT_ID：无效中断。

2．osal_int_disable()

此函数的功能是禁用一个中断，当禁用一个中断时，与该中断相联系的服务例程将不被调用。函数原型如下：

【函数 6-29】　osal_int_disable()

    uint8 osal_int_disable(byte interrupt_id)l

参数描述：

◇　interrupt_id：指明要禁用的中断。

返回值：返回值指示操作结果。

◇　ZSUCCESS：关闭中断成功。

◇　INVALID_INTERRUPT_ID：无效中断。

6.8.5　任务管理 API

在 OSAL 系统中，API 常用于添加和管理任务。每个任务由初始化函数和时间处理函数组成。

1. osal_init_system()

此函数功能为初始化 OSAL 系统。在使用任何其他 OSAL 函数之前必须先调用此函数启动 OSAL 系统。函数原型如下：

【函数 6-30】　osal_init_system()

```
uint8 osal_init_system( void );
```

参数描述：无。

返回值：

◇　返回 ZSUCCESS 表示成功。

2. osal_start_system()

此函数是任务系统中的主循环函数。它将仔细检查所有的任务事件，并且为含有该事件的任务调用任务事件处理函数。如果有特定任务的事件，这个函数将为该任务调用事件处理例程来处理事件。相应任务的事件处理例程一次处理一个事件。一个事件被处理后，剩余的事件将等待下一次循环。如果没有事件，这个函数使处理器程序处于睡眠模式。函数原型如下：

【函数 6-31】　osal_start_system()

```
uint8 osal_start_system( void );
```

参数描述：无。

返回值：

◇　返回 ZSUCCESS 表示成功。

6.8.6　内存管理 API

内存管理 API 代表一个简单的内存分配系统。这些函数允许动态存储内存分配。

1. osal_mem_alloc()

此函数是一个内存分配函数，如果分配内存成功，返回一个指向缓冲区的指针。函数原型如下：

【函数 6-32】　osal_mem_alloc()

```
void *osal_mem_alloc( uint16 size );
```

函数描述：

◇　size：要求的缓冲区字节数值。

返回值：

◇　指向新分配的缓冲区的空指针(应指向目的缓冲类型)。

◇　如果没有足够的内存可分配，将返回 NULL 指针。

2. osal_mem_free()

函数描述：此函数用于释放存储空间，便于被释放的存储空间的再次使用，仅在内存已经通过调用 osal_men_alloc()被分配后才有效。函数原型如下：

【函数 6-33】　osal_mem_free()

```
void osal_mem_free( void *ptr );
```

参数描述：

◇　ptr：指向要释放的缓冲区的指针。这个缓冲区必须在之前调用 osal_mem_alloc() 已被分配，为以前分配过的空间。

返回值：无。

6.8.7　电源管理 API

当安全关闭接收器或外部硬件时，电源管理 API 为应用程序或任务提供了告知 OSAL 的方法，使处理器转入睡眠状态。

电源管理 API 有 2 个函数：osal_pwrmgr_device()和 osal_pwrmgr_task_state()。第一个函数是设置设备的模式；第二个为电源状态管理。

1. osal_pwrmgr_device()

当升高电源或需要改变电源时(例如：电池支持的协调器)，这个函数应由中心控制实体(比如 ZDO)调用。函数原型如下：

【函数 6-34】　osal_pwrmgr_state()

```
void osal_pwrmgr_state( byte pwrmgr_device );
```

参数描述：

◇　pwrmgr_device，改变和设置电源的节省模式。

● PWRMGR_ALWAYS_ON：没有省电模式，设备可能使用主电源供电。

● PWRMGR_BATTERY：打开省电模式。

返回值：无。

2. osal_pwrmgr_task_state()

每个任务都将调用此函数。此函数的功能是用来表决是否需要 OSAL 电源保护或推迟电源保护。当一个任务被创建时，默认情况下电源状态设置为保护模式。如果该任务一直想保护电源，就不必调用此函数。函数原型如下：

【函数 6-35】　osal_pwrmgr_task_state()

```
uint8 osal_pwrmgr_task_state( byte task_id,byte state);
```

参数描述：

◇　state，改变一个任务的电源状态。

● PWRMGR_CONSERVE：打开省电模式，所有事件必须允许。事件初始化时，此状态为默认状态。

● PWRMGR_HOLD：关闭省电模式。

返回值：返回值表示操作状态的值。

◇　ZSUCCESS：成功。

◇　INVALID_TASK：无效事件。

6.8.8　非易失性存储器的 API

非易失性存储器的 API 为应用程序提供了一种把信息永久保存到设备内存的方法。它还能用于把 Zigbee 规范要求的某些项目永久保存到协议栈。NV 函数的功能是读写任意数据类型的用户自定义项目，比如结构体和数组。用户能通过设置适当的偏移和长度来读写一个整体的项目或元素。API 独立于 NV 存储介质，并且能用于实现闪存或 EEPROM。

每个易失性的项目都仅有一个 ID，当一些 ID 值由栈或平台保留或运用时，应用程序中有特定的一系列的 ID 值。加入应用程序创建自己的易失性项目，它必须从应用范围的值内选择一个标识符。项目分配 ID 如图 6-11 所示。

运用 API 时需要注意以下几个方面：

◇ 有一些模块化调用函数，操作系统可能需要较短的时间来完成(例如几毫秒的时间)，尤其是对于 NV 写入操作。

◇ 尽量不要太频繁地执行 NV 写入操作。

◇ 结构体中一个或多个 NV 项目改变，尤其是从一个 Zstack 版本升级到另一个版本时，必须擦

值	使用者
0x0000	保留
0x0001-0x0020	操作系统抽象层
0x0021-0x0040	网络层
0x0041-0x0060	应用支持子层
0x0061-0x0080	安全
0x0081-0x00A0	Zigbee设备对象
0x00A1-0x0200	保留
0x0201-0x0FFF	应用程序
0x0000-0xFFFF	保留

图 6-11 非易失性项目的 ID 分配

除和重新初始化 NV 内存。否则，修改 NV 项目的读写操作将失败，或产生错误结果。

1. osal_nv_item_init()

此函数用于初始化 NV 项目，用于检查存在 NV 的项目。如果不存在，它将通过这个函数去创建或初始化。假如存在，在调用 osal_nv_read()或 osal_nv_write()之前，每个项目都应调用此函数。函数原型如下：

【函数 6-36】 osal_nv_item_init()

uint8 osal_nv_item_init(uint16 id, uint16 len, void *buf);

参数描述：

◇ id：用户自定义项的 ID。

◇ len：项目字节长度。

◇ *buf：初始化数据的指针。如没初始化数据，则设置为空。

返回值：返回指示操作结果的值。

◇ ZSUCCESS：成功。

◇ NV_ITEM_UNINIT：对象没有初始化。

◇ NV_OPER_FAILED：操作失败。

2. osal_nv_read()

此函数用于从 NV 中读出数据，用于从 NV 中带有偏移的索引指向的项目中读出整个项目或一个元素，读出的数据复制到*buf 中。函数原型如下：

【函数 6-37】 osal_nv_read()

uint8 osal_nv_read(uint16 id ,uint16 offset ,uint16 len, void *buf);

参数描述：

◇ id：用户自定义项的 ID。

◇ Offset：以字节为单位到项目的存储偏移量。

◇ len：项目长度(以字节为单位)。

◇　*buf：数据读取到缓冲区。

返回值：返回指示操作结果的值。

◇　ZSUCCESS：成功。

◇　NV_ITEM_UNINIT：对象没有初始化。

◇　NV_OPER_FAILED：操作失败。

3．osal_nv_write()

此函数用于写入数据到 NV，用于从 NV 中带有偏移的索引指向的项目中写入到整个 NV 项目。函数原型如下：

【函数 6-38】　osal_nv_write()

    uint8 osal_nv_write(uint16 id ,uint16 offset ,uint16 len, void *buf);

参数描述：

◇　id：用户自定义项的 ID。

◇　Offset：以字节为单位到项目的存储偏移量。

◇　len：项目长度(以字节为单位)。

◇　*buf：数据写入到缓冲区。

返回值：返回指示操作结果的值。

◇　ZSUCCESS：成功。

◇　NV_ITEM_UNINIT：对象没有初始化。

◇　NV_OPER_FAILED：操作失败。

4．osal_offsetof()

此函数用于计算一个结构体内元素的偏移量，以字节为单位。用它来计算 NV API 函数使用的参数的偏移量，其函数原型如下：

【函数 6-39】　osal_offsetof()

    void osal_offsetof(type, member);

参数描述：

◇　type：结构体类型。

◇　member：结构体成员。

返回值：无。

6.9　APP 层分析

Zigbee 的应用层是面向用户的，Zstack 是一个半开源的 Zigbee 协议栈，但是它提供了各层的 API 函数供用户在应用层调用，从而实现用户所需要的功能。APP 层为 Zstack 协议栈的应用层，是面向用户开发的。在这一层用户可以根据自己的需求建立所需要的项目，添加用户任务，并通过调用 API 函数实现项目所需要的功能。

这里以 TI 官方的 SampleAPP 为例来讲解 APP 层，该例程实现了协调器与路由器和终端设备的简单通信。打开工程，可以看到 APP 层的目录结构如图 6-12 所示。

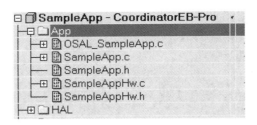

图 6-12　APP 层目录

APP 层目录下面包含着 5 个文件，分别是 OSAL_SampleApp.c、SampleApp.c、SampleApp.h、SampleAppHw.c 和 SampleAppHw.h，各文件的功能如下：

◇　OSAL_SampleApp.c 文件的主要功能是：注册用户任务以及任务处理函数。

◇　SampleApp.c 文件的主要功能是：对用户的任务进行初始化，以及调用 API 函数实现项目中所需要的功能。

◇　SampleApp.h 文件的主要功能是：定义端点所需要的各种参数。

◇　SampleAppHw.c 和 SampleAppHw.h 文件的主要功能是：作为设备类型判断的辅助文件，也可以将两个文件的内容写入 SampleApp.c 文件和 SampleApp.h 文件中。

以下小节主要讲解 OSAL_SampleApp.c、SampleApp.c、SampleApp.h 三个文件的内容。

6.9.1　OSAL_SampleApp.c 文件

OSAL_SampleApp.c 文件功能包括任务数组定义和任务初始化函数(其中包括注册用户自己的任务)，代码如下：

【代码 6-13】　OSAL_SampleApp.c

```
// 任务数组定义和初始化
const pTaskEventHandlerFn tasksArr[] = {
// MAC 层处理函数(用户不用考虑)
macEventLoop,
// NWK 层处理函数(用户不用考虑)
nwk_event_loop,
// 硬件抽象层处理函数(用户可以考虑)
Hal_ProcessEvent,
#if defined( MT_TASK )
// MT 层处理函数(用户不用考虑)
MT_ProcessEvent,
#endif
// APS 层处理函数(用户不用考虑)
APS_event_loop,
#if defined ( ZIGBEE_FRAGMENTATION )
// APSF 处理函数(用户不用考虑)
APSF_ProcessEvent,
```

```
#endif
// ZDO 层处理函数(用户可以考虑)
ZDApp_event_loop,
#if defined ( ZIGBEE_FREQ_AGILITY ) || defined ( ZIGBEE_PANID_CONFLICT )
// ZDNwkMgr 处理函数(用户不用考虑)
ZDNwkMgr_event_loop,
#endif
// 用户自己添加的任务处理函数
    SampleApp_ProcessEvent
};
// 定义常量存储当前任务数
const uint8 tasksCnt = sizeof( tasksArr ) / sizeof( tasksArr[0] );
// 定义指针，指向存储任务事件列表
uint16 *tasksEvents;
// 任务初始化函数
void osalInitTasks( void )
{
    uint8 taskID = 0;
// 为各任务分配空间
    tasksEvents = (uint16 *)osal_mem_alloc( sizeof( uint16 ) * tasksCnt);
// 初始化
osal_memset( tasksEvents, 0, (sizeof( uint16 ) * tasksCnt));
// MAC 层任务初始化
macTaskInit( taskID++ );
// 网络层任务初始化
nwk_init( taskID++ );
// 硬件抽象层任务初始化
Hal_Init( taskID++ );
#if defined( MT_TASK )
// MT 层任务初始化
MT_TaskInit( taskID++ );
#endif
// APS 层任务初始化
APS_Init( taskID++ );
#if defined ( ZIGBEE_FRAGMENTATION )
// APSF 任务初始化
APSF_Init( taskID++ );
#endif
// ZDO 层任务初始化
```

```
ZDApp_Init( taskID++ );
#if defined ( ZIGBEE_FREQ_AGILITY ) || defined ( ZIGBEE_PANID_CONFLICT )
// ZDNwkMgr 任务初始化
ZDNwkMgr_Init( taskID++ );
#endif
// 用户添加的任务初始化
SampleApp_Init( taskID );
}
```

在上述代码中，有三个重要的变量：

◇　taskArr 数组，该数组的每一项都是一个函数指针，指向了事件的处理函数。

◇　taskCnt 变量，保存任务总个数。

◇　taskEvent 指针，指向了任务事件的首地址。

taskEvent 和 taskArr[]中的顺序是一一对应的，taskArr[]中的第 i 个事件处理函数对应 taskEvent 中的第 i 个任务事件。

6.9.2　SampleApp.c 文件

SampleApp.c 文件做了两件事情：一是对用户的任务进行初始化；二是调用事件处理函数使协调器控制路由器和终端设备进行 LED 闪烁。

1. 任务的初始化

SampleApp.c 中的 SampleApp_Init()函数是任务初始化函数，主要处理以下几个内容：

◇　赋予任务 ID 号。

◇　设置寻址方式，详见 6.6.2 节讲解。

◇　端点描述符的初始化，详见 6.6.1 节讲解。

◇　调用函数 afRegister()在 AF 层注册端点。

◇　调用函数 RegisterForKeys()注册按键事件。

◇　如果定义"LCD_SUPPORTED"在 LCD 上显示开机画面。

主要代码如下：

【函数 6-40】　SampleApp_Init()

```
void SampleApp_Init( uint8 task_id )
{
    // 任务 ID 号赋值
SampleApp_TaskID = task_id;
    // 网络状态为初始化状态
    SampleApp_NwkState = DEV_INIT;
    // 传输序列号赋值
    SampleApp_TransID = 0;
/本例程中既没定义 BUILD_ALL_DEVICES 也没定义 HOLD_AUTO_START，因此本段代码可
以略去不看*********************************************************/
```

```
#if defined ( BUILD_ALL_DEVICES )
  if ( readCoordinatorJumper() )
    zgDeviceLogicalType = ZG_DEVICETYPE_COORDINATOR;
  else
    zgDeviceLogicalType = ZG_DEVICETYPE_ROUTER;
#endif // BUILD_ALL_DEVICES


#if defined ( HOLD_AUTO_START )
  ZDOInitDevice(0);
#endif
/*******************************************************************************
******************************************************************************/


/*********************设置寻址方式************************************************/
// 设置寻址方式为广播寻址
  SampleApp_Periodic_DstAddr.addrMode = (afAddrMode_t)AddrBroadcast;
// 设置端点号
  SampleApp_Periodic_DstAddr.endPoint = SAMPLEAPP_ENDPOINT;
  // 设置地址模式为 16 位短地址模式
  SampleApp_Periodic_DstAddr.addr.shortAddr = 0xFFFF;


  // 设置寻址方式为组寻址方式
  SampleApp_Flash_DstAddr.addrMode = (afAddrMode_t)afAddrGroup;
  // 设置端点号
  SampleApp_Flash_DstAddr.endPoint = SAMPLEAPP_ENDPOINT;
  // 设置地址模式为 16 位短地址，其值为组 ID 号
  SampleApp_Flash_DstAddr.addr.shortAddr = SAMPLEAPP_FLASH_GROUP;
/*********************设置寻址方式************************************************/


/**********************端点描述符的初始化******************************************/
  // 设置端点号
  SampleApp_epDesc.endPoint = SAMPLEAPP_ENDPOINT;
// 设置任务 ID
  SampleApp_epDesc.task_id = &SampleApp_TaskID;
// 设置简单描述符
  SampleApp_epDesc.simpleDesc
          = (SimpleDescriptionFormat_t *)&SampleApp_SimpleDesc;
  SampleApp_epDesc.latencyReq = noLatencyReqs;
/**********************端点描述符的初始化******************************************/
```

```
// 在 AF 层注册端点
afRegister( &SampleApp_epDesc );
// 注册按键事件
RegisterForKeys( SampleApp_TaskID );

// 设置组寻址的组 ID 号
SampleApp_Group.ID = 0x0001;
// 设置组名
osal_memcpy( SampleApp_Group.name, "Group 1", 7   );
// 在 APS 层添加组
aps_AddGroup( SAMPLEAPP_ENDPOINT, &SampleApp_Group );
// 在 LCD 上显示开机画面
#if defined ( LCD_SUPPORTED )
HalLcdWriteString( "SampleApp", HAL_LCD_LINE_1 );
#endif
}
```

2. 事件的处理

SampleApp_ProcessEvent()函数是对应用户任务的事件处理函数。当应用层接收到消息时，先判断消息类型，分为两类：一是系统消息事件；二是用户自定义事件。

系统消息事件包括以下几种：

◇ 按键事件。
◇ 接收消息事件。
◇ 消息接收确认事件。
◇ 网络状态改变事件。
◇ 绑定确认事件。
◇ 匹配响应事件。

在 SampleApp 中没有列出所有的系统消息事件，只给出了按键事件、接收消息事件、网络状态改变事件。事件处理函数如下：

【函数 6-41】 SampleApp_ProcessEvent()

```
uint16 SampleApp_ProcessEvent( uint8 task_id, uint16 events )
{
// 定义接收到的消息
afIncomingMSGPacket_t *MSGpkt;
// 为了避免编译时出现警告，将 task_id 屏蔽掉
(void)task_id;
// 如果事件为系统消息事件
if ( events & SYS_EVENT_MSG )
{
```

```
// 接收来自 SampleApp_TaskID 任务的消息
MSGpkt = (afIncomingMSGPacket_t *)osal_msg_receive( SampleApp_TaskID );
while ( MSGpkt )
{
    // 当接收的消息有事件发生时，判断事件的类型
    switch ( MSGpkt->hdr.event )
    {
        // 按键事件
        case KEY_CHANGE:
        调用按键事件处理函数
        SampleApp_HandleKeys(((keyChange_t*)MSGpkt)->state,((keyChange_t*)MSGpkt)->keys);
        break;
        // 接收消息事件
        case AF_INCOMING_MSG_CMD:
            // 调用接收消息处理函数
            SampleApp_MessageMSGCB( MSGpkt );
            break;
        // 状态改变事件
        case ZDO_STATE_CHANGE:
            SampleApp_NwkState = (devStates_t)(MSGpkt->hdr.status);
            if ( (SampleApp_NwkState == DEV_ZB_COORD)
                || (SampleApp_NwkState == DEV_ROUTER)
                || (SampleApp_NwkState == DEV_END_DEVICE) )
            {
            // 打开 LED1
            HalLedSet( HAL_LED_1,HAL_LED_MODE_ON );
            // 启用定时器，开启定时事件.
            osal_start_timerEx( SampleApp_TaskID,
                            SAMPLEAPP_SEND_PERIODIC_MSG_EVT,
                            SAMPLEAPP_SEND_PERIODIC_MSG_TIMEOUT );
            }
            else
            {

            }
            break;
        default:
            break;
    }
```

```
            // 释放内存
            osal_msg_deallocate( (uint8 *)MSGpkt );
            // 等待下一个数据帧的到来
            MSGpkt = (afIncomingMSGPacket_t *)osal_msg_receive( SampleApp_TaskID );
        }
        // 返回没有处理完的事件
        return (events ^ SYS_EVENT_MSG);
    }
    // 定时事件
    if ( events & SAMPLEAPP_SEND_PERIODIC_MSG_EVT )
    {
        // 发送数据函数
        SampleApp_SendPeriodicMessage();
        // 设置一个定时器，开启定时事件，当计数器溢出时，定时事件发生
        osal_start_timerEx( SampleApp_TaskID, SAMPLEAPP_SEND_PERIODIC_MSG_EVT,
            (SAMPLEAPP_SEND_PERIODIC_MSG_TIMEOUT + (osal_rand() & 0x00FF)) );
        // 返回没有处理完的事件
        return (events ^ SAMPLEAPP_SEND_PERIODIC_MSG_EVT);
    }
    return 0;
}
```

1)　按键事件

当有按键事件发生时，调用按键事件处理函数 SampleApp_HandleKeys()来处理按键事件。在 SampleApp 例程中按键处理函数处理了以下两件事情：

◇　如果检测到 SW1 按下，将向网络中的其他设备发送 LED 闪烁命令。

◇　如果检测到 SW2 按下，检测组 ID 号为 SAMPLEAPP_FLASH_GROUP 的组是否已经注册。如果已经注册，那么调用 aps_RemoveGroup()将其在 APS 层删除；如果没有注册，调用 aps_AddGroup()在 APS 层注册。

【函数 6-42】　SampleApp_HandleKeys()

```
void SampleApp_HandleKeys( uint8 shift, uint8 keys )
{
    (void)shift;
    // 如果检测到 SW1 按下
    if ( keys & HAL_KEY_SW_1 )
    { // 发送调用 SampleApp_SendFlashMessage()发送灯闪烁命令
        SampleApp_SendFlashMessage( SAMPLEAPP_FLASH_DURATION );
    }
    // 如果检测到 SW2 按下
    if ( keys & HAL_KEY_SW_2 )
```

```
{
    aps_Group_t *grp;
    // 在 APS 层寻找组 ID 号为 SAMPLEAPP_FLASH_GROUP 的组
    grp = aps_FindGroup( SAMPLEAPP_ENDPOINT, SAMPLEAPP_FLASH_GROUP );
    // 如果该组已经注册
    if ( grp )
    {
        // 将组 ID 号为 SAMPLEAPP_FLASH_GROUP 的组删除
        aps_RemoveGroup( SAMPLEAPP_ENDPOINT, SAMPLEAPP_FLASH_GROUP );
    }
    else
    {
        // 如果没有注册，将组 ID 号为 SAMPLEAPP_FLASH_GROUP 的组在 APS 层中注册
        aps_AddGroup( SAMPLEAPP_ENDPOINT, &SampleApp_Group );
    }
}
}
```

2) LED 闪烁命令的发送

当按键 SW1 按下之后，调用函数 SampleApp_SendFlashMessage()发送 LED 闪烁命令，其中发送的内容为 LED 闪烁的周期时间。

【函数 6-43】　SampleApp_SendFlashMessage()

```
void SampleApp_SendFlashMessage( uint16 flashTime )
{
    uint8 buffer[3];
    // 记录闪烁次数，没调用此函数依次 SampleAppFlashCounter 的值将加 1
    buffer[0] = (uint8)(SampleAppFlashCounter++);
    // 闪烁周期的低字节
    buffer[1] = LO_UINT16( flashTime );
    // 闪烁周期的高字节
    buffer[2] = HI_UINT16( flashTime );
    // 调用发送函数，详细讲解见 6.6.2 节数据的发送
    if ( AF_DataRequest( &SampleApp_Flash_DstAddr, &SampleApp_epDesc,
                        SAMPLEAPP_FLASH_CLUSTERID,
                        3,
                        buffer,
                        &SampleApp_TransID,
                        AF_DISCV_ROUTE,
                        AF_DEFAULT_RADIUS ) == afStatus_SUCCESS )
    {
```

```
            }
            else
            {

            }
        }
```

3）接收消息事件

如果有接收消息事件发生，则调用函数 SampleApp_MessageMSGCB(MSGpkt)对接收的消息进行处理。一般的接收消息事件是通过用户定义的端点输入簇和输出簇来处理的。在 LED 闪烁命令的发送函数中的输出簇为 SAMPLEAPP_FLASH_CLUSTERID，所以接收到的消息事件的输入簇 SAMPLEAPP_FLASH_CLUSTERID 即为收到的 LED 闪烁命令，其主要函数如下：

【函数 6-44】 SampleApp_ MessageMSGCB ()

```
    void SampleApp_MessageMSGCB( afIncomingMSGPacket_t *pkt )
    {
    uint16 flashTime;
    // 提取接收信息的输入/输出簇
    switch ( pkt->clusterId )
    {
        // 周期广播簇
        case SAMPLEAPP_PERIODIC_CLUSTERID:
            break;
        // LED 闪烁命令簇
        case SAMPLEAPP_FLASH_CLUSTERID:
        // 赋值给闪烁周期 flashTime
            flashTime = BUILD_UINT16(pkt->cmd.Data[1], pkt->cmd.Data[2] );
        // LED 闪烁
            HalLedBlink( HAL_LED_1, 4, 50, flashTime / 4 );
            break;
        }
    }
```

4）网络状态改变事件

当有网络状态改变事件发生后，会调用函数 SampleApp_NwkState()来处理网络状态改变事件。在 SampleApp 例程中，网络状态改变事件主要处理了以下事件：

◇ 判断设备类型，根据编译的选项判断设备是作为协调器启动还是路由器或终端设备启动。

◇ 当协调器网络建立成功后或路由器、终端设备加入网络成功后调用函数 HalLedSet()点亮 LED1。

❖　通过调用 osal_start_timerEx()设置一个定时事件。当达到设定的定时时间后，将会发生用户自定义的定时事件 SAMPLEAPP_SEND_PERIODIC_MSG_EVT。

【代码 6-14】　启动定时事件

```
SampleApp_NwkState = (devStates_t)(MSGpkt->hdr.status);
        // 判断设备类型
if ( (SampleApp_NwkState == DEV_ZB_COORD)
        || (SampleApp_NwkState == DEV_ROUTER)
        || (SampleApp_NwkState == DEV_END_DEVICE) )
{
    // 网络建立成功后或设备加入网络后点亮 LED1
    HalLedSet( HAL_LED_1,HAL_LED_MODE_ON );
    // 设置定时事件 SAMPLEAPP_SEND_PERIODIC_MSG_EVT
    osal_start_timerEx( SampleApp_TaskID,
            SAMPLEAPP_SEND_PERIODIC_MSG_EVT,
            SAMPLEAPP_SEND_PERIODIC_MSG_TIMEOUT );
}
else
{

}
break;
```

当定时时间达到函数 osal_start_timerEx()所设定的定时事件后，系统将会跳入用户自定义的定时事件，在定时事件中处理了两件事情：

❖　调用发送函数 SampleApp_SendPeriodicMessage()发送一个命令。

❖　继续设定定时事件 SAMPLEAPP_SEND_PERIODIC_MSG_EVT。

因此，此用户自定义的定时事件在每隔设定的 SAMPLEAPP_SEND_PERIODIC_MSG_TIMEOUT 时间后将会调用发送函数 SampleApp_SendPeriodicMessage()发送一个命令，其主要代码如下：

【代码 6-15】　定时事件处理

```
if ( events & SAMPLEAPP_SEND_PERIODIC_MSG_EVT )
{
    // 周期发送函数
    SampleApp_SendPeriodicMessage();
    // 设置定时事件
    osal_start_timerEx( SampleApp_TaskID, SAMPLEAPP_SEND_PERIODIC_MSG_EVT,
        (SAMPLEAPP_SEND_PERIODIC_MSG_TIMEOUT + (osal_rand() & 0x00FF)) );
    // 返回没有处理完的事件
```

```
                return (events ^ SAMPLEAPP_SEND_PERIODIC_MSG_EVT);
            }
```

6.9.3 SampleApp.h 文件

在 SampleApp.h 文件中定义了端点描述符内容、端点的简单描述符内容、自定义的定时事件以及定时时间、组寻址的组 ID 号等，以便于 SampleApp.c 文件使用，其主要代码如下：

【代码 6-16】 SampleApp.h

```
// 端点 ID 号为 20
#define SAMPLEAPP_ENDPOINT                    20
// 端点的剖面 ID 为 0x0F08
#define SAMPLEAPP_PROFID                      0x0F08
// 端点的设备 ID 号为 0x0001
#define SAMPLEAPP_DEVICEID                    0x0001
// 端点的设备版本号 0
#define SAMPLEAPP_DEVICE_VERSION              0
// FLAG 默认为 0
#define SAMPLEAPP_FLAGS                       0
// 最大输入/输出簇个数
#define SAMPLEAPP_MAX_CLUSTERS                2
// 输入/输出簇 ID
#define SAMPLEAPP_PERIODIC_CLUSTERID          1
// 输入/输出簇 ID
#define SAMPLEAPP_FLASH_CLUSTERID             2
// 定时时间
#define SAMPLEAPP_SEND_PERIODIC_MSG_TIMEOUT   5000

// 用户自定义的定时事件
#define SAMPLEAPP_SEND_PERIODIC_MSG_EVT       0x0001
// 组寻址的组 ID
#define SAMPLEAPP_FLASH_GROUP                 0x0001
// 灯闪烁周期时间
#define SAMPLEAPP_FLASH_DURATION              1000
```

6.10 OSAL 运行机制

OSAL 是 Zsatck 协议栈的操作系统，其主要作用是：实现任务的注册、初始化以及任务的开始；任务间的消息交换；任务同步和中断处理。本节将通过一个按键触发数据传输的"Zstack 数据传输"示例来详细讲解 OSAL 任务运行机制。

6.10.1　概述

Zsatck 协议栈包含了 Zigbee 协议所规定的基本功能，这些功能大部分是通过函数的形式(即模块化)实现的。为了便于管理这些函数集，Zstack 协议栈中加入了实时操作系统，称为 OSAL(Operating System Abstraction Layer，操作系统抽象层)。

OSAL 主要提供以下功能：

◇　任务注册、初始化和启动。

◇　任务间的同步、互斥。

◇　中断处理。

◇　存储器分配和管理。

6.10.2　OSAL 术语

在学习 Zstack 之前，首先要学习 OSAL 操作系统，学习 OSAL 操作系统需要了解与 OSAL 操作系统有关的常用术语，OSAL 常用的术语如下所述。

◇　任务：也称作一个线程，是一个简单的程序。该程序可以认为 CPU 完全只属于自己。实时应用程序设计的过程，包括如何把问题分割成多个任务，每个任务都是整个应用的某一部分，并被赋予一定的优先级，有自己的一套 CPU 寄存器和堆栈空间，一般将任务设计为一个无限循环。每个任务可以有 4 种状态：就绪态、运行态、挂起态(即等待某一事件发生)以及被中断态。

◇　多任务运行："多任务运行"其实是一种"假象"，实际上只有一个任务在运行，CPU 可以使用任务调度策略将多个任务进行调度，每个任务执行特定的时间，时间到了以后，就进行任务的切换。由于每个任务执行的时间很短，任务之间的切换很频繁，造成了多任务同时运行的"假象"。

◇　资源：任何一个任务所占用的实体都可以称为资源，如一个变量、数组和结构体等。

◇　共享资源：至少被两个任务使用的资源称为共享资源，为了防止共享资源被破坏，每个任务在操作共享资源时，必须保证是独占该资源。

◇　内核：在多任务系统中，内核负责管理各个任务，主要包括为每个任务分配 CPU 时间、任务调度和负责任务间的通信。内核提供的基本服务是任务切换，使用内核可以大大简化应用系统的程序设计方法，借助内核提供的任务切换功能，可以将应用程序分为不同的任务来实现。

◇　互斥：在多任务系统中，多个任务在访问数据时具有排它性，即称为互斥。互斥的主要功能是多个任务进行数据访问时，保证每个任务数据访问的唯一性。解决互斥最常用的方法是关中断、使用测试并置位指令、禁止任务切换和使用信号量。其中，在 Zigbee 协议栈内嵌的操作系统中最常用的方法是关中断。

◇　消息队列：消息队列用于任务间传递消息，通常包含任务间同步的信息。通过内核提供的服务，任务或者中断服务程序将一条消息放入消息队列，然后其他任务可以使用内核提供的服务从消息队列中获取属于自己的消息。为了降低消息的开支，通常传递指向消息的指针。

6.10.3　Zstack 数据传输

OSAL 是 Zstack 协议栈的核心。在开发过程中，必须要创建 OSAL 任务来运行应用程序。OSAL 的应用程序一般都在 APP 层，本节将详细讲解在 APP 层通过按键触发 Zstack 的数据的传输。

下述内容用于实现任务描述 6.D.1，使用 Zstack 协议栈进行数据传输。此数据传输实验将实现以下两个功能：

◇　协调器负责建立网络，路由器加入网络。

◇　通过协调器按键控制路由器 LED 的状态，具体实现为 SW1 控制路由器的 LED1 闪烁，SW2 控制路由器的 LED2 闪烁。

打开 TI 官方的 SampleApp 工程，在 SampleApp.c 文件中做如下修改完成按键控制 LED 闪烁。

◇　修改 SampleApp_ProcessEvemt()函数，实现协调器网络建立后点亮 LED1、LED2。

◇　修改 SampleApp_HandleKeys()函数，实现协调器 SW1 和 SW2 按键按下之后，向网络中其他设备发送数据。

◇　修改 SampleApp_MessageMSGCB()函数实现网络中的路由器或其他设备在收到协调器广播的数据后，实现 LED 闪烁命令。

具体操作步骤如下：

1. 修改 SampleApp_ProcessEvent()函数

SampleApp_ProcessEvent()函数的讲解详见 6.9.3 节，为了实现建立网络后，点亮 LED1 和 LED2，需要修改 SampleApp_ProcessEvent()函数下的网络状态改变事件代码部分，如图 6-13 所示。

图 6-13　SampleApp_ProcessEvent()需修改部分

修改之后的代码如下：

【描述 6.D.1】　SampleApp.c

```
UINT16 SampleApp_ProcessEvent(byte task_id,UINT16 events)
{
…    …    …
…    …    …
…    …    …
…    …    …
    switch ( MSGpkt->hdr.event )
    {
        // 网络状态改变事件
        case ZDO_STATE_CHANGE:
        // 提取网络状态的设备类型
            SampleApp_NwkState=(devStates_t)MSGpkt->hdr.status;
            // 判断是否为协调器
            if ( (SampleApp_NwkState == DEV_ZB_COORD)
                ||(SampleApp_NwkState == DEV_ROUTER)
                ||(SampleApp_NwkState == DEV_END_DEVICE))
            {
                // 点亮 LED1
                HalLedSet(HAL_LED_1,HAL_LED_MODE_ON);
                // 点亮 LED2
                HalLedSet(HAL_LED_2,HAL_LED_MODE_ON);
            }
            break;
            // 模块接收到数据信息事件
            …    …    …
            …    …    …
        …    …    …
            }
            // 释放消息所在的消息缓冲区
            osal_msg_deallocate( (uint8 *)MSGpkt );
            MSGpkt=(afIncomingMSGPacket_t*)
            osal_msg_receive(SampleApp_TaskID;
    }
    // 返回系统消息事件
    return (events ^ SYS_EVENT_MSG);
    }
return 0;
}
```

2. 修改 SampleApp_HandleKeys()函数

按键处理函数需要完成的具体任务为：按下 SW1，调用发送函数向路由器发送控制 LED1 闪烁命令；按下 SW2，调用发送函数向路由器发送控制 LED2 闪烁命令。需要修改的位置如图 6-14 所示。

```
void SampleApp_HandleKeys( uint8 shift, uint8 keys )
{
  (void)shift;  // Intentionally unreferenced parameter

  if ( keys & HAL_KEY_SW_1 )
  {
    /* This key sends the Flash Command is sent to Group 1.
     * This device will not receive the Flash Command from this
     * device (even if it belongs to group 1).
     */
    SampleApp_SendFlashMessage( SAMPLEAPP_FLASH_DURATION );
  }

  if ( keys & HAL_KEY_SW_2 )
  {
    /* The Flashr Command is sent to Group 1.
     * This key toggles this device in and out of group 1.
     * If this device doesn't belong to group 1, this application
     * will not receive the Flash command sent to group 1.

    aps_Group_t *grp;
    grp = aps_FindGroup( SAMPLEAPP_ENDPOINT, SAMPLEAPP_FLASH_GROUP );
    if ( grp )
    {
      // Remove from the group
      aps_RemoveGroup( SAMPLEAPP_ENDPOINT, SAMPLEAPP_FLASH_GROUP );
    }
    else
    {
      // Add to the flash group
      aps_AddGroup( SAMPLEAPP_ENDPOINT, &SampleApp_Group );
    }
  }
}
```

图 6-14　SampleApp_HandleKeys()需修改部分

修改之后的代码如下：

【描述 6.D.1】　SampleApp.c

```
// 处理按键
void SampleApp_HandleKeys (byte keys )
{  // 如果按键 SW1 按下
  if ( keys & HAL_KEY_SW_1 )
  {
  // 发送控制 LED1 闪烁指令
  SampleApp_SendFlashMessage(SAMPLEAPP_FLASH_DURATION);
  }
  // 如果按键 SW2 按下
  if ( keys & HAL_KEY_SW_2 )
  {
  // 发送控制 LED2 闪烁指令
  SampleApp_SendPeriodicMessage();
  }
}
```

其中发送函数 SampleApp_SendFlashMessage()需要修改发送的目的地址，其修改后的代码如下：

【描述 6.D.1】　SampleApp.c

```
// 广播打开 LED 灯
void SampleApp_SendFlashMessage( uint16 flashTime )
{
    // 发送的数据
    uint8 buffer[3];
    buffer[0] = (uint8)(SampleAppFlashCounter++);
    buffer[1] = LO_UINT16( flashTime );
    buffer[2] = HI_UINT16( flashTime );
    if( AF_DataRequest( // 发送目的地址
                    &SampleApp_Periodic_DstAddr,
                    // 发送的端点描述符
                    &SampleApp_epDesc,
                    // 簇 ID 号
                    SAMPLEAPP_FLASH_CLUSTERID,
                    // 发送的字节长度
                    3,
                    // 发送的数据
                    buffer,
                    // 发送的数据 ID 序号
                    &SampleApp_TransID,
                    // 设置路由发现
                    AF_DISCV_ROUTE,
                    // 设置路由域
                    AF_DEFAULT_RADIUS ) == afStatus_SUCCESS )
    {

    }
    else
    {

    }
}
```

发送函数 SampleApp_SendPeriodicMessage()代码不需修改，其代码如下：

【描述 6.D.1】　SampleApp.c

```
// 广播打开 LED 灯
void SampleApp_SendPeriodicMessage( void )
```

```
{
        if( AF_DataRequest( // 发送目的地址
                        & SampleApp_Periodic_DstAddr,
                        // 发送的端点描述符
                        &SampleApp_epDesc,
                        // 簇 ID 号
                        SAMPLEAPP_PERIODIC_CLUSTERID,
                        // 发送的字节长度
                        1,
                        // 发送的数据
                        (uint8*)&SampleAppPeriodicCounter,
                        // 发送的数据 ID 序号
                        &SampleApp_TransID,
                        // 设置路由发现
                        AF_DISCV_ROUTE,
                        // 设置路由域
                        AF_DEFAULT_RADIUS ) == afStatus_SUCCESS )
        {

        }
        else
        {

        }
}
```

3. 修改 SampleApp_MessageMSGCB()函数

网络中的路由器或终端设备在接收到信息之后，通过对接收簇 ID 的判断来执行 LED 的闪烁命令，需要修改的位置如图 6-15 所示。

```
void SampleApp_MessageMSGCB( afIncomingMSGPacket_t *pkt )
{
  uint16 flashTime;

  switch ( pkt->clusterId )
  {
    case SAMPLEAPP_PERIODIC_CLUSTERID:
      break;

    case SAMPLEAPP_FLASH_CLUSTERID:
      flashTime = BUILD_UINT16(pkt->cmd.Data[1], pkt->cmd.Data[2] );
      HalLedBlink( HAL_LED_4, 4, 50, (flashTime / 4) );
      break;
  }
}
```

图 6-15 SampleApp_MessageMSGCB()需修改部分

修改之后的代码如下：

【描述 6.D.1】　SampleApp.c

```
void SampleApp_MessageMSGCB( afIncomingMSGPacket_t *pkt )
{
    switch ( pkt->clusterId )
    {   // 判断接收到的簇 ID
        case SAMPLEAPP_PERIODIC_CLUSTERID:
            // LED2 闪烁
            HalLedBlink( HAL_LED_2, 4, 50, 200 );
        break;
        // 判断接收到的簇 ID
        case SAMPLEAPP_FLASH_CLUSTERID:
            // LED1 闪烁
            HalLedBlink( HAL_LED_1, 4, 50, 200 );
        break;
    }
}
```

4. 实验现象

选择协调器程序和路由器程序分别下载至协调器设备和路由器设备中，选择程序如图 6-16 所示（"CoordinationEB"、"RouterEB"和"EndDeviceEB"分别代表"协调器"、"路由器"和"终端设备节点"程序）。

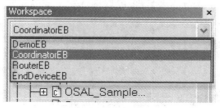

图 6-16　选择程序

程序下载完成之后，按照以下步骤进行操作：

(1) 首先启动协调器，等待协调器建立起网络，协调器建立网络完成的现象为 LED1 和 LED2 同时点亮。

(2) 其次启动路由器，等待路由器加入网络，路由器加入网络的现象为 LED1 和 LED2 同时点亮。

(3) 按下协调器设备的按键 SW1，此时会看到路由器设备的 LED1 闪烁。

(4) 按下协调器设备的按键 SW2，此时会看到路由器设备的 LED2 闪烁。

⚠ 注意：由于以上 APP 层的分析是基于 TI 官方的协议栈，并且此协议栈对应的硬件平台是 TI 的硬件平台。并且 LED 与按键管脚定义不同，所以上述程序下载至本书配套的"Zigbee 开发套件"的设备中时，实验现象与 TI 官方的硬件平台所表现的现象不一致。经过第 7 章协议栈移植后，可正常工作。

6.10.4　OSAL 剖析

6.10.3 节中的示例是在网络建立后，协调器通过按键触发向路由器发送数据，需要用户实现的部分都在 APP 层。APP 层通过调用一些 API 函数实现与其他层的交互，这种交互是通过 OSAL 的调度机制来实现的。

下面详细讲解 OSAL 对任务和事件的调度。OSAL 对各层的调度分为两部分：系统的初始化和 OSAL 的运行，这两者都是从 main() 函数开始的。

1．main() 的运行

main() 函数是整个协议栈的入口函数，其位置在 Zmain 文件夹下的 Zmian.c 文件中，如图 6-17 所示。

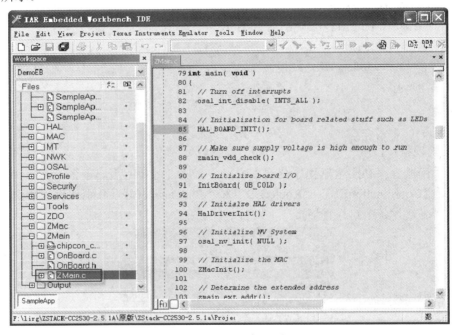

图 6-17　工程主界面

main 函数的代码如下：

【函数 6-45】　main()

```
int main( void )
{
    // 关闭所有中断
    osal_int_disable( INTS_ALL );
    // 初始化硬件，如 LED 灯
    HAL_BOARD_INIT();
    // 芯片电压检查
    zmain_vdd_check();
    // 堆栈初始化
```

```
        zmain_ram_init();
        // 硬件 I/O 的初始化
        InitBoard( OB_COLD );
        // 初始化硬件模块驱动
        HalDriverInit();
        // Flash 初始化
        osal_nv_init( NULL );
        // 非易失性常量初始化
        zgInit();
        // MAC 初始化
        ZMacInit();
        // 确定 IEEE 地址
        zmain_ext_addr();
        #ifndef NONWK
            // AF 初始化
            afInit();
        #endif
        // 操作系统初始化
        osal_init_system();
        // 开中断
        osal_int_enable( INTS_ALL );
        // 初始化按键
        InitBoard( OB_READY );
        // LCD 显示初始化
        #ifdef LCD_SUPPORTED
            zmain_lcd_init();
        #endif
        #ifdef WDT_IN_PM1
            // 看门狗初始化
            WatchDogEnable( WDTIMX );
        #endif
        // 操作系统运行
        osal_start_system();
        return ( 0 );
    }
```

2. 系统的初始化

系统任务的初始化是通过 mian() 函数中的 osal_init_system() 函数来进行的，
osal_init_system()函数在 OSAL.c 文件中，其代码如下：

【函数 6-46】 osal_init_system()

```
uint8 osal_init_system( void )
{
    // 初始化内存分配系统
    osal_mem_init();
    // 初始化消息队列
    osal_qHead = NULL;
    // 如果定义 OSAL_TOTAL_MEM
#if defined( OSAL_TOTAL_MEM )
    // 跟踪系统的堆栈使用情况
    osal_msg_cnt = 0;
#endif
    // 定时器的初始化
    osalTimerInit();
    // 电源管理的初始化
    osal_pwrmgr_init();
    // 任务初始化.
    osalInitTasks();
    // 跳过第一个块
    osal_mem_kick();
    return ( SUCCESS );
}
```

其中，osalInitTasks()为任务初始化函数，此函数的具体实现在 APP 层(详见 6.9.1 节)，即需要用户实现的函数。调用此函数可将用户的任务与协议栈联系起来，即 osalInitTasks() 函数为用户与 OSAL 联系起来的桥梁。

3. OSAL 的运行

main()函数通过调用 osal_start_system()函数(注意,此函数永远不会返回),使整个 Zigbee 协议栈运行起来。osal_start_system()函数的实现在 OSAL.c 文件中，其代码如下：

【函数 6-47】 osal_start_system()

```
void    osal_start_system( void )
{
#if !defined ( ZBIT ) && !defined ( UBIT )
    // 无限循环
    for(;;)
#endif
    // 询检任务
    osal_run_system();
}
```

　　在 osal_start_system()函数中调用了任务询检函数 osal_run_system()，此函数用于按照任务 ID 询检，询检是否有相应的事件发生，其实现在 OSAL.c 文件中，其代码如下：

【函数 6-48】　osal_start_system()

```
osal_run_system();
{
    uint8 idx = 0;
    // 加载时间信息
    osalTimeUpdate();
    // 串口和时钟信息
    Hal_ProcessPoll();
    do
    {   // 最高优先级任务索引号 idx
        if (tasksEvents[idx])
        {
            break;
        }
    } while (++idx < tasksCnt);
    if (idx < tasksCnt)
    {
        uint16 events;
        halIntState_t intState;
        // 进入临界区(关中断)
        HAL_ENTER_CRITICAL_SECTION(intState);
        // 提取需要处理的任务事件
        events = tasksEvents[idx];
        // 清除本次任务操作
        tasksEvents[idx] = 0;
        // 退出临界区(开中断)
        HAL_EXIT_CRITICAL_SECTION(intState);
        // 通过指针调用任务处理函数将事件传递给事件处理函数
        events = (tasksArr[idx])( idx, events );
        // 进入临界区(关中断)
        HAL_ENTER_CRITICAL_SECTION(intState);
        // 保存未处理的事件
        tasksEvents[idx] |= events;
        // 退出临界区(开中断)
        HAL_EXIT_CRITICAL_SECTION(intState);
    }
    #if defined( POWER_SAVING )
```

```
        else
        {
            // 使系统进入休眠模式
            osal_pwrmgr_powerconserve();
        }
        #endif
    }
}
```

由以上代码可以分析，OSAL 运行起来后不停地询检有无事件发生，如果检测到某个任务有事件发生，便将此事件传递给该任务的处理函数进行事件的处理。

其中任务和任务处理函数是通过 APP 层的 OSAL_SampleApp.c 文件联系起来的。OSAL_SampleApp.c 文件的详细讲解见 6.9.2 节。在 OSAL_SampleApp.c 文件中有两个重要的变量 taskArr 和 taskEvents，其中 taskArr 数组保存了 Zstack 协议栈需要处理的任务，通过 taskEvents 将任务和任务的事件处理函数联系起来。

6.10.5　按键事件剖析

按键事件的实现分为两部分：按键的初始化和按键事件处理。按键的初始化的主要作用是在用户任务中注册按键事件；按键事件的处理是通过 APP 层对按键的判断来完成的。

1. 按键的初始化

按键属于开发板上的硬件部分，是开发板的硬件资源，所以按键的初始化是在 main() 函数调用的硬件驱动初始化和硬件 I/O 初始化两个函数中进行的。其按键初始化的流程如图 6-18 所示。

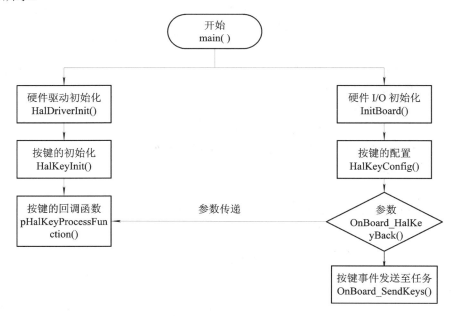

图 6-18　按键的初始化流程

硬件驱动初始化函数 HalDriverInit()在 HAL 目录下的 hal_drivers.c 文件中，其代码
如下：

【函数 6-49】　HalDriverInit()

```
void HalDriverInit (void)
{
    // 定时器初始化
    #if (defined HAL_TIMER) && (HAL_TIMER == TRUE)
        HalTimerInit();
    #endif
        // ADC 初始化
    #if (defined HAL_ADC) && (HAL_ADC == TRUE)
        HalAdcInit();
    #endif
    // DMA 初始化
    #if (defined HAL_DMA) && (HAL_DMA == TRUE)
        HalDmaInit();
    #endif
        // Flash 初始化
    #if (defined HAL_FLASH) && (HAL_FLASH == TRUE)
        HalFlashInit();
    #endif
    // *AES 初始化
    #if (defined HAL_AES) && (HAL_AES == TRUE)
        HalAesInit();
    #endif
    // LED 初始化
    #if (defined HAL_LED) && (HAL_LED == TRUE)
        HalLedInit();
    #endif
        // UART 初始化
    #if (defined HAL_UART) && (HAL_UART == TRUE)
        HalUARTInit();
    #endif
        // 按键初始化
    #if (defined HAL_KEY) && (HAL_KEY == TRUE)
        HalKeyInit();
    #endif
        // *SPI 初始化
    #if (defined HAL_SPI) && (HAL_SPI == TRUE)
```

```
    HalSpiInit();
#endif
    // *LCD 初始化
#if (defined HAL_LCD) && (HAL_LCD == TRUE)
    HalLcdInit();
// #endif

}
```

在 HalDriverInit()函数里，对硬件设备进行一系列的初始化，比如定时器、ADC、LED 灯、按键和 LCD 等。其中，按键的初始化函数 HalKeyInit()具体实现在 hal_key.c 文件中。HalKeyInit()函数中的内容如下：

【函数 6-50】　HalKeyInit()

```
void HalKeyInit( void )
{
    // 初始化当前按键状态为 0
    halKeySavedKeys = 0;
    // 设置按键 6I/O 功能
    HAL_KEY_SW_6_SEL &= ~(HAL_KEY_SW_6_BIT);
    // 设置按键 6I/O 口为输入
    HAL_KEY_SW_6_DIR &= ~(HAL_KEY_SW_6_BIT);
    // 设置按键 5I/O 功能
    HAL_KEY_SW_5_SEL &= ~(HAL_KEY_SW_5_BIT);
    // 设置按键 5I/O 口为输入
    HAL_KEY_SW_5_DIR &= ~(HAL_KEY_SW_5_BIT);
    // 设置回调函数指向空
    pHalKeyProcessFunction   = NULL;
    // 按键无配置
    HalKeyConfigured = FALSE;

}
```

在按键初始化函数 HalKeyInit()中设置了按键 5 和按键 6 的 I/O 功能及输入输出状态，并且设置按键回调函数指向空：pHalKeyProcessFunction=NULL。

在主函数 main()中调用代码“InitBoard(OB_COLD)”初始化开发板上的硬件 I/O，InitBoard()函数在 OnBoard.c 文件中，其代码如下：

【函数 6-51】　InitBoard()

```
void InitBoard( byte level )
{
    if ( level == OB_COLD )
    {
    // 关闭中断
    osal_int_disable( INTS_ALL );
```

```
    // 关 LED 灯
    HalLedSet( HAL_LED_ALL, HAL_LED_MODE_OFF );
    // 检查 Brown-Out reset
    ChkReset();
  }
  else      {
  #ifdef ZTOOL_PORT
      MT_SysResetInd();
  #endif
      // 初始化按键为查询方式
    OnboardKeyIntEnable = HAL_KEY_INTERRUPT_DISABLE;
    // 配置按键
    HalKeyConfig( OnboardKeyIntEnable, OnBoard_KeyCallback);
  }
}
```

代码"InitBoard(OB_COLD)"将按键初始化为查询方式，即设置 OnboardKeyIntEnable =
HAL_KEY_INTERRUPT_DISABLE，然后调用按键配置函数 HalKeyConfig()，
HalKeyConfig()函数传递了两个参数：一是按键的查询方式，二是 OnBoard_KeyCallback()
函数。HalKeyConfig()函数的具体实现在 hal_key.c 文件中，其程序代码如下：

【函数 6-52】　HalKeyConfig()

```
void HalKeyConfig (bool interruptEnable, halKeyCBack_t cback)
{
    // 按键中断使能为按键初始化为查询方式
    Hal_KeyIntEnable = interruptEnable;
    // 注册回调函数功能
    pHalKeyProcessFunction = cback;
    if (Hal_KeyIntEnable)
    {
        // 清除 P0ICON
        PICTL &= ～(HAL_KEY_SW_6_EDGEBIT);
        // P0 口下降沿引起中断
    #if (HAL_KEY_SW_6_EDGE == HAL_KEY_FALLING_EDGE)
        PICTL |= HAL_KEY_SW_6_EDGEBIT;
    #endif
        // 清除 P0ICON
        PICTL &= ～(HAL_KEY_SW_5_EDGEBIT);
        // P0 口下降沿引起中断
    #if (HAL_KEY_SW_5_EDGE == HAL_KEY_FALLING_EDGE)
        PICTL |= HAL_KEY_SW_5_EDGEBIT;
```

```
        #endif
            // P0IEN 中断使能
            HAL_KEY_SW_6_ICTL |= HAL_KEY_SW_6_ICTLBIT;
            // 端口 0CPU 中断使能
            HAL_KEY_SW_6_IEN |= HAL_KEY_SW_6_IENBIT;
            // 清中断标志位
            HAL_KEY_SW_6_PXIFG = ～(HAL_KEY_SW_6_BIT);
            // P0IEN 中断使能
            HAL_KEY_SW_5_ICTL |= HAL_KEY_SW_5_ICTLBIT;
            // 端口 0CPU 中断使能
            HAL_KEY_SW_5_IEN |= HAL_KEY_SW_5_IENBIT;
            // 清中断标志位
            HAL_KEY_SW_5_PXIFG = ～(HAL_KEY_SW_5_BIT);

        #if (HAL_KEY_JOY_MOVE_EDGE == HAL_KEY_FALLING_EDGE)
        //   HAL_KEY_JOY_MOVE_ICTL |= HAL_KEY_JOY_MOVE_EDGEBIT;
        #endif
            if (HalKeyConfigured == TRUE)
            {
                // 停止按键事件
                osal_stop_timerEx( Hal_TaskID, HAL_KEY_EVENT);        }
        }
        else
        {
            // SW6 P0IEN 中断禁止
            HAL_KEY_SW_6_ICTL &= ～(HAL_KEY_SW_6_ICTLBIT);
            // SW6 中断禁止
            HAL_KEY_SW_6_IEN &= ～(HAL_KEY_SW_6_IENBIT);
            // SW5 P0IEN 中断禁止
            HAL_KEY_SW_5_ICTL &= ～(HAL_KEY_SW_5_ICTLBIT);
            // SW5 中断禁止
            HAL_KEY_SW_5_IEN &= ～(HAL_KEY_SW_5_IENBIT);
            // 设置按键改变定时事件
            osal_start_timerEx (Hal_TaskID, HAL_KEY_EVENT, HAL_KEY_POLLING_VALUE);
        }
        // 按键配置为 TRUE
        HalKeyConfigured = TRUE;
    }
```

在 HalKeyConfig()函数中,通过代码"pHalKeyProcessFunction=cback"将"OnBoard_Key-

Callback"(即函数地址)传递给 pHalKeyProcessFunction，OnBoard_KeyCallback()函数的具体实现在 OnBoard.c 文件中，其代码如下：

【函数 6-53】　OnBoard_KeyCallback()

```
void OnBoard_KeyCallback ( uint8 keys, uint8 state )
{
    uint8 shift;

    (void)state;
    // 判断 shift 的值
    shift = (OnboardKeyIntEnable == HAL_KEY_INTERRUPT_ENABLE) ? false : (((keys &
            HAL_KEY_SW_6)||(keys & HAL_KEY_SW_5)) ? true : false);
    // 发送按键事件
    if ( OnBoard_SendKeys( keys, shift ) != ZSuccess )
    {
      // Process SW1 here 检测是否 SW1 按下
      if ( keys & HAL_KEY_SW_1 )
      {
      }
      // Process SW2 here 检测是否 SW2 按下
      if ( keys & HAL_KEY_SW_2 )
      {
      }
      // Process SW3 here 检测是否 SW3 按下
      if ( keys & HAL_KEY_SW_3 )
      {
      }
      // Process SW4 here 检测是否 SW4 按下
      if ( keys & HAL_KEY_SW_4 )
      {
      }
    }
}
```

OnBoard_KeyCallback()函数的主要工作是将按键时间发送给相应的任务，按键发送是通过 OnBoard_SendKeys(keys，shift)来实现的，按键发送 OnBoard_SendKeys()函数的具体实现在 OnBoard.c 文件中，其程序代码如下：

【函数 6-54】　OnBoard_SendKeys()

```
byte OnBoard_SendKeys( byte keys, byte state )
{
    keyChange_t *msgPtr;
```

```
// 按键事件被注册在 sampleAPP 应用 registeredKeysTaskID = SampleApp_TaskID
    if ( registeredKeysTaskID != NO_TASK_ID )
    {
        // 为按键事件在任务中分配信心缓存
        msgPtr = (keyChange_t *)osal_msg_allocate( sizeof(keyChange_t) );
        if ( msgPtr )
        {
            // 事件为按键
            msgPtr->hdr.event = KEY_CHANGE;
            // 按键状态
            msgPtr->state = state;
            // 按下的按键
            msgPtr->keys = keys;
            // 发送消息到任务
            osal_msg_send( registeredKeysTaskID, (uint8 *)msgPtr );
        }
        // 返回值
        return ( ZSuccess );
    }
    else
        return ( ZFailure );
}
```

在 OnBoard_SendKeys()函数中通过 osal_msg_send(registeredKeysTaskID,(uint8*)msgPtr)将按键事件发送给相应的任务。osal_msg_send()中的第一个参数 registeredKeysTaskID 是任务 ID 号，此任务 ID 号是在 SampleApp_Init(uint8 task_id)初始化中注册的任务 ID "SampleApp_TaskID"，此任务 ID 的传递是通过 APP 层中调用的 RegisterForKeys(SampleApp_TaskID)函数来实现的，此函数的主要任务是注册按键事件，RegisterForKeys()函数的具体实现在 OnBoard.c 文件中，其代码如下：

【函数 6-55】 RegisterForKeys()

```
byte RegisterForKeys( byte task_id )
{
    if ( registeredKeysTaskID == NO_TASK_ID )
    {   // 按键事件 ID 设置为用户任务 ID
        registeredKeysTaskID = task_id;
        return ( true );
    }
    else
        return ( false );
}
```

在 RegisterForKeys()函数中将用户的任务 ID 传递给按键事件。当用户任务中有按键发生时，硬件抽象层任务将会把按键事件传递给硬件抽象层事件处理函数进行处理。

2. 按键事件处理

在 APP 层 的 OSAL_SampleApp.c 文 件 中 的 硬 件 抽 象 层 事 件 处 理 函 数 "Hal_ProcessEven()"对用户按键事件做了相应的处理，此函数的具体实现在 hal_drivers.c 文件中，其相关代码如下：

【函数 6-56】　Hal_ProcessEven()

```
uint16 Hal_ProcessEvent( uint8 task_id, uint16 events )
{
    uint8 *msgPtr;

    (void)task_id;    // Intentionally unreferenced parameter
    // 系统消息事件
    if ( events & SYS_EVENT_MSG )
    {
        msgPtr = osal_msg_receive(Hal_TaskID);
        while (msgPtr)
        {
            osal_msg_deallocate( msgPtr );
            msgPtr = osal_msg_receive( Hal_TaskID );
        }
        return events ^ SYS_EVENT_MSG;
    }
    // LED 闪烁事件
    if ( events & HAL_LED_BLINK_EVENT )
    {
#if (defined (BLINK_LEDS)) && (HAL_LED == TRUE)
        HalLedUpdate();
#endif      // BLINK_LEDS && HAL_LED
        return events ^ HAL_LED_BLINK_EVENT;
    }
    // 如果事件是按键事件
    if (events & HAL_KEY_EVENT)
    {
        // 如果定义了 HAL_KEY 并且定义 HAL_KEY==TRUE
        #if (defined HAL_KEY) && (HAL_KEY == TRUE)
            // 检查按键是否按下
            HalKeyPoll();
```

```
                // 如果中断禁止，进行下一轮询
                if (!Hal_KeyIntEnable)
                {
                    // 按键定时事件，每 100ms 进行一次轮询，检查按键是否按下。
                    osal_start_timerEx( Hal_TaskID, HAL_KEY_EVENT, 100);
                }
        #endif        // HAL_KEY
                return events ^ HAL_KEY_EVENT;
        }
        // 定时器休眠事件
        #ifdef POWER_SAVING
            if ( events & HAL_SLEEP_TIMER_EVENT )
            {
                halRestoreSleepLevel();
                return events ^ HAL_SLEEP_TIMER_EVENT;
            }
        #endif
            // Nothing interested, discard the message
            return 0;
    }
```

在硬件抽象层事件处理函数中，由于按键为查询方式，因此通过定时器事件 osal_start_timerEx(Hal_TaskID, HAL_KEY_EVENT, 100)每隔 100ms 就进行一次按键事件的查询，按键事件的发生是通过 HalKeyPoll()来实现的，在 hal_key.c 文件中，HalKeyPoll()的程序代码如下：

【函数 6-57】　HalKeyPoll()

```
    void HalKeyPoll (void)
    {
        uint8 keys = 0;
        // 检测按键 6 是否按下
        if (!(HAL_KEY_SW_6_PORT & HAL_KEY_SW_6_BIT))
        {
            keys |= HAL_KEY_SW_6;
        }
        // 检测按键 7 是否按下
        if (!(HAL_KEY_SW_5_PORT & HAL_KEY_SW_5_BIT))
        {
            keys |= HAL_KEY_SW_5;
        }
        // 检测 SW1-SW4 是否有按键按下
```

```
        {
            keys |= halGetJoyKeyInput();
        }
        // 如果中断没有使能
        if (!Hal_KeyIntEnable)
        {
            // 如果没有按键按下则退出
            if (keys == halKeySavedKeys)
            {
                return;
            }
            // 为了方便下一次比较保存按键状态
            halKeySavedKeys = keys;
        }
        else
        {
        }
        // 如果有按键按下调用回调函数
        if (keys && (pHalKeyProcessFunction))
        {
            (pHalKeyProcessFunction) (keys, HAL_KEY_STATE_NORMAL);
        }
    }
```

在 HalKeyPoll()函数中检查是否有按键按下，如果有按键按下则调用回调函数，即 pHalKeyProcessFunction()，pHalKeyProcessFunction()函数的具体实现在按键的初始化中已经进行了详细讲述。

因为是通过 pHalKeyProcessFunction()调用回调函数 OnBoard_SendKeys()将按键事件发送给用户的任务的，所以在 SampleApp.c 文件中的用户任务事件处理函数 SampleApp_ProcessEvent(byte task_id,UINT16 events)中对消息进行提取分配，其代码如下：

【函数 6-58】 SampleApp_ProcessEvent()

```
    UINT16 SampleApp_ProcessEvent(byte task_id,UINT16 events)
    {
        // 当一个消息被发送给任务时,SYS_EVENT_MSG,事件会被传递任务
        // 表示有一个消息等待处理。
        afIncomingMSGPacket_t *MSGpkt;
        // 如果事件是系统消息事件
        if ( events & SYS_EVENT_MSG )
        {
            // 从消息队列中取出消息
```

```
MSGpkt=(afIncomingMSGPacket_t*)osal_msg_receive(SampleApp_TaskID);
// 当有消息发生时
while ( MSGpkt )
{
    // 提取发生的事件
    switch ( MSGpkt->hdr.event )
    {
        // 网络状态改变事件
        case ZDO_STATE_CHANGE:
            // 提取网络状态的设备类型
            SampleApp_NwkState=(devStates_t)MSGpkt->hdr.status;
            // 判断是否为协调器
            if ( (SampleApp_NwkState == DEV_ZB_COORD)
                ||(SampleApp_NwkState == DEV_ROUTER)
                ||(SampleApp_NwkState == DEV_END_DEVICE))
            {
                // 点亮 LED1
                HalLedSet(HAL_LED_1,HAL_LED_MODE_ON);
                // 点亮 LED2
                HalLedSet(HAL_LED_2,HAL_LED_MODE_ON);
            }
            break;
        // 模块接收到数据信息事件
        case AF_INCOMING_MSG_CMD:
            // 模块接收数据信息处理函数
            SampleApp_ProcessMSGData ( MSGpkt );
            break;
        // 按键事件
        case KEY_CHANGE:
            // 按键处理函数
            SampleApp_HandleKeys(((keyChange_t*)MSGpkt)->keys );
            break;
        default:
            break;
    }
    // 释放消息所在的消息缓冲区
    osal_msg_deallocate( (uint8 *)MSGpkt );
    MSGpkt=(afIncomingMSGPacket_t*)
            osal_msg_receive(SampleApp_TaskID);
```

```
            }
            // 返回系统消息事件
            return (events ^ SYS_EVENT_MSG);
        }
    return 0;
    }
```

当有按键事件发生时，将调用按键处理函数 SampleApp_HandleKeys()对相应的按键进行处理，该函数在 SampleApp.c 中，其代码如下：

【函数 6-59】　SampleApp_HandleKeys()

```
    // 处理按键
    void SampleApp_HandleKeys (byte keys )
    {
        // 如果按键 SW1 按下
        if ( keys & HAL_KEY_SW_1 )
        {
        // 发送控制 LED1 闪烁指令
        SampleApp_SendFlashMessage(SAMPLEAPP_FLASH_DURATION);
        }
        // 如果按键 SW2 按下
        if ( keys & HAL_KEY_SW_2 )
        {
        // 发送控制 LED2 闪烁指令
        SampleApp_SendPeriodicMessage();
        }
    }
```

若按下按键 SW1 则调用"SampleApp_SendFlashMessage()"；其按下 SW2 键则调用"SampleApp_SendPeriodicMessage()"。

小　结

通过本章的学习，学生应该能够掌握以下内容：

◆　Zstack 协议栈代码文件夹包括 HAL、MAC、NWK、OSAL、ZDO 和 APP 以及配置文件等。

◆　HAL 层是硬件驱动层，提供定时器、I/O 口、UART 以及 ADC 等 API 接口。

◆　Zstack 的 NWK 层负责的功能有：节点地址类型的分配、协议栈模板、网络拓扑结构、网络地址的分配的选择等。

◆　Tools 文件为工程设置文件目录，比如信道、PANID、设备类型的设置。

◆　Profile 对应 Zigbee 软件架构中的应用程序框架 AF 层。

◆　ZDO(The Zigbee Device Objects，即 Zigbee 设备对象)层提供了 Zigbee 设备管理功

能，包括网络建立、发现网络、加入网络、应用端点的绑定和安全管理服务。

◆　Zstack 协议栈依靠协议栈内部的 OS(即 OSAL)才能运行起来，OSAL 提供以下服务和管理：信息管理、任务同步、时间管理、中断管理、任务管理、内存管理、电源管理以及非易失存储管理。

◆　APP 层为 Zstack 协议栈的应用层，是面向用户开发的。在这一层用户可以根据自己的需求建立所需要的项目，添加用户任务，并通过调用 API 函数实现项目所需要的功能。

练　习

1. Zstack 协议栈代码文件夹包括＿＿＿＿、＿＿＿＿、＿＿＿＿、＿＿＿＿、＿＿＿＿和＿＿＿＿以及＿＿＿＿等。

2. Zstack 的 NWK 层负责的功能有：＿＿＿＿、＿＿＿＿、＿＿＿＿、＿＿＿＿等。

3. ZDO(The Zigbee Device Objects，即 Zigbee 设备对象)层提供了 Zigbee 设备管理功能，包括：＿＿＿＿、＿＿＿＿、＿＿＿＿、＿＿＿＿和＿＿＿＿。

4. 简述端点的主要作用。

5. 简述数据发送函数 AF_DataRequest()的各项参数。

第 7 章　Zstack 系统移植

本章目标

◆ 掌握工程模板的建立。

◆ 掌握任务的建立。

◆ 掌握 LED、按键和 LCD 的移植。

学习导航

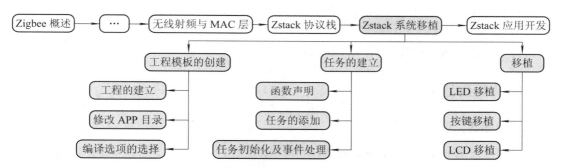

任务描述

➢【描述 7.D.1】

　　以 GenericApp 为基础新建一个名为 DongheApp 的空工程模板。

➢【描述 7.D.2】

　　在 7.D.1 工程模板的基础上，添加用户任务。

➢【描述 7.D.3】

　　在 7.D.2 的基础上，进行 LED 移植。

➢【描述 7.D.4】

　　在 7.D.3 的基础上，进行按键的移植。

➤【描述 7.D.5】

在 7.D.4 的基础上，进行 LCD 的移植。

7.1　工程模板的创建

在 Zstack 应用开发中首先要建立自己的工程模板，然后在新建的工程模板中根据项目的需求建立自己的任务和任务处理函数，并且需要用户根据自己的开发板资源修改官方Zstack 协议栈。

由于 Zstack 协议的半开源性，在 MAC 层和网络层几乎不用修改，用户的开发大多建立在应用层，即 Zstack 协议栈的 APP 层。一个新的工程若是从零开始需要做大量的工作(如Zstack 文件的添加、编译参数的设置等)，因此在 TI 官方附带的例子的基础上进行修改是一个捷径(例如，用户建立自己的工程模板可以在 TI 官方协议栈的 GenericApp、SampleApp和 SimpleApp 例程的基础上进行)。下述内容用以实现任务描述 7.D.1，以 GenericApp 为基础新建一个名为 DongheApp 的空工程模板。

建立一个新的工程需要以下三个步骤：

(1) 工程的建立以及命名。

(2) 添加文件。

(3) 编译选项的设置。

7.1.1　工程的建立

1. 给新建工程命名

在 "Projects\zstack\Samples\GenericApp\CC2530DB" 的目录下找到 GenericApp.eww、GenericApp.ewp 和 GenericApp.ewd 三个文件，如图 7-1 所示。

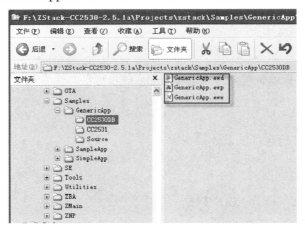

图 7-1　CC2530DB 目录

将 GenericApp.eww、GenericApp.ewp 和 GenericApp.ewd 三个文件重命名为 DongheApp.

eww、DongheApp.ewp 和 DongheApp.ewd 三个文件，如图 7-2 所示。

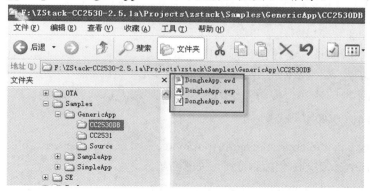

图 7-2　修改名称后的文件

2. 修改工程文件

分别用"记事本"方式打开三个文件，如图 7-3 所示。

将文件中的 GenericApp 全部替换为 DongheApp，如图 7-4 所示。

图 7-3　打开方式

图 7-4　查找替换

然后双击打开 DongheApp.eww 文件，可以看到工程名变为 DongheApp，如图 7-5 所示。

图 7-5　打开 DongheApp.eww

7.1.2 修改 App 目录

修改 App 目录需要以下几个步骤。

(1) 建立新的源文件：将原来工程的应用层源文件删除，并添加新工程的源文件。

(2) 子目录的建立：将原来 App 目录下所有的文件全部删除，添加新工程的簇文件。

(3) 子目录文件的建立：将新工程的源文件添加至子目录文件中。

1. 建立新的源文件

将"Projects\zstack\Samples\GenericApp\Source"目录下的 GenericApp.c、GenericApp.h 和 OSAL_GenericApp.c 文件全部删除掉，如图 7-6 所示。

在"Projects\zstack\Samples\GenericApp\Source"目录下添加 DongheAppCooder.c、OSAL_DongheAppCooder.c、OSAL_DongheCooder.h、DongheAppRouter.c、OSAL_Donghe-AppRouter.c、OSAL_DongheRouter.h 和 DongheApp.h 共 7 个空文件，如图 7-7 所示。

图 7-6　Source 目录　　　　　　　　图 7-7　新建 Source 文件

2. 子目录的建立

将 DongheApp 工程中 App 目录下所有的 3 个文件删除掉，如图 7-8 所示。

图 7-8　删除 App 目录下的文件

在 TI 的官方程序中，协调器程序、路由器程序和终端节点的程序都在同一个文件中，程序的可读性不强。为了使用户能够区分协调器程序和路由器程序，本次新建的工程将把协调器程序和路由器或终端节点的程序区分开。

在空的 App 文件目录下面新建两个子目录，分别命名为协调器子目录"Cooder"以及路由器或终端设备子目录"Router"(因为在应用层的路由器程序和终端节点的程序区别很小，因此将两者放在同一个程序文件中，存放在"Router"簇中)，具体操作为右击 APP，选择"Option→Add→Add Group"选项，如图 7-9 所示。

点击 Add Group，会弹出如图 7-10 所示的对话框。

在对话框中写入"Cooder"或者"Router"，点击 OK 按钮即可将簇添加至 App 文件中。添加完成之后如图 7-11 所示。

  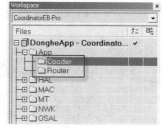

图 7-9　添加簇　　　　　图 7-10　簇命名　　　　　图 7-11　新建的 App 目录

3. 子目录文件的建立

右击 Cooder 子目录，通过"Add→Add Files"的方式添加 Cooder 子目录下的文件，如图 7-12 所示。

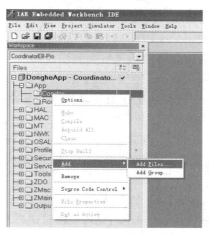

图 7-12　添加文件

选 择 Source 目录下的 DongheAppCooder.c、OSAL_DongheAppCooder.c 以及 DongheAppCooder.h 文件添加至 Cooder 子目录中，如图 7-13 所示。

以同样的方式将 DongheAppRouter.c、OSAL_DongheAppRouter.c 以及 OSAL_Donghe-Router.h 文件添加至 Router 子目录中，最后将 DongheApp.h 文件添加至 App 目录中，结果如图 7-14 所示。

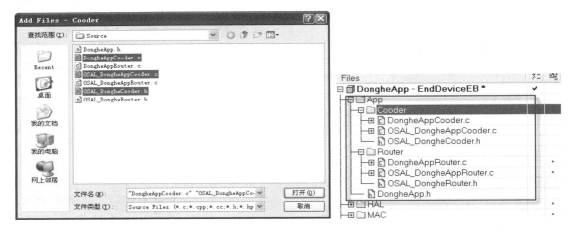

图 7-13　选择要添加的文件　　　　　　图 7-14　文件添加完毕

⚠️ 注意：此处的 DongheApp.h 也可以不添加到 APP 目录下，因为在 DongheAppCooder.c
文件和 DongheAppRouter.c 文件中都包含了此文件。此处为了方便理解
DongheApp.h 为一个 Cooder 和 Router 共用的头文件，因此将此文件添加至 APP
层的根目录下。

7.1.3　编译选项的选择

以上章节介绍了应用层 App 目录的建立，其中新建的 Cooder 子目录是为协调器建立的，里面包含了有关协调器代码的文件，新建的 Router 子目录是为路由器和终端设备建立的，里面包含了有关路由器设备和终端设备的代码(在实际应用中，有时候路由器设备的代码和终端设备的代码是相同的，只是由于编译选项的不同，使得路由器代码具有路由转发数据的功能，而终端设备代码没有路由转发数据的功能)。

在实际应用中需要将不同子目录对应不同的编译选项，例如，协调器的子目录要对应协调器的编译选项，路由器和终端设备的子目录要分别对应路由器和终端设备的编译选项。下面以协调器子目录编译选项的设置为例来讲解编译选项的选择。

例如，当选择 CoodinatorEB 时，可以看到在 Tools 目录下选择编译的是 f8w2530.xcl、f8wConfig.cfg、f8wCoord.cfg 文件，而 f8wEndev.cfg 和 f8wRouter.cfg 文件的图标变为灰色，如图 7-15 所示。

协调器对应的子目录为 Cooder，所以当编译协调器时，应当屏蔽掉 Router 子目录的编译。右击 Router 子目录，选择 Options 弹出对话框，将对话框左上角的 "Exclude from bulid" 选项勾上，然后点击 OK 按钮即可，如图 7-16 所示。

按照以上步骤，在选择 RouterEB 时，应该将 Cooder 子目录屏蔽。在选择 EndDeviceEB 选项时，也将 Cooder 子目录屏蔽掉。

OSAL_DongheAppCooder.c 和 DongheAppCooder.c 为协调器的应用层文件，OSAL_

DongheApp-Router.c 和 DongheAppRouter.c 是路由器和终端设备的应用层文件。其中
OSAL_DongheAppCooder.c 和 OSAL_DongheAppRouter.c 的主要功能是为任务分配内存空
间和 ID 号，DongheAppCooder.c 和 DongheAppRouter.c 的主要功能是对任务进行初始化和
事件处理。

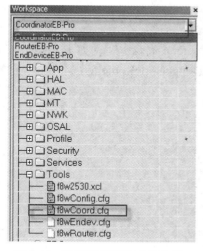

图 7-15　协调器编译选项的选择

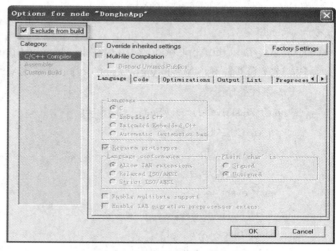

图 7-16　屏蔽编译子目录

在 OSAL_DongheCooder.h 和 OSAL_DongheRouter.h 两个头文件中，分别写入如下代码：

【描述 7.D.1】　OSAL_DongheCooder.h

```
#ifndef    OSAL_DONGHE_COODER_H
#define    OSAL_DONGHE_COODER_H


#include "ZComDef.h"
#include "OSAL_Tasks.h"
#include "mac_api.h"
#include "nwk.h"
#include "hal_drivers.h"
#include "aps.h"
#include "ZDApp.h"


#endif
```

【描述 7.D.1】　OSAL_DongheRouter.h

```
#ifndef    OSAL_DONGHE_ROUTER_H
#define    OSAL_DONGHE_ROUTER _H


#include "ZComDef.h"
#include "OSAL_Tasks.h"
#include "mac_api.h"
```

```
#include "nwk.h"
#include "hal_drivers.h"
#include "aps.h"
#include "ZDApp.h"

#endif
```

在 OSAL_DongheAppCooder.c 和 OSAL_DongheAppRouter.c 代码中写入如下代码：

【描述 7.D.1】 OSAL_DongheAppCooder.c、OSAL_DongheAppRouter.c

```
// 事件处理函数
const pTaskEventHandlerFn tasksArr[] = {
    // MAC 层处理函数
    macEventLoop,
    // 网络层处理函数
    nwk_event_loop,
    // Hal 层处理函数
    Hal_ProcessEvent,
    // APS 层处理函数
    APS_event_loop,
    // ZDO 层处理函数
    ZDApp_event_loop,
};
// 保存当前任务数
const uint8 tasksCnt = sizeof( tasksArr ) / sizeof( tasksArr[0] );
uint16 *tasksEvents = NULL;

/*************************************************************
 * @fn          osalInitTasks

 *************************************************************/
// 任务初始化函数
void osalInitTasks( void )
{
    uint8 taskID = 0;
    // 为任务分配空间
    tasksEvents = (uint16 *)osal_mem_alloc( sizeof( uint16 ) * tasksCnt);
    osal_memset( tasksEvents, 0, (sizeof( uint16 ) * tasksCnt));
    // MAC 层任务初始化
    macTaskInit( taskID++ );
    // 网络层任务初始化
```

```
    nwk_init( taskID++ );
    // HAL 层任务初始化
    Hal_Init( taskID++ );
    // APS 层任务初始化
    APS_Init( taskID++ );
    // ZDO 层任务初始化
    ZDApp_Init( taskID++ );
}
```

OSAL_DongheAppCooder.c 和 OSAL_DongheAppRouter.c 两个文件中要包含的头文件是不同的，OSAL_DongheCooder.c 中包含的头文件为

```
#include "OSAL_DongheCooder.h"
```

OSAL_DongheAppRouter.c 中包含的头文件为

```
#include "OSAL_DongheRouter.h"
```

到此为止，一个空的工程模板建立完成，可以通过"Project→Rubild All"编译此工程文件，编译结构如图 7-17 所示。

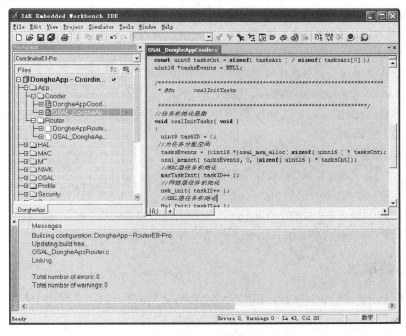

图 7-17　工程的编译

7.2　任务的建立

上述 7.1 节在 APP 应用层建立了两个子目录，即 Cooder 子目录和 Router 子目录，分别存放协调器和路由器(终端)设备的代码文件，因此在建立任务时需要将协调器和路由器

(终端设备)的代码分开来写，添加任务需要在 Cooder 和 Router 子目录中分别添加。下述内容将实现任务描述 7.D.2，在 7.D.1 工程模板的基础上，添加用户任务。

用户任务的添加需要以下几个步骤。

(1) 函数的声明：在 OSAL_DongheCooder.h 和 OSAL_DongheRouter.h 文件中声明用户自定义的任务初始化函数和与其相对应的事件处理函数。

(2) 任务的添加：在 OSAL_DongheAppCooder.c 和 OSAL_DongheAppRouter.c 文件中添加任务初始化函数和与其相对应的事件处理函数。

(3) 任务初始化及事件的处理：在 DongheAppCooder.c 和 DongheAppRouter.c 文件中对用户任务进行初始化，并且对与用户任务相对应的事件进行处理，即完善事件处理函数。

7.2.1 函数的声明

函数的声明在 Cooder 子目录和 Router 子目录是不同的，Cooder 子目录中函数的声明是在 OSAL_DongheCooder.h 文件中，Router 子目录中函数的声明在 OSAL_DongheRouter.h 中。

在 OSAL_DongheCooder.h 文件中声明用户自定义的任务初始化函数和与其相对应的事件处理函数，其代码如下：

【描述 7.D.2】 OSAL_DongheCooder.h

```
// 用户自定义协调器任务初始化函数声明
void DonghehAppCoord_Init(byte task_id );
// 与用户自定义协调器任务相对应的事件处理函数声明
UINT16 DongheAppCoord_ProcessEvent( byte task_id, UINT16 events );
```

在 OSAL_DongheRouter.h 文件中声明用户自定义的任务初始化函数和与其相对应的事件处理函数，其代码如下：

【描述 7.D.2】 OSAL_DongheRouter.h

```
// 用户自定义路由器或终端设备任务初始化函数声明
void DonghehAppRouter_Init(byte task_id );
// 与用户自定义路由器和终端设备任务相对应的事件处理函数声明
UINT16 DongheAppRouter_ProcessEvent( byte task_id, UINT16 events );
```

7.2.2 任务的添加

在 OSAL_DongheAppCooder.c 和 OSAL_DongheAppRouter.c 文件中分别添加协调器和路由器的任务及相应的事件处理函数。

1. 协调器

代码如下：

【描述 7.D.2】 OSAL_DongheAppCooder.c

```
// 事件处理函数
const pTaskEventHandlerFn tasksArr[] = {
    // MAC 层处理函数
    macEventLoop,
```

```
    // 网络层处理函数
    nwk_event_loop,
    // Hal 层处理函数
    Hal_ProcessEvent,
    // APS 层处理函数
    APS_event_loop,
    // ZDO 层处理函数
    ZDApp_event_loop,
    // 用户定义协调器的事件处理函数
    DongheAppCoord_ProcessEvent
};
// 保存当前任务数
const uint8 tasksCnt = sizeof( tasksArr ) / sizeof( tasksArr[0] );
uint16 *tasksEvents = NULL;


/*************************************************************
 * @fn         osalInitTasks

 *************************************************************/
// 任务初始化函数
void osalInitTasks( void )
{
    uint8 taskID = 0;
    // 为任务分配空间
    tasksEvents = (uint16 *)osal_mem_alloc( sizeof( uint16 ) * tasksCnt);
    osal_memset( tasksEvents, 0, (sizeof( uint16 ) * tasksCnt));
    // MAC 层任务初始化
    macTaskInit( taskID++ );
    // 网络层任务初始化
    nwk_init( taskID++ );
    // Hal 层任务初始化
    Hal_Init( taskID++ );
    // APS 层任务初始化
    APS_Init( taskID++ );
    // ZDO 层任务初始化
    ZDApp_Init( taskID++ );
    // 用户自定义协调器的任务初始化
    DonghehAppCoord_Init(taskID++);
}
```

2. 路由器或终端节点

代码如下：

【描述 7.D.2】 OSAL_DongheAppRouter.c

```
// 事件处理函数
const pTaskEventHandlerFn tasksArr[] = {
    // MAC 层处理函数
    macEventLoop,
    // 网络层处理函数
    nwk_event_loop,
    // Hal 层处理函数
    Hal_ProcessEvent,
    // APS 层处理函数
    APS_event_loop,
    // ZDO 层处理函数
    ZDApp_event_loop,
    // 用户定义的路由器或终端设备事件处理函数
    DongheAppRouter_ProcessEvent
};
// 保存当前任务数
const uint8 tasksCnt = sizeof( tasksArr ) / sizeof( tasksArr[0] );
uint16 *tasksEvents = NULL;
/****************************************************************
 * @fn          osalInitTasks
 ****************************************************************/
// 任务初始化函数
void osalInitTasks( void )
{
    uint8 taskID = 0;
    // 为任务分配空间
    tasksEvents = (uint16 *)osal_mem_alloc( sizeof( uint16 ) * tasksCnt);
    osal_memset( tasksEvents, 0, (sizeof( uint16 ) * tasksCnt));
    // MAC 层任务初始化
    macTaskInit( taskID++ );
    // 网络层任务初始化
    nwk_init( taskID++ );
    // Hal 层任务初始化
    Hal_Init( taskID++ );
    // APS 层任务初始化
```

```
    APS_Init( taskID++ );
    // ZDO 层任务初始化
    ZDApp_Init( taskID++ );
    // 用户定义的路由器或终端设备任务初始化
    DonghehAppRouter_Init(taskID++);
}
```

7.2.3　任务初始化及事件处理

　　协调器和路由器的任务初始化和事件处理函数是不相同的，但是同一个工程中的协调器与路由器或终端设备通信时，必须保证它们在 AF 层注册的应用对象端点是相同的。有关端点描述符以及端点的简单描述符的各成员在 DongheApp.h 中进行定义，其代码如下：

【描述 7.D.2】　DongheApp.h

```
#ifndef _DhApp_H_
#define _DhApp_H_
#include "hal_types.h"


/***************端点描述符成员定义***************/
#define    MySendtest_ENDPOINT              16
#define    MySendtest_PROFID               0x0F08
#define    MySendtest_DEVICEID             0x0001
#define    MySendtest_DEVICE_VERSION       0
#define    MySendtest_FLAGS                0
#define    MySendtest_MAX_INCLUSTERS       4
#define    MySendtest_MAX_OUTCLUSTERS      4
/***************端点描述符成员定义***************/


/*****************簇 ID 定义*****************/
#define    MySendtest_PERIODIC_CLUSTERID    1
#define    MySendtest_GUANG_CLUSTERID       2
#define    MySendtest_WENDU_CLUSTERID       3
#define    MySendtest_SHIDU_CLUSTERID       4


#define    MySendtest_SINGLE_CLUSTERID      1
#define    MySendtest_REGUANG_CLUSTERID     2
#define    MySendtest_REWENDU_CLUSTERID     3
#define    MySendtest_RESHIDU_CLUSTERID     4


#endif
```

然后，在 DongheAppCooder.c 和 DongheAppRouter.c 文件中分别添加协调器和路由器的任务及相应的事件处理函数。

1. 协调器

代码如下：

【描述 7.D.2】　DongheAppCooder.c

```
#include <string.h>
#include "DongheApp.h"
#include "OSAL_DongheCooder.h"
#include "hal_led.h"
#include "OnBoard.h"
#include "hal_key.h"
#include "hal_uart.h"
#include "OSAL.h"
#include "AF.h"
#include "ZDApp.h"
#include "ZDObject.h"
#include "ZDProfile.h"
#include "DebugTrace.h"


// 定义变量，用于保存任务 ID
byte        DhAppCoordManage_TaskID;
// 传输序列号
uint8       DhAppCoordManage_TransID = 0;
// 串口端口
#define     SERIAL_APP_PORT        0
// 定义广播地址信息结构体，将在初始化函数中赋值
afAddrType_t     MySendtest_Periodic_DstAddr;
// 定义任务的端点描述符，将在初始化函数中为它赋值，然后将它注册到应用程序框架中
endPointDesc_t     MySendtest_epDesc;
// 保存当前节点的网络状态，初始化为未加入网
devStates_t    DhAppCoordManage_NwkState = DEV_INIT;


/*********************函数声明***************************/
// 网络状态改变处理函数声明
void DhAppCoordManage_ProcessZDOStateChange(void);
// 接收信息事件处理函数声明
void DhAppCoordManage_ProcessMSGData ( afIncomingMSGPacket_t *msg );
// 按键改变事件处理函数声明
```

```
void DhAppCoordManage_HandleKeys (byte keys );
/***********************函数声明**************************/


// 定义数组，保存输出簇 ID 列表
const uint16 MySendtest_OUTClusterList[MySendtest_MAX_OUTCLUSTERS]=
{
MySendtest_PERIODIC_CLUSTERID,
    MySendtest_GUANG_CLUSTERID,
    MySendtest_WENDU_CLUSTERID,
    MySendtest_SHIDU_CLUSTERID
};
// 定义数组，保存输入簇 ID 列表
const uint16 MySendtest_INClusterList[MySendtest_MAX_INCLUSTERS]=
{
  MySendtest_SINGLE_CLUSTERID,
  MySendtest_REGUANG_CLUSTERID,
  MySendtest_REWENDU_CLUSTERID,
  MySendtest_RESHIDU_CLUSTERID
};


// 定义简单描述符，它保存了任务的一些基本信息
const SimpleDescriptionFormat_t MySendtest_SimpleDesc=
{
     MySendtest_ENDPOINT,
     MySendtest_PROFID,
     MySendtest_DEVICEID,
     MySendtest_DEVICE_VERSION,
     MySendtest_FLAGS,
     MySendtest_MAX_INCLUSTERS,
     (uint16*)MySendtest_INClusterList,
     MySendtest_MAX_OUTCLUSTERS,
     (uint16*)MySendtest_OUTClusterList
};


// 接收串口数据的回调函数
static void SerialApp_CallBack( uint8 port,uint8 event)
{
     uint8    sBuf[10]={0};
```

```
        uint16    nLen=0;
        if(event !=HAL_UART_TX_EMPTY)
        {
            nLen=HalUARTRead(SERIAL_APP_PORT,sBuf,10);
            if(nLen>0)
            {

            }
        }
    }


// 初始化串口
static void InitUart(void)
{

    halUARTCfg_t      uartConfig;

    uartConfig.configured              = TRUE;
    uartConfig.baudRate                = HAL_UART_BR_38400;
    uartConfig.flowControl             = FALSE;
    uartConfig.flowControlThreshold    = 64;
    uartConfig.rx.maxBufSize           = 128;
    uartConfig.tx.maxBufSize           = 128;
    uartConfig.idleTimeout             = 6;
    uartConfig.intEnable               = TRUE;
    uartConfig.callBackFunc            = SerialApp_CallBack;

    HalUARTOpen (SERIAL_APP_PORT, &uartConfig);
}



void DonghehAppCoord_Init( byte task_id )
{
    // 将任务 ID 赋予 DhAppCoordManage_TaskID
    DhAppCoordManage_TaskID = task_id;

    /**********************设置广播模式信息**********************/
    // 设置广播地址模式
    MySendtest_Periodic_DstAddr.addrMode=afAddrBroadcast;
```

```
    // 设置端点号
    MySendtest_Periodic_DstAddr.endPoint=MySendtest_ENDPOINT;
    // 设置广播地址目的地址短地址，默认值
    MySendtest_Periodic_DstAddr.addr.shortAddr=0xffff;
/***********************设置广播模式信息*********************/


/*********************设置端点号为 16 的描述符配置***********/
    // 端点描述符端点配置
    MySendtest_epDesc.endPoint=MySendtest_ENDPOINT;
    // 端点描述符任务配置
    MySendtest_epDesc.task_id=&DhAppCoordManage_TaskID;
    // 端点描述符的简单描述符
    MySendtest_epDesc.simpleDesc=
        (SimpleDescriptionFormat_t*)&MySendtest_SimpleDesc;
    MySendtest_epDesc.latencyReq = noLatencyReqs;
/*********************设置端点号为 16 的描述符配置***********/


    // 在 AF 层注册应用对象
    afRegister( &MySendtest_epDesc );
    // 注册按键事件
    RegisterForKeys( DhAppCoordManage_TaskID );
    // 初始化串口
    InitUart();
}


// ********************************************************
UINT16 DongheAppCoord_ProcessEvent(byte task_id,UINT16 events)
{
    // 定义指向消息结构体的指针，并初始化为 NULL
    afIncomingMSGPacket_t *MSGpkt=NULL;

    // 事件是系统消息事件，当一个消息被发送给任务时，SYS_EVENT_MSG 事件
    // 会被传递给任务
    if ( events & SYS_EVENT_MSG )
    {
        // 从消息队列中取出消息
        MSGpkt=
(afIncomingMSGPacket_t *)osal_msg_receive(DhAppCoordManage_TaskID);
```

```
        // 判断有消息时
        while ( MSGpkt )
        {
            // 将消息事件提取出来
            switch ( MSGpkt->hdr.event )
            {
                // 网络状态改变事件
                case ZDO_STATE_CHANGE:
                        // 判断设备类型
                        DhAppCoordManage_NwkState = (devStates_t)MSGpkt->hdr.status;
                        // 如果设备是协调器设备
                        if ( DhAppCoordManage_NwkState == DEV_ZB_COORD )
                        {
                                // 调用网络状态处理函数
                                DhAppCoordManage_ProcessZDOStateChange();
                        }
                        break;

                // 模块接收到数据信息事件
                case AF_INCOMING_MSG_CMD:
                    // 如果有消息，将调用接收信息处理函数
                    DhAppCoordManage_ProcessMSGData ( MSGpkt );
                        break;

                // 按键事件
                case KEY_CHANGE:
                    // 如果有按键事件发生，按键改变事件处理
                    DhAppCoordManage_HandleKeys ( ( (keyChange_t *)MSGpkt)->keys );
                        break;

                default:
                        break;
            }
            // 释放消息所在的消息缓冲区
            osal_msg_deallocate( (uint8 *)MSGpkt );
            // 等待下一个消息的到来
            MSGpkt = (afIncomingMSGPacket_t*)osal_msg_receive(DhAppCoordManage_TaskID);
        }
        // 处理未完成的系统消息事件
```

```
        return (events ^ SYS_EVENT_MSG);
    }


    return 0;
}
// 处理网络状态改变
void DhAppCoordManage_ProcessZDOStateChange(void)
{


}


// 处理按键
void DhAppCoordManage_HandleKeys (byte keys )
{

    // 按键 SW1 按下
    if ( keys & HAL_KEY_SW_1 )
    {

    }
    // 按键 SW2 按下
    if ( keys & HAL_KEY_SW_2 )
    {


    }
    // 按键 SW3 按下
    if ( keys & HAL_KEY_SW_3 )
    {


    }
    // 按键 SW4 按下
    if ( keys & HAL_KEY_SW_4 )
    {


    }
      // 按键 SW5 按下
    if ( keys & HAL_KEY_SW_5 )
    {
```

```
       }
   // 按键 SW6 按下
     if ( keys & HAL_KEY_SW_6 )
     {

     }

   }

   // 处理接收到的数据
   void DhAppCoordManage_ProcessMSGData ( afIncomingMSGPacket_t *msg )
   {

       switch ( msg->clusterId )
       {

       case MySendtest_REWENDU_CLUSTERID:

            break;

       case MySendtest_SINGLE_CLUSTERID:

            break;

       case   MySendtest_REGUANG_CLUSTERID

            break；

       case   MySendtest_RESHIDU_CLUSTERID

            break;

       default:   break;
       }
   }
```

2. 路由器或终端节点

在 DongheAppRouter.c 文件中添加用户定义的路由器或终端节点的任务初始化和与其相对应的事件处理。DongheAppRouter.c 文件中的程序与 DongheAppCooder.c 文件中的程序的主要区别表现在以下几个方面：

    ◇　定义任务 ID 变量的名称不同。

    ◇　简单描述符的输入簇和输出簇不同。

    ◇　网络启动时，启动设备的类型不同。

Donghe AppRouter.C 文件中的程序代码如下：

【描述 7.D.2】　DongheAppRouter.c

```
#include "OSAL_DongheRouter.h"
#include "DongheApp.h"
#include "hal_led.h"
#include "OnBoard.h"
#include "hal_key.h"
#include "hal_lcd.h"
#include "OSAL.h"
#include "AF.h"
#include "ZDApp.h"
#include "ZDObject.h"
#include "ZDProfile.h"
#include "DebugTrace.h"


// 保存定义任务 ID 的变量
byte        DhAppRouterManage_TaskID;
// 数据传输序列号 ID
uint8       DhAppRouterManage_TransID=0;
// 数据传输地址结构体，在初始化中赋值
afAddrType_t       MySendtest_Single_DstAddr;
// 端点描述符结构体，在初始化中赋值
endPointDesc_t      MySendtest_epDesc;
// 保存了当前节点的网络状态，初始化为未加入网
devStates_t   DhAppRouterManage_NwkState = DEV_INIT;


/********************函数声明**********************************/
// 网络状态改变事件处理函数声明
void DhAppRouterManage_ProcessZDOStateChange(void);
// 接收信息事件处理函数声明
void DhAppRouterManage_ProcessMSGData ( afIncomingMSGPacket_t *msg );
// 按键事件处理函数声明
void DhAppRouterManage_HandleKeys (byte keys );
/********************函数声明**********************************/
```

```
// 输入簇列表，为路由器或终端设备输入簇列表
const uint16 MySendtest_INClusterList[MySendtest_MAX_OUTCLUSTERS]=
{ MySendtest_PERIODIC_CLUSTERID,
  MySendtest_GUANG_CLUSTERID,
  MySendtest_WENDU_CLUSTERID,
  MySendtest_SHIDU_CLUSTERID
};
// 输出簇列表，为路由器或终端设备的输出簇列表
const uint16 MySendtest_OUTClusterList[MySendtest_MAX_INCLUSTERS]=
{
  MySendtest_SINGLE_CLUSTERID,
  MySendtest_REGUANG_CLUSTERID,
  MySendtest_REWENDU_CLUSTERID,
  MySendtest_RESHIDU_CLUSTERID
};


// 任务的简单描述符，它保存了任务的一些基本信息，各成员在 DongheApp.h 中定义
const SimpleDescriptionFormat_t MySendtest_SimpleDesc=
{
    MySendtest_ENDPOINT,
    MySendtest_PROFID,
    MySendtest_DEVICEID,
    MySendtest_DEVICE_VERSION,
    MySendtest_FLAGS,
    MySendtest_MAX_INCLUSTERS,
    (uint16*)MySendtest_INClusterList,
    MySendtest_MAX_OUTCLUSTERS,
    (uint16*)MySendtest_OUTClusterList
};


// 任务初始化
void DonghehAppRouter_Init( byte task_id )
{
    // 将任务 ID 号赋予 DhAppRouterManage_TaskID
    DhAppRouterManage_TaskID = task_id;

    /**********************设置广播模式信息**********************/
    // 设置单播信息
```

```
MySendtest_Single_DstAddr.addrMode=afAddr16Bit;
// 设置端点号
MySendtest_Single_DstAddr.endPoint=MySendtest_ENDPOINT;
// 目的地址的短地址，协调器默认短地址为 0x0000
MySendtest_Single_DstAddr.addr.shortAddr=0x0000;
/*********************设置广播模式信息*********************/


/*********************设置端点号为 16 的描述符配置************/
// 端点描述符端点配置
MySendtest_epDesc.endPoint=MySendtest_ENDPOINT;
// 端点描述符任务配置
MySendtest_epDesc.task_id=&DhAppRouterManage_TaskID;
// 端点描述符的简单描述符
MySendtest_epDesc.simpleDesc=
    (SimpleDescriptionFormat_t*)&MySendtest_SimpleDesc;
MySendtest_epDesc.latencyReq = noLatencyReqs;
/*********************设置端点号为 16 的描述符配置************/


// 在 AF 层注册应用对象
afRegister(&MySendtest_epDesc);
// 注册按键
RegisterForKeys( DhAppRouterManage_TaskID );


}


// ********************************************************
UINT16 DongheAppRouter_ProcessEvent(byte task_id,UINT16 events)
{
// 定义指向消息结构体的指针
afIncomingMSGPacket_t *MSGpkt=NULL;

// 事件是系统消息事件，当一个消息被发送给任务时，SYS_EVENT_MSG 事件
// 会被传递给任务
if ( events & SYS_EVENT_MSG )
{
    // 从消息队列中取出消息
    MSGpkt =(afIncomingMSGPacket_t *)osal_msg_receive(DhAppRouterManage_TaskID);
    // 判断有消息时
    while ( MSGpkt )
```

```
    {
        // 将消息事件提取出来
        switch ( MSGpkt->hdr.event )
        {

            // 如果是网络状态改变事件
            case ZDO_STATE_CHANGE:
                DhAppRouterManage_NwkState = (devStates_t)MSGpkt->hdr.status;
                // 判断启动的是路由器设备还是终端设备
                if (DhAppRouterManage_NwkState == DEV_ROUTER
                    || DhAppRouterManage_NwkState == DEV_END_DEVICE)
                {
                    // 调用网络状态改变处理函数
                    DhAppRouterManage_ProcessZDOStateChange();
                }
                break;
            // 模块接收到数据信息事件
            case AF_INCOMING_MSG_CMD:
                // 调用接收消息事件处理函数
                DhAppRouterManage_ProcessMSGData( MSGpkt );
                break;
            // 按键事件
            case KEY_CHANGE:
                // 调用按键事件处理函数
                DhAppRouterManage_HandleKeys ( ( (keyChange_t *)MSGpkt)->keys );
                break;

            default:
                break;
        }
        // 释放消息所在的消息缓冲区
        osal_msg_deallocate( (uint8 *)MSGpkt );
        // 等待接收下一个消息
        MSGpkt = (afIncomingMSGPacket_t*)osal_msg_receive(DhAppRouterManage_TaskID);
    }
    // 返回还没有处理完的系统消息事件
    return (events ^ SYS_EVENT_MSG);

}
```

```
        return 0;
    }
// 处理网络状态改变
void DhAppRouterManage_ProcessZDOStateChange(void)
{

}
// 处理按键
void DhAppRouterManage_HandleKeys (byte keys )
{
    // 如果按键 SW1 按下
     if ( keys & HAL_KEY_SW_1 )
    {

    }
    // 如果按键 SW2 按下
    if ( keys & HAL_KEY_SW_2 )
    {

    }
    // 如果按键 SW3 按下
    if ( keys & HAL_KEY_SW_3 )
    {

    }
    // 如果按键 SW4 按下
    if ( keys & HAL_KEY_SW_4 )
    {

    }
      // 如果按键 SW5 按下
    if ( keys & HAL_KEY_SW_5 )
    {

    }
    // 如果按键 SW6 按下
    if ( keys & HAL_KEY_SW_6 )
    {

    }

}
// 处理接收到的数据
```

```
void DhAppRouterManage_ProcessMSGData ( afIncomingMSGPacket_t *msg )
{
        switch ( msg->clusterId )
        {
        case MySendtest_PERIODIC_CLUSTERID :

            break;
        case MySendtest_GUANG_CLUSTERID:

            break;
        case MySendtest_WENDU_CLUSTERID:

            break;
        case MySendtest_SHIDU_CLUSTERID:

            break;

        default:    break;
        }
}
```

其中，需要注意的是，协调器中的输出簇必须对应路由器中的输入簇，协调器中的输入簇必须对应路由器中的输出簇。

7.3 移植

由于 TI 官方的 Zstack 协议栈的一些硬件定义不一定适用于用户开发的 CC2530 开发板。为了使 TI 官方的 Zstack 协议与用户的开发板配合适用，就需要将用户开发板的一些硬件资源移植到 Zstack 协议栈中。下面将讲解与本书配套的"Zigbee 开发套件"硬件资源的移植，包括 LED、按键和 LCD。

7.3.1 LED 移植

TI 官方的 Zstack 协议栈中定义了 LED1、LED2 和 LED3，而与本书配套的"Zigbee 开发套件"开发板上定义了四个 LED，即 LED1、LED2、LED3 和 LED4，分别接 CC2530 的 P1.0～P1.3，其电路原理图如图 7-18 所示，因此需要将"Zigbee 开发套件"的 LED 移植到协议栈中。下述内容将实现任务描述 7.D.3，在 7.D.2 的基础上进行 LED 的移植。

LED 的移植需要以下几个步骤：
(1) LED 的基本配置，即配置 LED 的 I/O 口。
(2) LED 的状态配置，即配置 LED 的打开、关闭或状态改变。
(3) I/O 的初始化，对 LED 的 I/O 口进行初始化。

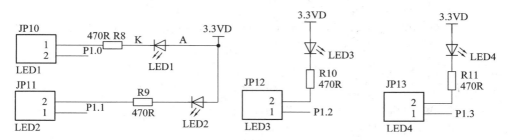

图 7-18　LED 电路原理图

1. LED 的基本配置

LED 的定义在 Zstack 协议栈 HAL→Target→CC2530EB→Config→hal_board_cfg.h 文件中，如图 7-19 所示。

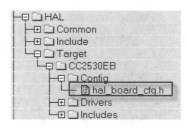

图 7-19　hal_board_cfg.h 文件

hal_board_cfg.h 文件为 LED 等硬件资源的配置文件，LED 的移植首先要对四个 LED 进行配置定义，在 Zstack 协议栈中 LED 配置的基本格式(以 LED1 为例)如下：

【描述 7.D.3】 LED 的基本配置

// 定义 LED1_BV 为 1 << (0)

#define LED1_BV　　　　　　BV(0)

// LED1_SBIT 为 P1_0

#define LED1_SBIT　　　　　P1_0

// 寄存器 P1DIR 定义

#define LED1_DDR　　　　　P1DIR

// LED 输入/输出为高/低定义

#define LED1_POLARITY　　ACTIVE_HIGH

TI 官方定义的 3 个 LED，分别接 CC2530 的 P1_0、P1_1 和 P1_4，其配置如图 7-20 所示。

按照本书的"Zigbee 开发套件"中 LED 的连接方式，需要在 hal_board_cfg.h 文件中做以下修改：

◇　将原来的 LED2 和 LED3 的配置删除，即删除图 7-20 中第 118～130 行的代码。

◇　按照"Zigbee 开发套件"中 LED 的定义，添加 LED2～LED4 的配置。

LED 的基本配置修改之后的代码如下：

```
112 /* 1 - Green */
113 #define LED1_BV              BV(0)
114 #define LED1_SBIT            P1_0
115 #define LED1_DDR             P1DIR
116 #define LED1_POLARITY        ACTIVE_HIGH
117
118 #if defined (HAL_BOARD_CC2530EB_REV17)
119  /* 2 - Red */
120  #define LED2_BV             BV(1)
121  #define LED2_SBIT           P1_1
122  #define LED2_DDR            P1DIR
123  #define LED2_POLARITY       ACTIVE_HIGH
124
125  /* 3 - Yellow */
126  #define LED3_BV             BV(4)
127  #define LED3_SBIT           P1_4
128  #define LED3_DDR            P1DIR
129  #define LED3_POLARITY       ACTIVE_HIGH
130 #endif
```

图 7-20　官方 LED 的配置

【描述 7.D.3】 hal_board_cfg.h

```
#define HAL_LED_BLINK_DELAY()    st( { volatile uint32 i; for (i=0; i<0x5800; i++) { }; } )


/* 1 - Green */
#define LED1_BV              BV(0)
#define LED1_SBIT            P1_0
#define LED1_DDR             P1DIR
#define LED1_POLARITY        ACTIVE_HIGH


/******************移植*********************/
#define LED2_BV              BV(1)
#define LED2_SBIT            P1_1
#define LED2_DDR             P1DIR
#define LED2_POLARITY        ACTIVE_HIGH


#define LED3_BV              BV(2)
#define LED3_SBIT            P1_2
#define LED3_DDR             P1DIR
#define LED3_POLARITY        ACTIVE_HIGH


#define LED4_BV              BV(3)
#define LED4_SBIT            P1_3
#define LED4_DDR             P1DIR
#define LED4_POLARITY        ACTIVE_HIGH
```

另外，根据"Zigbee 开发套件"硬件的设计，LED 的开、关状态由 I/O 口的输出来控制。当 I/O 口输出为高电平时，LED 状态为关闭状态；当 I/O 口输出为低电平时，LED 状态为打开状态。I/O 口输出的高/低电平是由代码中的"ACTIVE_HIGH"或"ACTIVE_LOW"来控制的，此变量的定义在 hal_board_cfg.h 文件中，如图 7-21 所示。

```
137 #define ACTIVE_LOW           !
138 #define ACTIVE_HIGH          !!
139
```

图 7-21　ACTIVE_LOW/HIGH 定义

按照本书配套设备硬件的设计，需要将原来的"ACTIVE_LOW/HIGH"修改如下：

【描述 7.D.3】 hal_board_cfg.h

```
// 定义 ACTIVE_LOW 为高电平状态
#define ACTIVE_LOW           !!
// 定义 ACTIVE_HIGH 为低电平状态
#define ACTIVE_HIGH          !
```

2. LED 的状态配置

LED 状态的配置需要设置 LED 所连接硬件 I/O 口的输出状态，其状态配置示例如下：

【描述 7.D.3】　LED 的状态配置

```
// 关闭 LED1
#define HAL_TURN_OFF_LED1()      st( LED1_SBIT = LED1_POLARITY (0); )
// 打开 LED1
#define HAL_TURN_ON_LED1()       st( LED1_SBIT = LED1_POLARITY (1); )
//LED1 状态改变
#define HAL_TOGGLE_LED1()        st(if (LED1_SBIT){LED1_SBIT=0;}else{LED1_SBIT =1;})
// LED 状态改变
#define HAL_STATE_LED1()         (LED1_POLARITY (LED1_SBIT))
```

TI 官方的 LED 状态的配置只定义实现了 LED1～LED3 的状态改变量，如图 7-22 所示。

```
302 /* ---------- LED's ---------- */
303 #if defined (HAL_BOARD_CC2530EB_REV17) && !defined (HAL_PA_LNA) && !defined (HAL_PA_LNA_CC2590)
304
305   #define HAL_TURN_OFF_LED1()    st( LED1_SBIT = LED1_POLARITY (0); )
306   #define HAL_TURN_OFF_LED2()    st( LED2_SBIT = LED2_POLARITY (0); )
307   #define HAL_TURN_OFF_LED3()    st( LED3_SBIT = LED3_POLARITY (0); )
308   #define HAL_TURN_OFF_LED4()    HAL_TURN_OFF_LED1()
309
310   #define HAL_TURN_ON_LED1()     st( LED1_SBIT = LED1_POLARITY (1); )
311   #define HAL_TURN_ON_LED2()     st( LED2_SBIT = LED2_POLARITY (1); )
312   #define HAL_TURN_ON_LED3()     st( LED3_SBIT = LED3_POLARITY (1); )
313   #define HAL_TURN_ON_LED4()     HAL_TURN_ON_LED1()
314
315   #define HAL_TOGGLE_LED1()      st( if (LED1_SBIT) { LED1_SBIT = 0; } else { LED1_SBIT = 1;} )
316   #define HAL_TOGGLE_LED2()      st( if (LED2_SBIT) { LED2_SBIT = 0; } else { LED2_SBIT = 1;} )
317   #define HAL_TOGGLE_LED3()      st( if (LED3_SBIT) { LED3_SBIT = 0; } else { LED3_SBIT = 1;} )
318   #define HAL_TOGGLE_LED4()      HAL_TOGGLE_LED1()
319
320   #define HAL_STATE_LED1()       (LED1_POLARITY (LED1_SBIT))
321   #define HAL_STATE_LED2()       (LED2_POLARITY (LED2_SBIT))
322   #define HAL_STATE_LED3()       (LED3_POLARITY (LED3_SBIT))
323   #define HAL_STATE_LED4()       HAL_STATE_LED1()
```

图 7-22　官方 LED 的状态配置

为了实现 LED1～LED4 状态的配置，需要在原来代码的基础上将 LED4 的状态改变量删除，重新添加 LED4 状态改变量的定义，其修改之后的代码如下：

【描述 7.D.3】　hal_board_cfg.h

```
#if defined (HAL_BOARD_CC2530EB_REV17) && !defined (HAL_PA_LNA)
       && !defined (HAL_PA_LNA_CC2590)
/***************P1_0～P1_3 输出低电平，关闭 LED***********************/
#define HAL_TURN_OFF_LED1()      st( LED1_SBIT = LED1_POLARITY (0); )
#define HAL_TURN_OFF_LED2()      st( LED2_SBIT = LED2_POLARITY (0); )
#define HAL_TURN_OFF_LED3()      st( LED3_SBIT = LED3_POLARITY (0); )
#define HAL_TURN_OFF_LED4()      st( LED4_SBIT = LED4_POLARITY (0); )

/***************P1_0～P1_3 输出高电平，打开 LED***********************/
#define HAL_TURN_ON_LED1()       st( LED1_SBIT = LED1_POLARITY (1); )
#define HAL_TURN_ON_LED2()       st( LED2_SBIT = LED2_POLARITY (1); )
```

```
#define HAL_TURN_ON_LED3()          st( LED3_SBIT = LED3_POLARITY (1); )
#define HAL_TURN_ON_LED4()          st( LED4_SBIT = LED4_POLARITY (1); )
```

/***************LED 状态改变*************************************/
```
#define HAL_TOGGLE_LED1()           st( if (LED1_SBIT) { LED1_SBIT = 0; }
    else { LED1_SBIT = 1;} )
#define HAL_TOGGLE_LED2()           st( if (LED2_SBIT) { LED2_SBIT = 0; }
    else { LED2_SBIT = 1;} )
#define HAL_TOGGLE_LED3()           st( if (LED3_SBIT) { LED3_SBIT = 0; }
    else { LED3_SBIT = 1;} )
#define HAL_TOGGLE_LED4()           st( if (LED4_SBIT) { LED4_SBIT = 0; }
    else { LED4_SBIT = 1;} )
```

/***************LED 状态改变*************************************/
```
#define HAL_STATE_LED1()            (LED1_POLARITY (LED1_SBIT))
#define HAL_STATE_LED2()            (LED2_POLARITY (LED2_SBIT))
#define HAL_STATE_LED3()            (LED3_POLARITY (LED3_SBIT))
#define HAL_STATE_LED4()            (LED4_POLARITY (LED4_SBIT))

#endif
```

3. I/O 的初始化

在 LED 的初始化中需要设置寄存器 P1DIR，由于 LED 使用的是输出模式，所以需要将 LED1~LED4 所对应的 I/O 设置为输出模式。TI 官方的代码只设置了 LED1~LED3 所对应的 I/O 口，其设置在 hal_board_cfg.h 文件中的 "HAL_BOARD_INIT" 中，如图 7-23 所示。

图 7-23　I/O 初始化设置

因此，在 hal_board_cfg.h 文件中的"HAL_BOARD_INIT"中需要添加 LED4 所对应的 I/O 的初始化，具体添加的代码如下加粗部分所示：

【描述 7.D.3】　hal_board_cfg.h

```
#if defined (HAL_BOARD_CC2530EB_REV17) && !defined (HAL_PA_LNA)
               && !defined (HAL_PA_LNA_CC2590)
#define HAL_BOARD_INIT()                                          \
{                                                                 \
  uint16 i;                                                       \
                                                                  \
  SLEEPCMD &=  ～OSC_PD; \
  while (!(SLEEPSTA & XOSC_STB)); \
  asm("NOP");        \
  for (i=0; i<504; i++) asm("NOP");          \
  CLKCONCMD = (CLKCONCMD_32MHz | OSC_32KHz); \
  while (CLKCONSTA != (CLKCONCMD_32MHz | OSC_32KHz)); \
  SLEEPCMD |= OSC_PD; /* turn off 16MHz RC */              \
                                                                  \
  /* Turn on cache prefetch mode */                       \
  PREFETCH_ENABLE();                                       \
                                                                  \
  HAL_TURN_OFF_LED1();                                     \
  LED1_DDR |= LED1_BV;                                     \
  HAL_TURN_OFF_LED2();                                     \
  LED2_DDR |= LED2_BV;                                     \
  HAL_TURN_OFF_LED3();                                     \
  LED3_DDR |= LED3_BV;                                     \
  HAL_TURN_OFF_LED4();                                     \
  LED4_DDR |= LED4_BV;                                     \
  /* configure tristates */                               \
  P0INP |= PUSH2_BV;                                       \
}
```

4. 实验现象

为了验证 LED 移植的结果，需要在 APP 层调用有关 LED 的 API 函数验证移植是否成功。在 APP 层的 DongheAppCooder.c 文件中的网络状态改变处理函数"DhAppCoordManage_ProcessZDOStateChange( )"中添加打开 LED 的代码，其具体代码如下：

【描述 7.D.3】　DongheAppCooder.c

```
// 处理网络状态改变
void DhAppCoordManage_ProcessZDOStateChange(void)
```

```
    {      // 打开 LED1
        HalLedSet(HAL_LED_1,HAL_LED_MODE_ON);
        // 打开 LED2
        HalLedSet(HAL_LED_2,HAL_LED_MODE_ON);
        // 打开 LED3
        HalLedSet(HAL_LED_3,HAL_LED_MODE_ON);
        // 打开 LED4
        HalLedSet(HAL_LED_4,HAL_LED_MODE_ON);
    }
```

选择协调器程序下载至协调器设备中。下载完毕后，按下复位按键，协调器设备中的 LED1～LED4 全部点亮。

7.3.2　按键移植

与本书配套的"Zigbee 开发套件"协调器开发底板上有 6 个按键，分别是 SW1～SW6，而路由器底板上有两个按键，即 SW1 和 SW2。其中，协调器底板上的按键 SW1～SW4 为四个 AD 按键，而路由器底板上的按键 SW1 和 SW2 分别对应协调器底板的按键 SW5 和 SW6，即在硬件连接上，路由器底板上的 SW1 与协调器底板上的按键 SW5 相同，路由器底板上的按键 SW2 与协调器底板上的 SW6 相同，其电路原理图如图 7-24 和图 7-25 所示。

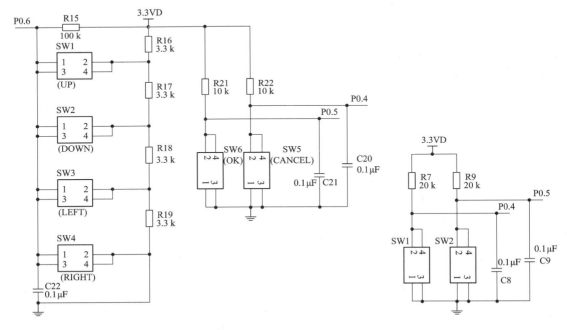

图 7-24　协调器底板的按键　　　　图 7-25　路由器底板的按键

由图 7-24 和图 7-25 可知，协调器底板上的 AD 按键 SW1～SW4 接 CC2530 的 P0.6 引脚，协调器底板上的按键 SW5(路由器底板上的按键 SW1)接 CC2530 的 P0.4 引脚，协调器底板上的按键 SW6(路由器底板上的按键 SW2)接 CC2530 的 P0.5 引脚。

下述内容将实现任务描述 7.D.4。在 7.D.3 的基础上，进行按键的移植，需要以下三个步骤：

(1) 用户按键的定义，即定义按键名称。

(2) 按键模式的配置，即配置与按键相关的寄存器。

(3) 按键相关函数的修改。

1. 用户按键的定义

TI 官方的 Zstack 定义了 7 个按键，即 SW1～SW7，其中包括上、下、左、右 4 个摇杆按键。其中，摇杆按键是 HAL_KEY_UP、HAL_KEY_DOWN、HAL_KEY_RIGHT 和 HAL_KEY_LEFT，分别对应的按键为 HAL_KEY_SW_1、HAL_KEY_SW_2、HAL_KEY_SW_3、HAL_KEY_SW_4。按键定义在 hal_key.h 文件中，TI 的官方按键定义如图 7-26 所示。

```
69 /* Switches (keys) */
70 #define HAL_KEY_SW_1 0x01    // Joystick up
71 #define HAL_KEY_SW_2 0x02    // Joystick right
72 #define HAL_KEY_SW_5 0x04    // Joystick center
73 #define HAL_KEY_SW_4 0x08    // Joystick left
74 #define HAL_KEY_SW_3 0x10    // Joystick down
75 #define HAL_KEY_SW_6 0x20    // Button S1 if available
76 #define HAL_KEY_SW_7 0x40    // Button S2 if available
77
78 /* Joystick */
79 #define HAL_KEY_UP      0x01 // Joystick up
80 #define HAL_KEY_RIGHT   0x02 // Joystick right
81 #define HAL_KEY_CENTER  0x04 // Joystick center
82 #define HAL_KEY_LEFT    0x08 // Joystick left
83 #define HAL_KEY_DOWN    0x10 // Joystick down
84
```

图 7-26　TI 对按键的定义

为了使协议栈能够使用"Zigbee 开发套件"定义的按键，需要对按键进行一定的修改。在 hal_key.h 文件中，将官方的按键定义屏蔽掉或者删除掉，添加用户开发板的按键定义，"Zigbee 开发套件"中按键的定义为 HAL_KEY_SW_1～HAL_KEY_SW_6。其中 HAL_KEY_SW_1～HAL_KEY_SW_4 为协调器底板的 AD 按键，分别对应协调器底板的 SW1～SW4；HAL_KEY_SW_5 和 HAL_KEY_SW_6 两个为非 AD 按键，分别对应协调器底板的 SW5 和 SW6 以及路由器底板的 SW1 和 SW2，其定义如下：

【描述 7.D.4】　hal_key.h

/**新添加 HAL_KEY_SW_1～ HAL_KEY_SW_6 的定义**********/

#define HAL_KEY_SW_1 0x01

#define HAL_KEY_SW_2 0x02

#define HAL_KEY_SW_3 0x04

#define HAL_KEY_SW_4 0x08

#define HAL_KEY_SW_5 0x10

#define HAL_KEY_SW_6 0x20

2. 按键模式的配置

TI 官方的 Zstack 对按键寄存器的配置在 hal_key.c 文件中，如图 7-27 所示。

```
110 /* SW_6 is at P0.1 */
111 #define HAL_KEY_SW_6_PORT      P0
112 #define HAL_KEY_SW_6_BIT       BV(1)
113 #define HAL_KEY_SW_6_SEL       P0SEL
114 #define HAL_KEY_SW_6_DIR       P0DIR
115
116 /* edge interrupt */
117 #define HAL_KEY_SW_6_EDGEBIT   BV(0)
118 #define HAL_KEY_SW_6_EDGE        HAL_KEY_FALLING_EDGE
119
120
121 /* SW_6 interrupts */
122 #define HAL_KEY_SW_6_IEN         IEN1    /* CPU interrupt mask register */
123 #define HAL_KEY_SW_6_IENBIT      BV(5)   /* Mask bit for all of Port_0 */
124 #define HAL_KEY_SW_6_ICTL        P0IEN   /* Port Interrupt Control register */
125 #define HAL_KEY_SW_6_ICTLBIT     BV(1)   /* P0IEN - P0.1 enable/disable bit */
126 #define HAL_KEY_SW_6_PXIFG       P0IFG   /* Interrupt flag at source */
127
128 /* Joy stick move at P2.0 */
129 #define HAL_KEY_JOY_MOVE_PORT    P2
130 #define HAL_KEY_JOY_MOVE_BIT     BV(0)
131 #define HAL_KEY_JOY_MOVE_SEL     P2SEL
132 #define HAL_KEY_JOY_MOVE_DIR     P2DIR
133
134 /* edge interrupt */
135 #define HAL_KEY_JOY_MOVE_EDGEBIT  BV(3)
136 #define HAL_KEY_JOY_MOVE_EDGE      HAL_KEY_FALLING_EDGE
137
138 /* Joy move interrupts */
139 #define HAL_KEY_JOY_MOVE_IEN      IEN2    /* CPU interrupt mask register */
140 #define HAL_KEY_JOY_MOVE_IENBIT   BV(1)   /* Mask bit for all of Port_2 */
141 #define HAL_KEY_JOY_MOVE_ICTL     P2IEN   /* Port Interrupt Control register */
142 #define HAL_KEY_JOY_MOVE_ICTLBIT  BV(0)   /* P2IENL - P2.0<->P2.3 enable/disable bit */
143 #define HAL_KEY_JOY_MOVE_PXIFG    P2IFG   /* Interrupt flag at source */
144
145 #define HAL_KEY_JOY_CHN          HAL_ADC_CHANNEL_6
146
```

图 7-27 TI 对非 AD 按键的定义

"Zigbee 开发套件"的非 AD 按键为 HAL_KEY_SW_5 和 HAL_KEY_SW_6，分别接 CC2530 的 P0_4 和 P0_5，由于官方已经有了非 AD 按键 HAL_KEY_SW_6 和 AD 按键 HAL_KEY_SW_1～HAL_KEY_SW_4 的寄存器配置，因此需要在 hal_key.c 文件中添加 HAL_KEY_SW_5 的寄存器定义，具体配置代码如下：

【描述 7.D.4】 hal_key.c

    #define HAL_KEY_SW_5_EN   TRUE

    /* 设置 SW_5 端口为 P0.4 */
    #define HAL_KEY_SW_5_PORT   P0
    #define HAL_KEY_SW_5_BIT   BV(4)
    #define HAL_KEY_SW_5_SEL   P0SEL
    #define HAL_KEY_SW_5_DIR   P0DIR

    /* SW5 中断模式设置 */
    #define HAL_KEY_SW_5_EDGEBIT   BV(0) // P0ICON
    #define HAL_KEY_SW_5_EDGE   HAL_KEY_FALLING_EDGE

    /* SW5 中断寄存器设置 */
    #define HAL_KEY_SW_5_IEN   IEN1

```
#define HAL_KEY_SW_5_IENBIT      BV(5)
#define HAL_KEY_SW_5_ICTL        P0IEN
#define HAL_KEY_SW_5_ICTLBIT     BV(4)
#define HAL_KEY_SW_5_PXIFG       P0IFG
```

3. 修改按键相关的函数

与按键相关的函数在 hal_key.c 文件中，包括 HalKeyInit()、HalKeyConfig()、HalKeyRea()、HalKeyPoll()和 halGetJoyKeyInput()，各函数修改如下所示。

1）HalKeyInit()函数

HalKeyInit()函数是按键的初始化函数，主要用于按键转态以及按键的功能初始化，用户需要将按键初始化函数中按键的相关配置初始化为用户所需要的功能，如图 7-28 所示。

```
213 void HalKeyInit( void )
214 {
215   /* Initialize previous key to 0 */
216   halKeySavedKeys = 0;
217
218   HAL_KEY_SW_6_SEL &= ~(HAL_KEY_SW_6_BIT);      /* Set pin function to GPIO */
219   HAL_KEY_SW_6_DIR &= ~(HAL_KEY_SW_6_BIT);      /* Set pin direction to Input */
220
221   HAL_KEY_JOY_MOVE_SEL &= ~(HAL_KEY_JOY_MOVE_BIT); /* Set pin function to GPIO */
222   HAL_KEY_JOY_MOVE_DIR &= ~(HAL_KEY_JOY_MOVE_BIT); /* Set pin direction to Input */
223
224
225   /* Initialize callback function */
226   pHalKeyProcessFunction  = NULL;
227
228   /* Start with key is not configured */
229   HalKeyConfigured = FALSE;
230 }
231
```

图 7-28　按键初始化

在按键初始化函数中，需要添加 HAL_KEY_SW_5，其代码修改如下：

【描述 7.D.4】 hal_key.c

```
void HalKeyInit( void )
{
// 初始化当前按键状态为 0
halKeySavedKeys = 0;
// 设置按键 6 I/O 功能
HAL_KEY_SW_6_SEL &= ~(HAL_KEY_SW_6_BIT);
// 设置按键 6 I/O 口为输入
HAL_KEY_SW_6_DIR &= ~(HAL_KEY_SW_6_BIT);
// 设置按键 5 I/O 功能
HAL_KEY_SW_5_SEL &= ~(HAL_KEY_SW_5_BIT);
// 设置按键 5 I/O 口为输入
HAL_KEY_SW_5_DIR &= ~(HAL_KEY_SW_5_BIT);
// AD 按键 I/O 口功能
HAL_KEY_JOY_MOVE_SEL &= ~(HAL_KEY_JOY_MOVE_BIT);
// AD 按键 I/O 口为输入
```

HAL_KEY_JOY_MOVE_DIR &= ~(HAL_KEY_JOY_MOVE_BIT);

// 设置回调函数指向空

pHalKeyProcessFunction　= NULL;

// 按键配置无 FALSE

HalKeyConfigured = FALSE;

　　}

2) HalKeyConfig()

HalKeyConfig()为按键的配置函数，在此函数中注册了按键的回调函数，并且使能中断。
TI 官方对按键的设置如图 7-29 所示。

```
246 void HalKeyConfig (bool interruptEnable, halKeyCBack_t cback)
247 {
248    /* Enable/Disable Interrupt or */
249    Hal_KeyIntEnable = interruptEnable;
250    /* Register the callback fucntion */
251    pHalKeyProcessFunction = cback;
252    /* Determine if interrupt is enable or not */
253    if (Hal_KeyIntEnable)
254    {
255      /* Rising/Falling edge configuratinn */
256      PICTL &= ~(HAL_KEY_SW_6_EDGEBIT);    /* Clear the edge bit */
257      /* For falling edge, the bit must be set. */
258    #if (HAL_KEY_SW_6_EDGE == HAL_KEY_FALLING_EDGE)
259      PICTL |= HAL_KEY_SW_6_EDGEBIT;
260    #endif
261      /* Interrupt configuration*/
262      HAL_KEY_SW_6_ICTL |= HAL_KEY_SW_6_ICTLBIT;
263      HAL_KEY_SW_6_IEN |= HAL_KEY_SW_6_IENBIT;
264      HAL_KEY_SW_6_PXIFG = ~(HAL_KEY_SW_6_BIT);
265      /* Rising/Falling edge configuratinn */
266      HAL_KEY_JOY_MOVE_ICTL &= ~(HAL_KEY_JOY_MOVE_EDGEBIT);    /* Clear the edge bit */
267      /* For falling edge, the bit must be set. */
268    #if (HAL_KEY_JOY_MOVE_EDGE == HAL_KEY_FALLING_EDGE)
269      HAL_KEY_JOY_MOVE_ICTL |= HAL_KEY_JOY_MOVE_EDGEBIT;
270    #endif
271      /* Interrupt configuration:*/
272      HAL_KEY_JOY_MOVE_ICTL |= HAL_KEY_JOY_MOVE_ICTLBIT;
273      HAL_KEY_JOY_MOVE_IEN |= HAL_KEY_JOY_MOVE_IENBIT;
274      HAL_KEY_JOY_MOVE_PXIFG = ~(HAL_KEY_JOY_MOVE_BIT);
275      /* Do this only after the hal_key is configured - to work with sleep stuff */
276      if (HalKeyConfigured == TRUE)
277      {
278        osal_stop_timerEx(Hal_TaskID, HAL_KEY_EVENT);    /* Cancel polling if active */
279      }
280    }
281    else    /* Interrupts NOT enabled */
282    {
283      HAL_KEY_SW_6_ICTL &= ~(HAL_KEY_SW_6_ICTLBIT); /* don't generate interrupt */
284      HAL_KEY_SW_6_IEN &= ~(HAL_KEY_SW_6_IENBIT);    /* Clear interrupt enable bit */
285      osal_set_event(Hal_TaskID, HAL_KEY_EVENT);
286    }
287    /* Key now is configured */
288    HalKeyConfigured = TRUE;
289 }
```

图 7-29　按键设置

在此函数中需要添加 HAL_KEY_SW_5 相关的代码，其添加后的代码如下：

【描述 7.D.4】　hal_key.c

void HalKeyConfig (bool interruptEnable, halKeyCBack_t cback)

{

// 按键中断使能为按键初始化为查询方式

Hal_KeyIntEnable = interruptEnable;

// 注册回调函数功能

pHalKeyProcessFunction = cback;

```
if (Hal_KeyIntEnable)
{
    // 清除 P0ICON
    PICTL &= ～(HAL_KEY_SW_6_EDGEBIT);
    // P0 口下降沿引起中断
#if (HAL_KEY_SW_6_EDGE == HAL_KEY_FALLING_EDGE)
    PICTL |= HAL_KEY_SW_6_EDGEBIT;
#endif
    // 清除 P0ICON
    PICTL &= ～(HAL_KEY_SW_5_EDGEBIT);
    // P0 口下降沿引起中断
#if (HAL_KEY_SW_5_EDGE == HAL_KEY_FALLING_EDGE)
    PICTL |= HAL_KEY_SW_5_EDGEBIT;
#endif
    // P0.5 中断使能
    HAL_KEY_SW_6_ICTL |= HAL_KEY_SW_6_ICTLBIT;
    // 端口 0 中断使能
    HAL_KEY_SW_6_IEN |= HAL_KEY_SW_6_IENBIT;
    // 清中断标志位
    HAL_KEY_SW_6_PXIFG = ～(HAL_KEY_SW_6_BIT);
    // P0.4 中断使能
    HAL_KEY_SW_5_ICTL |= HAL_KEY_SW_5_ICTLBIT;
    // 端口 0 中断使能
    HAL_KEY_SW_5_IEN |= HAL_KEY_SW_5_IENBIT;
    // 清中断标志位
    HAL_KEY_SW_5_PXIFG = ～(HAL_KEY_SW_5_BIT);
    HAL_KEY_JOY_MOVE_ICTL &= ～(HAL_KEY_JOY_MOVE_EDGEBIT);

#if (HAL_KEY_JOY_MOVE_EDGE == HAL_KEY_FALLING_EDGE)
    HAL_KEY_JOY_MOVE_ICTL |= HAL_KEY_JOY_MOVE_EDGEBIT;
#endif

    HAL_KEY_JOY_MOVE_ICTL |= HAL_KEY_JOY_MOVE_ICTLBIT;
    HAL_KEY_JOY_MOVE_IEN |= HAL_KEY_JOY_MOVE_IENBIT;
    HAL_KEY_JOY_MOVE_PXIFG = ～(HAL_KEY_JOY_MOVE_BIT);

#if (HAL_KEY_JOY_MOVE_EDGE == HAL_KEY_FALLING_EDGE)
#endif
```

```
            if (HalKeyConfigured == TRUE)
            {
              // 停止按键事件
              osal_stop_timerEx( Hal_TaskID, HAL_KEY_EVENT);    /* Cancel polling if active */
            }
          }
          else
          {
            // SW6 P0IEN 中断禁止
            HAL_KEY_SW_6_ICTL &= ～(HAL_KEY_SW_6_ICTLBIT);
            // SW6 中断禁止
            HAL_KEY_SW_6_IEN &= ～(HAL_KEY_SW_6_IENBIT);
            // SW5 P0.4 中断禁止
            HAL_KEY_SW_5_ICTL &= ～(HAL_KEY_SW_5_ICTLBIT);
            // SW5 P0.4 中断禁止
            HAL_KEY_SW_5_IEN &= ～(HAL_KEY_SW_5_IENBIT);
            // 设置按键改变定时事件
            osal_start_timerEx (Hal_TaskID, HAL_KEY_EVENT, HAL_KEY_POLLING_VALUE);
          }
          // 按键配置为 TRUE
          HalKeyConfigured = TRUE;
        }
```

3) HalKeyRead()

HalKeyRead()函数为按键的读取函数，当检测到有按键按下时，读取按键状态，其返回值为按下的按键值，其官方源代码如图 7-30 所示。

```
320 uint8 HalKeyRead ( void )
321 {
322   uint8 keys = 0;
323
324   if (HAL_PUSH_BUTTON1())
325   {
326     keys |= HAL_KEY_SW_6;
327   }
328
329   if ((HAL_KEY_JOY_MOVE_PORT & HAL_KEY_JOY_MOVE_BIT))    /* Key is active low */
330   {
331     keys |= halGetJoyKeyInput();
332   }
333
334   return keys;
335 }
336
```

图 7-30 HalKeyRead()函数

此函数需要修改的部分为配置 SW5 按键的触发方式，其修改之后的代码如下所示：

【描述 7.D.4】 hal_key.c

```c
uint8 HalKeyRead ( void )
{
    uint8 keys = 0;
    // 如果定义 HAL_BOARD_CC2530EB_REV17
    #ifdef HAL_BOARD_CC2530EB_REV17
    // 高电平触发 SW6
    if ( (HAL_KEY_SW_6_PORT & HAL_KEY_SW_6_BIT))      /* Key is active high */
    如果定义 HAL_BOARD_CC2530EB_REV13
    #elif defined (HAL_BOARD_CC2530EB_REV13)
    // 低电平触发 SW6
    if (!(HAL_KEY_SW_6_PORT & HAL_KEY_SW_6_BIT))      /* Key is active low */
    #endif
    {
        // 返回按键 SW6
        keys |= HAL_KEY_SW_6;
    }
    // 如果定义 HAL_BOARD_CC2530EB_REV17
    #ifdef HAL_BOARD_CC2530EB_REV17
    // 高电平触发 SW5
    if ( (HAL_KEY_SW_5_PORT & HAL_KEY_SW_5_BIT))
    // 如果定义了 HAL_BOARD_CC2530EB_REV13
    #elif defined (HAL_BOARD_CC2530EB_REV13)
    // 低电平输出 SW5
    if (!(HAL_KEY_SW_5_PORT & HAL_KEY_SW_5_BIT))      /* Key is active low */
    #endif
    {
        // 返回按键 SW5
        keys |= HAL_KEY_SW_5;
    }
    if ((HAL_KEY_JOY_MOVE_PORT & HAL_KEY_JOY_MOVE_BIT))
    {
        // 读取 AD 按键
        keys |= halGetJoyKeyInput();
    }

    return keys;
}
```

4) HalKeyPoll()

HalKeyPoll()函数为按键检测函数，检测按键是否按下，一旦按下按键则调用回调函数，其源代码如图 7-31 所示。

```
365 void HalKeyPoll (void)
366 {
367   uint8 keys = 0;
368
369   if ((HAL_KEY_JOY_MOVE_PORT & HAL_KEY_JOY_MOVE_BIT))  /* Key is active HIGH */
370   {
371     keys = halGetJoyKeyInput();
372   }
373
374   /* If interrupts are not enabled, previous key status and current key status
375    * are compared to find out if a key has changed status.
376    */
377   if (!Hal_KeyIntEnable)
378   {
379     if (keys == halKeySavedKeys)
380     {
381       /* Exit - since no keys have changed */
382       return;
383     }
384     /* Store the current keys for comparation next time */
385     halKeySavedKeys = keys;
386   }
387   else
388   {
389     /* Key interrupt handled here */
390   }
391
392   if (HAL_PUSH_BUTTON1())
393   {
394     keys |= HAL_KEY_SW_6;
395   }
396
397   /* Invoke Callback if new keys were depressed */
398   if (keys && (pHalKeyProcessFunction))
399   {
400     (pHalKeyProcessFunction) (keys, HAL_KEY_STATE_NORMAL);
401   }
402 }
403
```

图 7-31　HalKeyPoll()函数

在此函数中需要添加 SW5 按键配置，其添加后的代码如下所示：

【描述 7.D.4】　hal_key.c

```
/***********************************************************************
/*函数功能：按键检测
/*参数描述：无
/*返回值：无
***********************************************************************/
void HalKeyPoll (void)
{
  uint8 keys = 0;
  // 检测按键 6 是否按下
```

```
    if (!(HAL_KEY_SW_6_PORT & HAL_KEY_SW_6_BIT))        /* Key is active low */
    {
      // 如果按下返回按键 SW6
        keys |= HAL_KEY_SW_6;
    }
    // 检测按键 5 是否按下
    if (!(HAL_KEY_SW_5_PORT & HAL_KEY_SW_5_BIT))        /* Key is active low */
    {
      // 如果按下返回按键 SW5
        keys |= HAL_KEY_SW_5;
    }
    {
      // 检测 AD 按键
        keys |= halGetJoyKeyInput();
    }
    // 如果中断没有使能
    if (!Hal_KeyIntEnable)
    {
        // 如果没有按键按下则退出
        if (keys == halKeySavedKeys)
        {
            return;
        }
        // 为了方便下一次比较保存按键状态
        halKeySavedKeys = keys;
    }
    else
    {

    }
    // 如果有按键按下调用回调函数
    if (keys && (pHalKeyProcessFunction))
    {
        (pHalKeyProcessFunction) (keys, HAL_KEY_STATE_NORMAL);
    }
}
```

5) halGetJoyKeyInput()

halGetJoyKeyInput()函数为 AD 按键的读取函数，当检测到 AD 按键按下后，通过 AD

读出 AD 转换的值，然后返回相应按下的按键的值，其源代码如图 7-32 所示。

```
437 uint8 halGetJoyKeyInput(void)
438 {
439   /* The joystick control is encoded as an analog voltage.
440    * Read the JOY_LEVEL analog value and map it to joy movement.
441    */
442   uint8 adc;
443   uint8 ksave0 = 0;
444   uint8 ksave1;
445
446   /* Keep on reading the ADC until two consecutive key decisions are the same. */
447   do
448   {
449     ksave1 = ksave0;    /* save previous key reading */
450
451     adc = HalAdcRead (HAL_KEY_JOY_CHN, HAL_ADC_RESOLUTION_8);
452
453     if ((adc >= 2) && (adc <= 38))
454     {
455       ksave0 |= HAL_KEY_UP;
456     }
457     else if ((adc >= 74) && (adc <= 88))
458     {
459       ksave0 |= HAL_KEY_RIGHT;
460     }
461     else if ((adc >= 60) && (adc <= 73))
462     {
463       ksave0 |= HAL_KEY_LEFT;
464     }
465     else if ((adc >= 39) && (adc <= 59))
466     {
467       ksave0 |= HAL_KEY_DOWN;
468     }
469     else if ((adc >= 89) && (adc <= 100))
470     {
471       ksave0 |= HAL_KEY_CENTER;
472     }
473   } while (ksave0 != ksave1);
474
475   return ksave0;
476 }
477
```

图 7-32　halGetJoyKeyInput()函数

在此函数中需要修改定义的按键值，其修改后的代码如下：

【描述 7.D.4】　hal_key.c

```
/******************************************************************************
/*函数功能：AD 按键的读取
/*参数描述：无
/*返回值：SW1～SW4
******************************************************************************/
uint8 halGetJoyKeyInput(void)
{
    uint8 adc;
    uint8 ksave0 = 0;
    uint8 ksave1;
    do
    {
```

```
        ksave1 = ksave0;
    // AD 读取
        adc = HalAdcRead (HAL_KEY_JOY_CHN, HAL_ADC_RESOLUTION_8);
        // 如果读取的 AD 值在 89～100 之间返回按键 SW1
        if ((adc >= 89) && (adc <= 100))
        {
          ksave0 |=   HAL_KEY_SW_1;
        }
        // 如果读取的 AD 值在 60～89 之间返回按键 SW2
        else if ((adc >= 60) && (adc <= 89))
        {
          ksave0 |= HAL_KEY_SW_2;
        }
        // 如果读取的 AD 值在 28～62 之间返回按键 SW3
        else if ((adc >= 28) && (adc <= 62))
        {
           ksave0 |=HAL_KEY_SW_3;
        }
        // 如果读取的 AD 值在 0～28 之间返回按键 SW4
        else if ((adc < 28))
        {
          ksave0 |=HAL_KEY_SW_4;
        }
    } while (ksave0 != ksave1);
      return ksave0;
    }
```

4．实验现象

按键移植完成后，在 APP 层的 DongheAppCooder.c 文件中编写有关按键的代码，具体代码在按键处理函数 DhAppCoordManage_HandleKeys (byte keys)中。其具体代码如下：

【描述 7.D.4】　DongheAppCooder.c

```
    // 处理按键
    void DhAppCoordManage_HandleKeys (byte keys )
    {

      // 按键 SW1 按下
      if ( keys & HAL_KEY_SW_1 )
      {
       // LED1 闪烁
```

```
        HalLedBlink(HAL_LED_1,4,50,500);
      }
      // 按键 SW2 按下
      if ( keys & HAL_KEY_SW_2 )
      {
       // LED2 闪烁
       HalLedBlink(HAL_LED_2,4,50,500);
      }
      // 按键 SW3 按下
      if ( keys & HAL_KEY_SW_3 )
      {
       // LED3 闪烁
       HalLedBlink(HAL_LED_3,4,50,500);
      }
      // 按键 SW4 按下
      if ( keys & HAL_KEY_SW_4 )
      {
       // LED4 闪烁
       HalLedBlink(HAL_LED_4,4,50,500);
      }

      if ( keys & HAL_KEY_SW_5 )
      {
        // LED1 闪烁
       HalLedBlink(HAL_LED_1,4,50,500);
      }

      if ( keys & HAL_KEY_SW_6 )
      {
        // LED2 闪烁
       HalLedBlink(HAL_LED_2,4,50,500);
      }
    }
```

代码修改完毕后，编译程序并下载至协调器设备中。当按下 SW1～SW4 时，对应的 LED1～LED4 分别闪烁；当按下 SW5 时，LED1 闪烁；当按下 SW6 时，LED2 闪烁。

7.3.3　LCD 移植

"Zigbee 开发套件"中只有协调器使用 LCD，其使用的 LCD 为 12864 液晶显示屏，并且 LCD 与 CC2530 之间通过串行方式通信。LCD 电路原理图如图 7-33 所示。

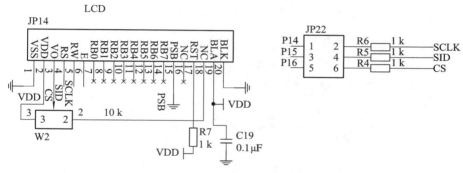

图 7-33　LCD 硬件连接

LCD 与 CC2530 通过串行方式通信，只需要 3 个 I/O 引脚即可。其中 SCLK 为 LCD 的串行同步时钟，与 CC2530 的 P1_4 相连；SID 为 LCD 的串行数据口，与 CC2530 的 P1_5 相连；CS 为 LCD 的串行片选信号，与 CC2530 的 P1_6 相连。

下述内容将实现任务描述 7.D.5，在 7.D.4 的基础上，进行 LCD 的移植，需要以下几个步骤：

(1) 删除官方源协议栈有关 LCD 的函数。

(2) 添加用户需要移植的函数声明。

(3) LCD 初始化函数的修改。

(4) 其他与 LCD 相关函数的编写。

1. 删除官方 LCD 函数

TI 官方对 LCD 的实现在 hal_lcd.c 中，其有关函数的声明在 hal_lcd.h 中，如图 7-34 所示。

```
94 /*
95  * Initialize LCD Service
96  */
97 extern void HalLcdInit(void);
98 /*
99  * Write a string to the LCD
100 */
101 extern void HalLcdWriteString ( char *str, uint8 option);
102 /*
103  * Write a value to the LCD
104 */
105 extern void HalLcdWriteValue ( uint32 value, const uint8 radix, uint8 option);
106 /*
107  * Write a value to the LCD
108 */
109 extern void HalLcdWriteScreen( char *line1, char *line2 );
110 /*
111  * Write a string followed by a value to the LCD
112 */
113 extern void HalLcdWriteStringValue( char *title, uint16 value, uint8 format, uint8 line );
114 /*
115  * Write a string followed by 2 values to the LCD
116 */
117 extern void HalLcdWriteStringValueValue( char *title, uint16 value1, uint8 format1,
118                                          uint16 value2, uint8 format2, uint8 line );
119 /*
120  * Write a percentage bar to the LCD
121 */
122 extern void HalLcdDisplayPercentBar( char *title, uint8 value );
123
```

图 7-34　官方声明的有关 LCD 函数

以上函数的实现在 hal_lcd.c 文件中，由于"Zigbee 开发套件"有关 LCD 的硬件连接方式与官方的不同，因此需要把官方有关 LCD 的函数实现部分删除，即将图 7-34 中所有的函数实现部分删除，其删除后的代码如图 7-35 所示。

```
86 void HalLcdInit(void)
87 {
88
89 }
90 void HalLcdWriteString ( char *str, uint8 option)
91 {
92
93 }
94 void HalLcdWriteValue ( uint32 value, const uint8 radix, uint8 option)
95 {
96
97 }
98 void HalLcdWriteScreen( char *linel, char *line2 )
99 {
100
101 }
102 void HalLcdWriteStringValue( char *title, uint16 value, uint8 format, uint8 line )
103 {
104
105 }
106 void HalLcdWriteStringValueValue( char *title, uint16 valuel, uint8 formatl,
107                                   uint16 value2, uint8 format2, uint8 line )
108 {
109
110 }
111
112 void HalLcdDisplayPercentBar( char *title, uint8 value )
113 {
114
115 }
```

图 7-35　删除后的函数

2. 新函数的声明

新添加函数是在 hal_lcd.h 文件中声明的，其声明函数如下：

【描述 7.D.5】　hal_lcd.h

/*********************LCD 函数声明****************************/

// LCD 初始化函数

extern void HalLcdInit();

// 向 LCD 写入数据函数

extern void write_data(unsigned char Dispdata);

// 向 LCD 写入命令函数

extern void write_com(unsigned char cmdcode);

// 按照液晶串行通信协议，发送数据

extern void sendbyte(unsigned char zdata);

// 向 LCD 写入字符串函数

extern void print_LCDdata(char   *dsp);

// 网络建立成功后协调器显示函数

extern void LCD_Cooder(void);

// 网络建立成功后协调器显示函数，此函数调用 LCD_Cooder()

extern void LCDDisplay(void);

/*********************LCD 函数声明****************************/

3. LCD 函数的初始化

LCD 函数的初始化在 hal_lcd.c 文件中。对 LCD 函数的初始化修改包括以下几个方面：

◇　LCD 硬件引脚连接的定义。

◇　将原来初始化函数中的内容删除掉或者屏蔽掉。

◇　添加新的初始化函数的内容。

将原来的代码删除后，添加的初始化函数的内容如下所示：

【描述 7.D.5】　hal_lcd.c

```
// 延时函数声明
void delay(unsigned int t);
/***********LCD 硬件引脚连接定义********************/
// 片选信号
#define   CS    P1_6
// 数据信号
#define   SID   P1_5
// 时钟信号
#define   SCLK P1_4
/***********LCD 硬件引脚连接定义********************/

// LCD 初始化函数
void HalLcdInit(void)
{
    P1DIR |= (1 << 4)|(1 << 5)|(1 << 6);
    delay(100);
        write_com(0x30);
        delay(5);
        write_com(0x0c);
        delay(5);
            write_com(0x01);
            delay(50);
            write_com(0x03);
        delay(10);
}
```

4. 其他函数

除了 LCD 初始化函数，还需要用户编写一些具有显示功能的函数，本例程提供的有 sendbyte()、write_com()、write_data()、ClearScreen()、print_LCDdata()、LCD_Cooder()和 LCDDisplay()。

1) sendbyte()

sendbyte()函数的功能是按照液晶串行通信协议进行数据传输或者命令传输。其代码是将 8 位数据依次写入到 MCU 中，具体代码如下：

【描述 7.D.5】 hal_lcd.c

```c
void sendbyte(unsigned char zdata)
{
    unsigned int i;
    for(i=0; i<8; i++)
    {
        // 将 zdata 数据写入到 MCU 中
        if((zdata << i) & 0x80)
        {
            SID = 1;
        }
        else
        {
            SID = 0;
        }
            asm("nop");asm("nop");
        SCLK = 0;
            asm("nop");asm("nop");
            asm("nop");asm("nop");
        SCLK = 1;
            asm("nop");asm("nop");
            asm("nop");asm("nop");
            SCLK = 0;
    }
}
```

2) write_com()

write_com()函数的功能是向 LCD 写入数据命令。其中要按照串行数据传送协议来进行传输。串行数据传送共分为三个字节来完成：

◇　第一个字节：串口控制，其格式为 1111ABC，其中 A 代表数据传送方向的控制，高电平表示数据从 LCD 传到 MCU，低电平表示数据从 MCU 传到 LCD；B 代表数据类型的选择，高电平表示显示数据，低电平表示数据是控制命令；C 固定为 0。

◇　第二个字节：传送 8 位数据的高 4 位，其格式为 FFFF0000。

◇　第三个字节：传送 8 位数据的低 4 位，其格式为 0000FFFF。

【描述 7.D.5】 hal_lcd.c

```c
void write_com(unsigned char cmdcode)
{
    // 片选端使能
    CS = 1;
```

```
    // 第一个字节：串口控制，数据从 MCU 传送到 LCD
        sendbyte(0xf8);
    // 第二个字节：发送数据的高 4 位
        sendbyte(cmdcode & 0xf0);
        // 第三个字节：发送数据的低 4 位
        sendbyte((cmdcode << 4) & 0xf0);
        delay(3);
            CS = 0;
}
```

3) write_data()

write_data()函数用于向 LCD 液晶屏写入要显示的数据。

【描述 7.D.5】　h al_lcd.c

```
    void write_data(unsigned char Dispdata)
    {
        CS = 1;
        delay(100);
        // 串口控制
        sendbyte(0xfa);
        // 发送数据的高 4 位
        sendbyte(Dispdata & 0xf0);
        发送数据的低 4 位
        sendbyte((Dispdata << 4) & 0xf0);
        delay(2);
    }
```

4) ClearScreen()

ClearScreen()函数的功能是清屏。清除屏幕显示的代码如下：

【描述 7.D.5】　hal_lcd.c

```
    void ClearScreen(void)
    {

            // 恢复到原位置
            write_com(0x01);
            delay(20);
            // 清屏
            write_com(0x03);
            delay(200);delay(200);delay(200);
            delay(200);delay(200);delay(200);
    }
```

5) print_LCDdata()

print_LCDdata()函数的功能是向液晶屏中写入数字符串数据，其代码如下：

【描述 7.D.5】 hal_lcd.c

```
void print_LCDdata(char   *dsp)
{     char dispdata;
      CS = 1;
      // 第一个字节：串口控制
      sendbyte(0xfa);
      dispdata = *dsp;
      while(dispdata != '\0')
      {  // 发送 8 位数据的高 4 位
         sendbyte(dispdata & 0xf0);
         // 传送数据的低 4 位
         sendbyte((dispdata << 4) & 0xf0);
         delay(2);
         dispdata = *(++dsp);
      }
      CS = 0;
}
```

6) LCD_Cooder()

LCD_Cooder()函数用于 LCD 显示网络建立之后的信息，其代码如下：

【描述 7.D.5】 hal_lcd.c

```
void LCD_Cooder(void)
{  // 清屏
   ClearScreen();
   // 从第一行、第二列开始写入命名
   write_com(0x81);
   // 写入信息
   print_LCDdata("青岛东合信息");
   // 从第二行第二列开始写入命令
   write_com(0x91);
   // 写入命令
   print_LCDdata("网络建立成功");
   // 从第三行、第一列写入命令
   write_com(0x88);
      // 写入信息
      print_LCDdata("SHORTADDR:0x0000");
}
```

7）LCDDisplay()

此函数是 LCD 的开机界面函数，当网络建立起来后，可以直接调用此函数显示开机界面。此函数的具体实现过程如下：

【描述 7.D.5】 hal_lcd.c

```
void LCDDisplay(void)
{
    delay(10);
    // LCD 初始化
    HalLcdInit();
    delay(100);
    delay(200);
    delay(200);
    // LCD 显示
    LCD_Cooder();
    delay(20);
}


// 延时函数
void delay(unsigned int t)
{
    unsigned int i,j;
    for(i=t; i>0;   i--)
        for(j=1000; j>0; j--);
}
```

5.　实验现象

移植完成之后，需要在应用层调用移植的函数，实现用户需要显示的信息。在 APP 层的 DongheAppCooder.c 文件中的"网络状态改变事件"之下调用 LCD_Cooder()，显示网络建立成功，其代码如下：

【描述 7.D.5】 DongheAppCooder.c

```
// 网络状态改变事件
case ZDO_STATE_CHANGE:
// 判断设备类型
    DhAppCoordManage_NwkState = (devStates_t)MSGpkt->hdr.status;
    // 如果设备是协调器设备
    if ( DhAppCoordManage_NwkState == DEV_ZB_COORD )
    {
        // 调用网络状态处理函数
        DhAppCoordManage_ProcessZDOStateChange();
```

```
                    // LCD 显示网络建立成功
            LCD_Cooder();
        }
    break;
```

编译程序，并下载至协调器中，运行程序的开机界面如图 7-36 所示。

图 7-36　开机界面

通过本章的学习，学生应该能够掌握以下内容：

◆　Zstack 应用开发中需要建立自己的工程模板，在新建的工程模板中根据项目的需求建立自己的任务和任务处理函数，并且需要用户根据自己的开发板资源修改官方 Zstack 协议栈。

◆　建立一个新的工程需要以下三个步骤：工程的建立以及命名、添加文件、编译选项的设置。

◆　修改 App 目录需要以下几个步骤：建立新的源文件、子目录的建立和子目录文件的建立。

◆　LED、按键、LCD 的移植等在 Zstack 中的 HAL 层目录中。

练 习

1. 建立一个新的工程需要以下三个步骤：＿＿＿＿＿＿；＿＿＿＿＿＿和＿＿＿＿＿＿。
2. 修改 App 目录需要以下几个步骤：＿＿＿＿＿＿、＿＿＿＿＿＿和＿＿＿＿＿＿。
3. 在 Zstack 的基础上新建一个 MyApp 工程。

第 8 章 Zstack 应用开发

本章目标

◆ 了解 Zigbee 程序的开发过程。
◆ 掌握 Zigbee 程序体系结构的设计。
◆ 掌握协调器和路由器程序的编写。

学习导航

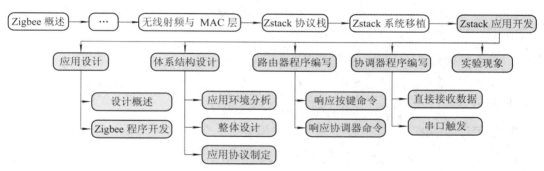

任务描述

➢ 【描述 8.D.1】

采集温度和光敏数据并进行传输。

8.1 应用设计

Zigbee 技术的低功耗、低成本、低速率的特点，使其在日常生活中的应用越来越广泛。Zigbee 技术作为无线传感器网络的典型代表，可以大范围地布置节点，大范围地覆盖传输，因此，大规模的 Zigbee 网络的设计思想变得尤为重要，本章将以 Zstack 协议栈为例来讲解 Zigbee 应用程序开发的思想。

8.1.1 设计概述

Zstack 应用程序设计是本书的核心，并且这一部分是直接面向用户的。本章内容主要分为两个部分：Zigbee 程序体系结构的设计和程序的编写。

◇ Zigbee 程序体系结构的设计包括应用环境的分析、协调器功能设计、路由器功能设计和终端设备功能设计。

◇ 程序的编写部分按照功能设计的不同分为协调器部分程序编写、路由器部分程序编写和终端设备程序编写。

8.1.2 Zigbee 程序开发

Zigbee 程序开发和其他的嵌入式开发设计基本上是相同的，都需要以下几个步骤：

(1) 需求分析；

(2) 体系结构的设计；

(3) 应用程序的编写；

(4) 程序的调试和测试。

1. 需求分析

在开发一个项目之前，首先要对项目进行需求分析，包括所使用的软硬件平台、硬件的成本及设计、技术参数的分析和功能需求分析。

2. 体系结构的设计

在进行完需求分析后，要对整个系统进行体系结构的设计，包括体系框架、模块设计以及软件功能的设计。

3. 应用程序的编写

在需求分析和体系结构分析完成之后，开发者对系统有了一个系统的了解，可以根据功能设计进行程序的编写。

4. 程序的调试和测试

在应用程序编写完成之后，要对程序进行调试和测试。对于 Zstack 应用开发，由于内容的限制，本节只重点讲解体系结构的设计和应用程序的编写，项目需求分析和程序的调试不作为重点介绍。

8.2 体系结构设计

Zigbee 程序设计的过程中，当需求分析完成之后，会根据需求确定要实现的功能，由于 Zigbee 网络中有三种设备，分别为协调器、路由器和终端设备，它们的软件功能是有差异的，所以需要将三种设备的功能分开来设计。

在本节内容中将首先介绍 Zigbee 的一些应用环境，然后针对一种特定环境设计 Zigbee

体系结构以及协调器、路由器和终端设备的功能。

8.2.1　应用环境分析

Zigbee 技术的应用领域非常宽广，已经渗透到生活中的方方面面，涉及到城市公共安全、公共卫生、安全生产、智能化交通、智能家居、环境监测等领域。

1. 工业控制

在工业领域，利用传感器和 Zigbee 网络，使数据的自动采集、分析和处理变得更加容易。例如火警检测和预报、机器的检测和维护，这些应用不需要很高的数据吞吐量和连续的状态更新，重点是低功耗，最大程度地节省电池的能量。

2. 汽车管理控制

在汽车上，由于很多传感器在内置转动的车轮或发动机中布线很困难，比如轮胎压力监测系统，因此需要内置的无线通信设备，使用 Zigbee 模块就是一种比较好的解决方式。同样，Zigbee 技术也应用在了小区车辆的管理系统中，随着小区的智能化，地下停车场用于停放小区住户的车辆，停车场管理系统能够快速准确地管理小区的车辆，能有效地防止车辆被盗以及解决排队等候和人工收费透明度不高等种种问题。

3. 农业应用

在精准农业应用中，需要成千上万的传感器构成比较复杂的控制网络。传统农业主要使用孤立的、没有通信能力的机械设备，主要依靠人力监测农作物的生长状况。采用了传感器和 Zigbee 网络以后，农业可以逐渐地转向以信息和软件为中心的生产模式，将采用更多的自动化、网络化、智能化和远程控制的设备来耕种。其中，传感器可以收集包括土壤湿度、pH 值、温度、湿度等信息。这些信息的采集和处理经由 Zigbee 网络传输到控制中心，供农民决策和参考。

4. 智能家居

由于生活质量的日益改善，各种家电设备的高度自动化和智能化已经成为一种消费需求。Zigbee 技术在无线传感器网络和各种无线终端控制方面有良好的前景，为传感器网络和控制设备提出了新的方案。Zigbee 的网络控制系统可以实现对各种家电设备的控制和调节，只需要对旧式家电或家居进行改造，或加入必要的驱动电路，便可以实现小信号对交流电器的控制。除此之外，室内温度、光照等环境参数也直接影响生活质量，这些环境参数可以通过 Zigbee 控制器对室内温度、光照检测设备进行较远距离的实时采集，然后对家电或者家居进行不同程度的调节。

本节内容将以智能家居的内环境参数采集系统为例来讲解 Zigbee 程序设计的思想。

8.2.2　整体设计

针对于智能家居的内环境参数采集系统，需要进行的采集量包括温度、湿度和光照等参数(利用与本书配套的"Zigbee 开发套件"的硬件资源来进行开发)。其中，协调器上的硬件资源包括按键、LED 和 LCD、RS232 和 RS485 接口、蜂鸣器、传感器模块、电位器、时钟模块和外扩存储模块等；路由器和终端节点硬件资源包括 LED 指示灯、按键、JTAG 接口、光敏电阻、DS18B20 温度传感器、电位器和蜂鸣器。

下述内容将实现任务描述 8.D.1，采集温度和光敏数据并进行传输。数据采集的整体设计方案分为三部分，即数据的采集、数据的传输和网络控制，其中涉及到的 Zigbee 设备类型有协调器节点、路由器节点和终端设备节点，其网络结构采用网状型网络，数据汇聚到协调器节点之后，由协调器传给 PC 机或用户，其结构框架如图 8-1 所示。

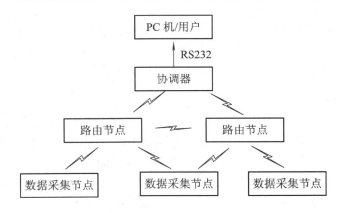

图 8-1　整体设计框架

❖　数据采集：数据采集部分通过终端节点来进行，有以下两种方式。

● 终端节点通过接收协调器的命令，每隔一段时间采集一次温度和湿度以及光敏传感器的数据。

● 终端节点每隔一段时间后主动向协调器发送采集的数据。

❖　数据传输：终端节点采集的数据通过 Zigbee 网络中的路由器传输给协调器。其中路由器在中间起到中继传输的作用，当网络传输距离比较大或者需要穿墙传输时，需要在中间加入路由器以防止网络出现不稳定的情况。其中，路由器除了可以中继传输之外还可以充当终端节点来采集数据。

❖　网络控制：终端节点和路由器采集的数据汇聚到协调器后，协调器将数据传输给 PC 机或者用户，此时 PC 机或用户通过对采集来的数据进行分析，对终端节点进行控制。其中控制命令由 PC 机下达给协调器，由协调器发送给相应的节点，终端节点或者路由器在收到相应的命令后，将会执行控制命令。

由于路由器节点既可以采集数据，又可以对其他节点的数据进行路由转发，为了节省资源，数据采集节点全部设置为路由器。因此，实际网络中只用两种设备类型，即协调器设备和路由器设备。

1　协调器功能设计

在智能家居数据采集系统中，协调器的主要功能包括网络的建立、数据的接收和发送、按键控制和串口控制，其协调器的功能框图如图 8-2 所示。

❖　网络建立：协调器负责建立一个网络，为网络分配 PANID 以及为其他加入网络的节点分配网络地址。

❖　数据的发送和接收：通过射频接收其他节点传送的数据，以及向其他节点发送控制命令。

◇　串口控制：通过串口接收 PC 命令，将其命令发送至网络中。此处命令包括数据采集命令和执行命令，采集命令即采集数据的命令，执行命令即当 PC 机或用户下达的命令，比如报警命令、开/关灯命令、开关其他电器的命令等。

◇　按键控制：通过按键触发数据发送事件，用来向网络中发送其他命令。

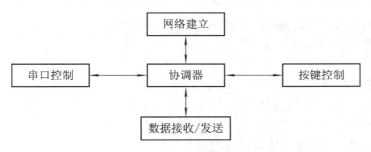

图 8-2　协调器的功能框图

2. 路由器功能设计

路由器的主要功能是网络加入、数据的发送和接收、中继路由传输其他节点的数据：温度和光敏。其路由器的结构框图如图 8-3 所示。

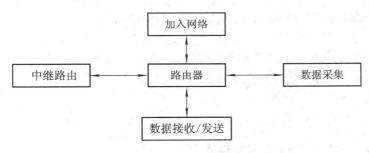

图 8-3　路由器的功能框图

◇　网络加入：路由器开机后会自动扫描网络，然后加入已经存在的网络中。在路由器加入网络后，协调器会自动分配给路由器节点一个网络地址。待网络状态改变之后，路由器将网络地址发送至协调器注册。

◇　数据的发送和接收：通过射频接收协调器传送的命令，并执行此命令。

◇　中继路由：路由器接收到其他节点的数据，并且当这些数据的目的地址并非本身地址时，将路由转发此数据至目的地址。

◇　数据采集：路由器利用硬件资源携带的传感器来采集室内的温度、湿度和光照参数，并发给协调器。

⚠ 注意：本例中，由于采集量比较小，所以数据采集使用的是 Zigbee 路由器。在大型的应用项目中，由于数据量比较大，路由器需要负责路由传输功能，如果大量数据汇聚到路由器节点，会导致路由器节点负荷过大，为了在比较大型的 Zigbee 网络中避免这种情况，为了使网络稳定，往往会选用 Zigbee 终端设备做为数据采集节点，路由器做为网络路由中继节点。

8.2.3 应用协议制定

在编写程序之前需要制定通信协议，本系统的通信协议包括两部分，即协调器与路由器的通信协议以及 PC 机与协调器的通信协议。

1. 协调器与路由器

根据应用的需求，协调器与路由器的通信分为两种情况：

◇ 一是路由器每经过一段时间后，主动向协调器发送数据，然后协调器将数据发送至 PC 机；

◇ 二是协调器通过串口接收到 PC 机的指令后向路由器索要数据。

协调器与路由器之间的数据收发需要配置端点描述符的输入/输出簇，通过描述符的簇 ID 来判断接收数据的类型，簇 ID 的定义如下所述。

◇ ADDRID：路由器向协调器注册网络地址。

◇ DATAID：发送和接收采集数据信息。

◇ OPENID：控制命令——开。

◇ CLOSEID：控制命令——关。

2. PC 机与协调器

PC 机与协调器通过串口通信，其通信协议描述如下：

◇ PC 机向协调器节点发送 DATA 命令，通知协调器进行数据采集(协调器接到命令后将发送数据采集命令至所有的数据采集节点)，而后协调器将采集到的数据发送至 PC 机。

◇ PC 机向协调器发送控制命令 OPEN 或 CLOSE，通知协调器控制某一设备(例如命令协调器打开某个路由器所携带的蜂鸣器)。

8.3 路由器程序编写

根据路由器功能的设计，路由器程序包含以下功能：

◇ 在路由器加入网络之后，路由器节点将获取本身的网络地址信息，发送给协调器。

◇ 采集温度和光照数据。

◇ 通过相应的命令传输数据，这一部分可以有以下两种实现方式。

● 一是响应按键命令，由路由器按键触发事件，然后路由器每隔一段时间自发的向协调器发送数据；

● 二是响应协调器命令，协调器索要数据时，路由器才发送采集到的数据。

由于网络中路由器和终端设备的网络地址是由协调器随机分配的，因此为了方便区分不同的设备，可以为每个设备节点分配一个固定的 MYID。MYID 的定义如下：

   #define MYID 1

在烧写程序的时候要修改 MYID 号，如果有六个节点，它们的 MYID 分别为 1、2、3、4、5、6。

在路由器加入网络后,路由器节点将通过 Send_shortAddMessage()函数向协调器发送本身的地址信息，其代码如下:

【描述 8.D.1】　DongheAppRouter.c

```
// 网络状态改变函数
void DhAppRouterManage_ProcessZDOStateChange(devStates_t state)
{
  // 发送本身节点信息
  Send_shortAddMessage();
}
```

在 Send_shortAddMessage()函数中通过 NLME_GetShortAddr()函数获取节点自身的网络地址，因此 Send_shortAddMessage()函数向协调器发送四个字节的数据，前两个字节是节点的 ID 号，后两个字节是节点的网络短地址。该函数的代码实现如下:

【描述 8.D.1】　DongheAppRouter.c

```
void Send_shortAddMessage(void)
{
  uint16 ShortAdd;
  // 获取自身短地址
  ShortAdd = NLME_GetShortAddr();
  // 节点赋予 ID 号
  send_ShortAdd[0] = 0;
  // 节点赋予 ID 号
  send_ShortAdd[1] = MYID;
  // 短地址高位
  send_ShortAdd[2] = (unsigned char)((ShortAdd >>8) & 0xFF);
  // 短地址低位
  send_ShortAdd[3] = (unsigned char)(ShortAdd & 0xFF);
  // 发送短地址至协调器
  if(AF_DataRequest( // 目的地址为协调器短地址 0x0000
              &MySendtest_Single_DstAddr,
              // 端点描述符
              &MySendtest_epDesc,
              // 簇 ID
              ADDRID,
              // 发送字节长度
              4,
              // 发送数据
              send_ShortAdd,
              // 发送序列号
              & DhAppRouterManage_TransID,
```

```
                        // 设置为路由发现
                        AF_DISCV_ROUTE,
                        // 路由半径
                        AF_DEFAULT_RADIUS)==afStatus_SUCCESS)
        {
        }
        else
        {

        }

    }
```

数据采集是通过 Send_dataMessage()函数来实现的，数据采集实现温度和光敏的采集。温度和光敏的采集使用路由器底板的板载传感器 DS18B20 和光敏电阻(它们的移植详见实践篇的第 7 章)，其代码如下：

【描述 8.D.1】　DongheAppRouter.c

```
    void Send_dataMessage(void)
    {    uint8 *Light;
        // 发送数据的前两个字节为节点 ID
        send_buf[0] = 0;
        send_buf[1] = MYID;
        /************获取温度********************/
        // 18B20 启动
        DS18B20_SendConvert();
        // 获取温度
        DS18B20_GetTem();
        // 发送数据的第 3 个字节  温度整数部分(去除了符号位)
        send_buf[2] = sensor_data_value[1];
        // 发送数据的第 4 个字节  温度小数部分
        send_buf[3] = sensor_data_value[0];

        /************获取光照********************/
        // 获取光敏值
    Light = getGuangM();
    // 发送数据的第 5 个字节，光敏值高位
        send_buf[4] = Light[0];
    // 发送数据的第 6 个字节，光敏值低位
        send_buf[5] = Light[1];
```

```
if(AF_DataRequest( //  目的地址为协调器短地址 0x0000
                    &MySendtest_Single_DstAddr,
                    // 端点描述符
                    &MySendtest_epDesc,
                    // 簇 ID
                    DATAID,
                    // 发送字节长度
                    6,
                    // 发送数据
                    send_buf,
                     // 发送序列号
                    & DhAppRouterManage_TransID,
                     // 设置为路由发现
                    AF_DISCV_ROUTE,
                     // 路由半径
                    AF_DEFAULT_RADIUS)==afStatus_SUCCESS)
    {
    }
    else
    {

    }
}
```

8.3.1　响应按键命令

按键命令的响应是通过系统消息事件中的按键事件来触发的，其中系统消息事件包括网络状态改变事件、接收数据消息事件、按键事件、绑定事件等。按键事件是通过以下几个步骤实现的：

(1) 当有按键按下时，将会触发按键事件；
(2) 按键事件将会调用按键处理函数；
(3) 在按键处理函数中实现用户自定义的定时事件；
(4) 定时事件调用数据采集发送函数，将采集的数据发送至协调器。

【描述 8.D.1】 DongheAppRouter.c

```
if ( events & SYS_EVENT_MSG )
{
// 从消息队列中取出消息
MSGpkt = (afIncomingMSGPacket_t *)osal_msg_receive(DhAppRouterManage_TaskID);
// 判断有消息时
while ( MSGpkt )
```

```
{
    // 将消息事件提取出来
    switch ( MSGpkt->hdr.event )
    {

        // 如果是网络状态改变事件
        case ZDO_STATE_CHANGE:
            DhAppRouterManage_NwkState = (devStates_t)MSGpkt->hdr.status;
            // 判断启动的是路由器设备还是终端设备
            if(DhAppRouterManage_NwkState == DEV_END_DEVICE ||
                DhAppRouterManage_NwkState == DEV_ROUTER )
            {
                // 调用网络状态改变处理函数
                DhAppRouterManage_ProcessZDOStateChange((devStates_t)MSGpkt->hdr.status);
            }
            break;
        // 模块接收到数据信息事件
        case AF_INCOMING_MSG_CMD:
            // 调用接收消息事件处理函数
            DhAppRouterManage_ProcessMSGData( MSGpkt );
            break;
        // 按键事件
        case KEY_CHANGE:
            // 调用按键事件处理函数
            DhAppRouterManage_HandleKeys ( ( (keyChange_t *)MSGpkt)->keys );
            break;

        default:
            break;
    }
    // 释放消息所在的消息缓冲区
    osal_msg_deallocate( (uint8 *)MSGpkt );
    // 等待接收下一个消息
    MSGpkt=(afIncomingMSGPacket_t*)osal_msg_receive(DhAppRouterManage_TaskID);
}
// 返回还没有处理完的系统消息事件
return (events ^ SYS_EVENT_MSG);
}
```

1. 按键处理事件

按键处理事件需要判断按下的按键，如果按键按下，将触发相应的事件。由于路由器底板上的按键为 SW1(对应程序中的 SW5)和 SW2(对应程序中的 SW6)，本例中设置为，当按下 SW5 时将调用用户的定时事件，其代码如下：

【描述 8.D.1】 DongheAppRouter.c

```
// 处理按键
void DhAppRouterManage_HandleKeys ( byte keys )
{
    // 如果按键 SW1 按下
    if ( keys & HAL_KEY_SW_1 )
    {

    }
    // 如果按键 SW2 按下
    if ( keys & HAL_KEY_SW_2 )
    {

    }
    // 如果按键 SW3 按下
    if ( keys & HAL_KEY_SW_3 )
    {

    }
    // 如果按键 SW4 按下
    if ( keys & HAL_KEY_SW_4 )
    {

    }
    // 如果按键 SW5 按下
    if ( keys & HAL_KEY_SW_5 )
    {

    }
    // 如果按键 SW6 按下
    if ( keys & HAL_KEY_SW_6 )
    {
        // 启动用户定时事件
        osal_start_timerEx(
```

```
                              DhAppRouterManage_TaskID,
                              MySendtest_SEND_PERIODIC_MSG_EVT,
                              100);


            }


        }
```

2. 用户定时事件

用户定时事件是指用户设定一个定时事件，当定时事件到达之后便会处理用户定义的作业或控制。在本例程中，设定的定时事件为 5 秒，所以每隔 5 秒钟将会调用 Send_dataMessage()函数采集数据信息发往协调器。

【描述 8.D.1】　DongheAppRouter.c

```
// 用户定时事件
    if ( events & MySendtest_SEND_PERIODIC_MSG_EVT )
    {
      // LED1 闪烁
      HalLedBlink (HAL_LED_1, 2, 50, 200);
      // 发送采集的数据信息
      Send_dataMessage();
      // 每隔 5 秒钟将会发送一次数据
      osal_start_timerEx(DhAppRouterManage_TaskID,MySendtest_SEND_PERIODIC_
                         MSG_EVT, 5000);
      // 如果事件没有处理完返回事件
      return (events ^ MySendtest_SEND_PERIODIC_MSG_EVT);


    }
```

8.3.2　响应协调器命令

协调器触发命令是指由协调器发送一个命令，路由器接收到此命令后触发数据采集发送函数 Send_dataMessage()来实现数据的采集和发送。

路由器或终端设备的数据接收是通过数据接收处理函数 DhAppRouterManage_ProcessMSGData(afIncomingMSGPacket_t*msg)来处理的，其中参数 msg 是指向接收信息结构体 afIncomingMSGPacket_t 的指针。

1. afIncomingMSGPacket_t

afIncomingMSGPacket_t 结构体成员有 OSAL 消息事件、组广播的组 ID、消息的簇 ID、端点、源地址信息和目的地址信息、链路质量指示以及发送的数据。

【结构体 8-1】　afIncomingMSGPacket_t

```
typedef struct
{
  // OSAL 消息事件队列
  osal_event_hdr_t hdr;
  // 信息组 ID，设置组播的时候使用
  uint16 groupId;
  // 信息的簇 ID
  uint16 clusterId;
  // 源地址信息
  afAddrType_t srcAddr;
  // 目的地址的短地址信息
  uint16 macDestAddr;
  // 目的地址的端点
  uint8 endPoint;
  // 是否为广播地址，(如果值为 TURE，则目的地址为广播地址)
  uint8 wasBroadcast;
  // 链路质量指示
  uint8 LinkQuality;
  // 接收数据比例
  uint8 correlation;
  // RF 接收功率
  int8   rssi;
  // 安全信息
  uint8 SecurityUse;
  // MAC 时隙
  uint32 timestamp;
  // 接收的数据
  afMSGCommandFormat_t cmd;
} afIncomingMSGPacket_t;
```

2. afMSGCommandFormat_t;

上述结构体中，代表接收数据的 cmd 成员也是一个结构体，其成员有传输序列号、传输数据长度和传输的数据，如下所示：

【结构体 8-2】　afMSGCommandFormat_t

```
typedef struct
{
  // 传输序列号
  byte    TransSeqNumber;
```

```
// 传输数据长度
uint16 DataLength;
// 传输数据
byte    *Data;
} afMSGCommandFormat_t;
```

3. 数据接收处理函数

数据接收处理函数通过判断数据的"输入簇"来判断接收的数据,当协调器发送数据的"输出簇 ID"为路由器接收的"输入簇 ID"时,路由器将执行响应的命令。本例中,协调器的输出簇为 DATAID,即通知路由器发送采集的数据。因此在路由器中将调用 Send_dataMessage()来采集和发送数据,其代码如下所示:

【描述 8.D.1】 DongheAppRouter.c

```
// 处理接收到的数据(数据接收处理函数)
void DhAppRouterManage_ProcessMSGData ( afIncomingMSGPacket_t *msg )
{
    switch ( msg->clusterId )
    {
    case ADDRID :
         break;
    // 如果是数据命令
    case DATAID:
         Send_dataMessage();
         break;
    case OPENID:

         break;
    case CLOSEID:

         break;

    default:   break;
    }
}
```

8.4 协调器程序编写

由于路由器有两种工作方式(响应按键命令和响应协调器命令),所以对应的协调器也应该是两种工作方式:协调器直接接收数据和协调器串口触发采集数据。

◇　协调器直接接收数据：当路由器处在响应按键命令时，协调器直接接收路由器设备发送来的数据，然后通过串口输出至 PC 机。

◇　协调器串口触发采集数据：当路由器工作在响应协调器命令时，协调器等待 PC 通过串口发送的数据传输命令(DATA)。协调器接到命令后将发送数据采集命令至所有的数据采集节点，而后协调器将采集到的数据发送至 PC 机。

8.4.1　直接接收数据

协调器向 PC 机发送数据需要用到串口，因此应该对其串口进行初始化，并将初始化函数添加至用户任务初始化中，串口初始化函数 InitUart()的代码如下：

【描述 8.D.1】　DongheAppCooder.c

```
// 初始化串口
static void InitUart(void)
{
    halUARTCfg_t    uartConfig;
    // 串口准备设置
    uartConfig.configured          = TRUE;
    // 串口波特率设置
    uartConfig.baudRate             = HAL_UART_BR_38400;
    // 控制流设置
    uartConfig.flowControl         = FALSE;
    // 在 RX 缓存达到 maxRxBufSize 之前空余的字节数
    uartConfig.flowControlThreshold = 64;
    // RX 缓存
    uartConfig.rx.maxBufSize       = 128;
    // TX 缓存
    uartConfig.tx.maxBufSize       = 128;
    // 触发事件设置
    uartConfig.idleTimeout         = 6;
    // 中断使能
    uartConfig.intEnable           = TRUE;
    // 回调函数，应用层可以根据 RX、TX 触发的不同事件进行处理
    uartConfig.callBackFunc          = SerialApp_CallBack;
    // 打开串口
    HalUARTOpen (SERIAL_APP_PORT, &uartConfig);
}
```

以上路由器的两种工作方式中，协调器处理接收数据都是通过 DhAppCoordManage_ProcessMSGData(afIncomingMSGPacket_t *msg)函数来进行的。需要注意的是，如果使用直接接收数据的工作方式，必须定义 ANKEY(ANKEY 的定义方法请参照本书第 5 章)，才

能将数据传送至 PC 机。

【描述 8.D.1】 DongheAppCooder.c

```
case DATAID:
        // 如果接收到路由器设备发送的数据将数据保存在 Usart_sendbuf 中
        for(i = 0;i < 6; i++)
          {
                  Usart_sendbuf[i + (msg->cmd.Data[1]-1)*6] = msg->cmd.Data[i];
          }
        // 如果定义了 ANKEY
#ifdef ANKEY
        // 通过串口将数据发送至 PC 机
        HalUARTWrite(SERIAL_APP_PORT,Usart_sendbuf,36);
#endif

    break;
```

8.4.2　串口触发

串口触发程序分以下几步：

(1) 首先注册路由器加入网络后的网络短地址；

(2) 串口接收到 PC 机发送的"DATA"命令后，调用用户定时事件；

(3) 在用户定时事件中调用发送函数向路由器发送索要数据命令。

当路由器加入网络后，首先向协调器发送路由器的"MYID"和"网络短地址"，协调器收到后将其注册在 addtable 中，其代码如下：

【描述 8.D.1】 DongheAppCooder.c

```
// 处理接收到的数据
void DhAppCoordManage_ProcessMSGData ( afIncomingMSGPacket_t *msg )
{
  uint8 i;

    switch ( msg->clusterId )
    {

    case ADDRID:
    // 将网络中路由器的网络地址存放在 addtable 中,并且相应的 myID 号对应相应的网络地址
    addtable[msg->cmd.Data[1]] = ((uint16)msg->cmd.Data[2])<<8;
    addtable[msg->cmd.Data[1]] |= ((uint16)msg->cmd.Data[3])&0x00FF;
    HalLedBlink (HAL_LED_2, 4, 50, 500);
    break;
```

串口接收数据是通过回调函数 SerialApp_CallBack()来实现的，在回调函数中调用用户自定义的定时事件 MySendtest_SEND_PERIODIC_MSG_EVT，其代码如下：

【描述 8.D.1】　DongheAppCooder.c

```
// 接收串口数据的回调函数，
static void SerialApp_CallBack( uint8 port,uint8 event)
{
    uint8    sBuf[10]={0};
    uint16   nLen=0;
    uint8    Num = 0;
    uint8    i;
    if(event !=HAL_UART_TX_EMPTY)
    {
        nLen=HalUARTRead(SERIAL_APP_PORT,sBuf,10);
        if(nLen>0)
        {
            // *******输出数据长度***********
            Num =(uint8) nLen;
            (void)Num;
            // 判断收到的数据为‘DATA’
            if((sBuf[0] == 'D')&&(sBuf[1] == 'A')
                &&(sBuf[2] =='T')&&(sBuf[3] == 'A'))
            {
                // 清空 Usart_sendbuf
                for(i=0;i<60;i++)
                    Usart_sendbuf[i]=0;
                HalLedBlink (HAL_LED_1, 4, 50, 500);
                // 调用用户定时事件
                osal_start_timerEx(DhAppCoordManage_TaskID,
                        MySendtest_SEND_PERIODIC_MSG_EVT, 5000);
            }
        }
    }
}
```

在用户自定义的定时事件中，调用 Collect_dataMessage()函数向路由器发送采集数据的命令，等待采集数据完成后，调用串口发送函数，将数据发送至 PC 机，其代码如下：

【描述 8.D.1】　DongheAppCooder.c

```
if ( events & MySendtest_SEND_PERIODIC_MSG_EVT )
{
    // 依次向路由器节点 ID 号为 1～6 的节点
```

```
static byte send_count=1;
if(send_count<7)
{
    Collect_dataMessage(send_count++);
    osal_start_timerEx(DhAppCoordManage_TaskID,
                    MySendtest_SEND_PERIODIC_MSG_EVT, 50);
}
// 收集完路由器上传的数据后，通过串口输出数据至 PC 机
else if(send_count==7)
{
    send_count=1;
    HalUARTWrite(SERIAL_APP_PORT,Usart_sendbuf,36);
    osal_stop_timerEx(DhAppCoordManage_TaskID,
                    MySendtest_SEND_PERIODIC_MSG_EVT);
}
// HalLedBlink(HAL_LED_2,4,50,(500));
return 0;
}
```

Collect_dataMessage 函数向路由器发送一个"Data"命令，其簇 ID 使用"DATAID"，即协调器的输出簇 ID 与路由器输入簇 ID 相对应，其代码如下：

【描述 8.D.1】 DongheAppCooder.c

```
// 向路由器发送 data 命令，使路由器采集数据并发送
void Collect_dataMessage(uint8 addr)
{
    char theMessageData[] = "Data";
    // 目的地址为 16 位网络短地址
    MySendtest_Danbo_DstAddr.addr.shortAddr=addtable[addr];

        if( AF_DataRequest(      // 发送目的地址
                        &MySendtest_Danbo_DstAddr,
                        // 端点
                        &MySendtest_epDesc,
                        // 簇 ID
                         DATAID,
                         // 发送数据长度
                        (byte)osal_strlen( theMessageData) + 1,
                        // 发送的数据
                        (byte *)theMessageData,
                        // 传输序列号
```

```
                    & DhAppCoordManage_TransID,
                    // 发现路由设置
                    AF_DISCV_ROUTE,
                    // 路由半径
                    AF_DEFAULT_RADIUS ) == afStatus_SUCCESS )
        {
        }
        else
        {

        }
    }
```

⚠ **注意：** 任务描述 8.D.1 中使用了两种触发方式进行数据的传输，在实际项目中只需要开启其中的一种即可。

8.5　实验现象

　　将协调器程序和路由器程序分别下载至协调器设备和路由器设备中。需要注意的是，当下载路由器程序时，如果有多个路由器设备，需要将设备编号，编号为 1～6。已经编号的路由器在下载路由器程序时，需要将程序中的"myID"修改为对应设备的号码。

　　程序下载完毕后，将协调器与 PC 机通过串口连接，PC 机通过串口向协调器发送 DATA 的命令，协调器将发送数据采集命令至网络中，可以通过 PC 机观察到协调器采集到节点的信息如图 8-4 所示。

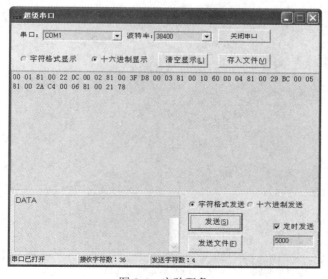

图 8-4　实验现象

小 结

通过本章的学习，学生应该能够掌握以下内容：

◆ Zigbee 程序开发和其他的嵌入式开发设计基本上是相同的，都需要以下几个步骤：需求分析；体系结构设计；应用程序的编写；程序的调试和测试。

◆ 在智能家居数据采集系统中，协调器的主要功能包括网络的建立、数据的接收和发送、按键控制和串口控制。

◆ 路由器的主要功能是网络加入、数据的发送和接收、中继路由传输其他节点的数据、数据采集。

练 习

1. Zigbee 程序开发和其他的嵌入式开发设计基本上是相同的，都需要以下几个步骤：_____；_____；_____；_____。

2. 编写程序，在任务描述 8.D.1 的基础上实现协调器控制路由器蜂鸣的功能。

实践篇

实践 1 Zigbee 概述

 实践指导

➤ 实践 1.G.1

IAR 的安装。

【分析】

本书使用的 IAR 是 IAR For 51 版，其对硬件的配置要求如表 S1-1 所示。

表 S1-1 IAR 安装的配置要求

硬件名称	配 置 要 求
CPU	最低 600 MHz 处理器，建议 1 GHz 以上
RAM 内存	1 GB，建议 2 GB 以上
可用硬盘空间	可用空间 1.4 GB
操作系统	Windows 2000、Windows 2003、Windows XP、Windows Vista、Windows7

【参考解决方案】

(1) 双击 IAR 的安装程序(安装软件在 Zigbee/CH1/1.G.1 中)EW8051-EV-8013-Web.exe，如图 S1-1 所示。

进入安装界面，出现如图 S1-2 所示的对话框，点击“Next”。

图 S1-1 IAR For 51 安装程序   图 S1-2 安装界面

点击下一步后，弹出一个是否在线注册的对话框，直接点击“Next”进行安装，如图 S1-3 所示。

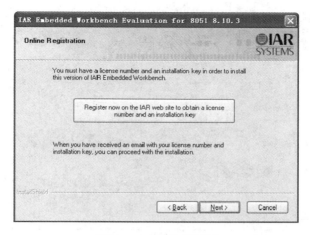

图 S1-3　在线注册界面

(2) 点击 Accept，进入下一步安装，如图 S1-4 所示。

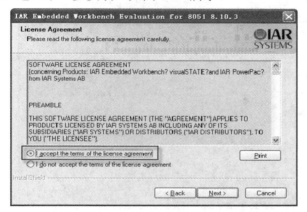

图 S1-4　接受安装协议

(3) 输入产品序列号(需要从 IAR Systems 公司购买)，有两组序列号，第一组序列号的输入如图 S1-5 所示。

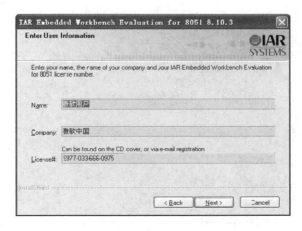

图 S1-5　第一组序列号

(4) 第二组序列号，如图 S1-6 所示。

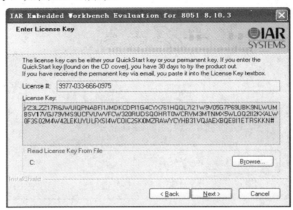

图 S1-6　第二组序列号

(5) 选择 Complete(完全安装)，如图 S1-7 所示。

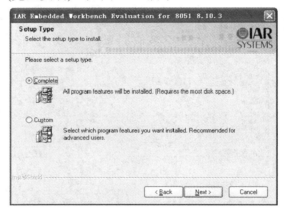

图 S1-7　安装类型

(6) 点击"Change…"可以选择安装路径，本例程中选择默认安装路径，如图 S1-8 所示。

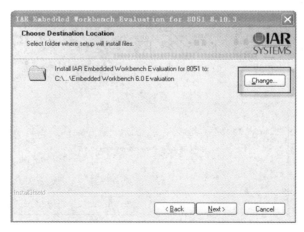

图 S1-8　选择安装路径

(7) 继续下一步，进入安装界面，如图 S1-9 所示。

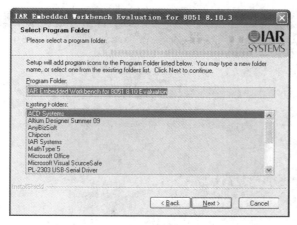

图 S1-9　开始安装

点击"Next"，再点击"Install"进行安装，如图 S1-10 所示。

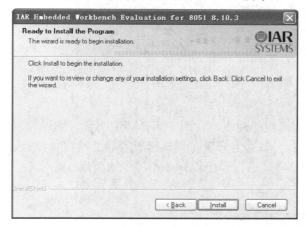

图 S1-10　安装界面

(8) 进入安装过程界面，如图 S1-11 所示。

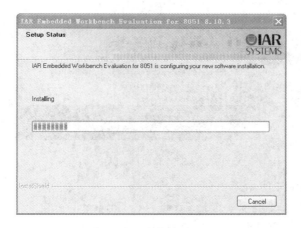

图 S1-11　安装过程界面

(9) 点击"Finish"完成安装，如图 S1-12 所示。

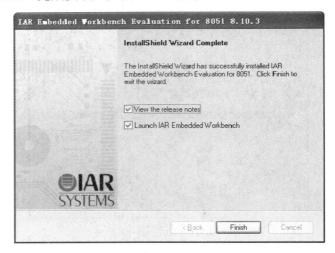

图 S1-12　安装完成

> 实践 1.G.2

IAR 的使用。

【分析】

(1) IAR 可以完成工程的建立、代码编辑、环境配置、编译和调试等功能。

(2) 在 IAR 中，有许多用于开发、调试部署等功能的窗口，特别是与开发相关的常用窗口，熟练使用这些窗口是进行程序设计必不可少的要素。

【参考解决方案】

1．新建一个 IAR 工程

点击"开始"→"程序"→"IAR"→"IAR Embedded Workbench for 8051 8.10 Evalution"中的"IAR Embedded Workbench"，如图 S1-13 所示。

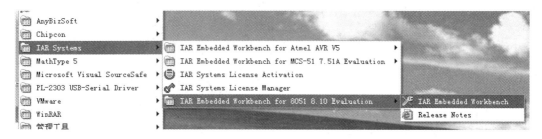

图 S1-13　打开 IAR

打开界面如图 S1-14 所示。

点击菜单栏的 Project 选项，选择 Creat New Project，新建一个工程，出现如图 S1-15 所示界面，选择 8051 点击 OK。

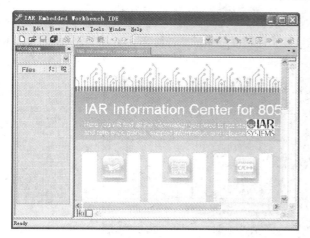

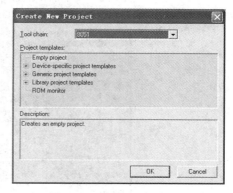

图 S1-14　IAR for 8051 界面　　　　　　图 S1-15　新建一个工程

2. 保存工程

保存工程 ewp，文件名为 ph01_G2，如图 S1-16 所示。

图 S1-16　保存工程名为 forJ1

点击"File→Save Workspace"将工程保存到"工作空间(Workspace)"内，如图 S1-17 所示。工作空间的名字可以与工程名相同，如图 S1-18 所示。

图 S1-17　保存工程 eww 文件名　　　　　图 S1-18　保存 eww 文件

3．工程设置

点击菜单"Project"→"Options"进入工程设置窗口(或者按下 Alt+F7)，如图 S1-19 所示。

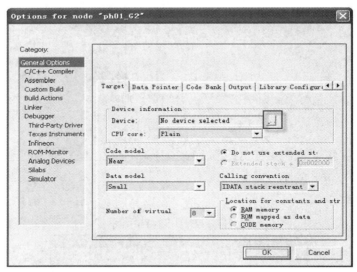

图 S1-19　工程设置菜单

在 General Option 中的"Target"页面上点击"Device"后面的选择按钮，选择 cc2530.i51 配置文件，点击"打开"，然后点击"OK"，如图 S1-20 所示。

图 S1-20　选择 CC2530.i51 文件

4．添加源文件

如图 S1-21 所示点击工具栏上的新建按钮，新建一个程序文件，然后命名为 main.c，如图 S1-22 所示。

建立程序文件后需要将程序文件添加至工程中，通过右击工程名在弹出的对话框中选择"Add"→"Add Files"选项，如图 S1-23 所示。

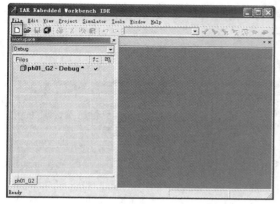

图 S1-21　新建一个程序文件

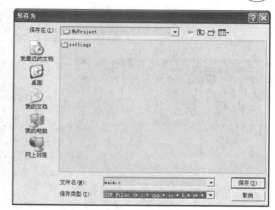

图 S1-22　将程序文件命名为 main.c

选择 Add Files 选项后会弹出添加文件的对话框，选择 main.c 文件，点击"打开"按钮，将文件添加至工程中，如图 S1-24 所示。

图 S1-23　向工程中添加文件

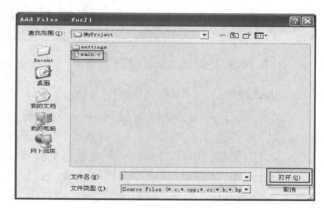

图 S1-24　选择要添加的文件

5. 编译

添加程序文件后即可编写程序，在 mian.c 文件中写入以下程序代码，如图 S1-25 所示。

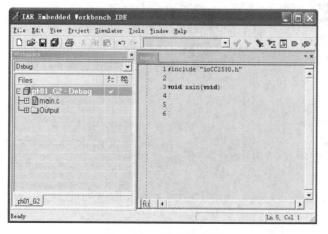

图 S1-25　程序的编写

然后通过点击菜单"Project"→"Rebuild All"对其进行编译，如图 S1-26 所示。程序编译完成后，无错误无警告的情况如图 S1-27 所示。

图 S1-26　程序的编译　　　　　　　　　　图 S1-27　编译完成

6．调试程序

在程序编译完成无错误的情况下，可以对其进行仿真调试(仿真调试需要硬件的支持，硬件连接详见实验 1.G.3)。在仿真调试之前需要进行仿真器的驱动配置，具体配置步骤如下：右击"工程名"选择"Options"选项，如图 S1-28 所示。

在"Options"选项对话框中选择"Debugger"，在"Debbuger→Setup→Driver"中选择"Texas Instrument"，如图 S1-29 所示。

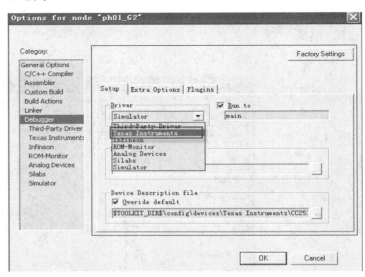

图 S1-28　仿真设置　　　　　　　　　　　图 S1-29　选择驱动

在驱动配置完成之后，对其进行下载调试，点击菜单"Project→Debug"，如图 S1-30 所示。

程序下载成功之后，具体的调试过程可以通过调试选项栏中的按钮进行，如图 S1-31 所示。

图 S1-30 调试

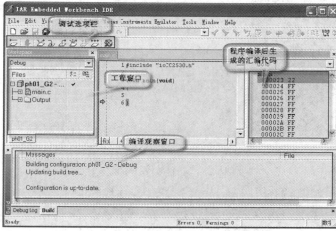

图 S1-31 调试窗口

➤ **实践 1.G.3**

辅助软件的安装。

【分析】

"Zigbee 开发套件"的辅助软件包括物理地址修改软件、仿真器驱动软件和 USB 转串口驱动软件。

◇ 物理地址修改软件主要有两个功能：读取或者修改芯片物理地址和烧写程序。

◇ 仿真器驱动软件主要用于 CC2530 仿真器的驱动。

◇ USB 转串口驱动软件主要用于 USB 转串口线的驱动。

【参考解决方案】

1. 物理地址修改软件的安装

物理地址修改软件(安装程序名是 Setup_SmartRFProg_1.6.2.exe，其位置在 Zigbee/CH1/1.G.3 中)的安装图标如图 S1-32 所示。

图 S1-32 物理地址修改软件图标

(1) 双击图标进入安装界面，如图 S1-33 所示。

（2）点击"Next"进行安装，选择"Change…"可以选择安装路径，本例程采用默认的安装路径，如图 S1-34 所示。

图 S1-33 物理地址修改软件安装界面

图 S1-34 安装路径选择

（3）选择 Complete(完全安装)，如图 S1-35 所示。

（4）点击"Install"进行安装，如图 S1-36 所示。

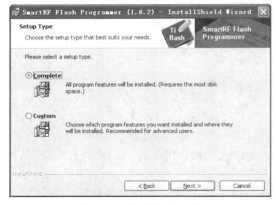
图 S1-35 选择完全安装

图 S1-36 开始安装

（5）点击"Finish"完成安装，并且在桌面上创建快捷方式，如图 S1-37 所示。

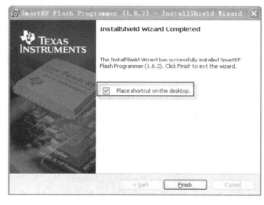
图 S1-37 安装完成

(6) 安装完成后，在桌面上生成的快捷方式图标如图 S1-38 所示。

图 S1-38　物理地址修改软件快捷方式

(7) 双击快捷方式图标，读取或修改芯片物理地址，如图 S1-39 所示。

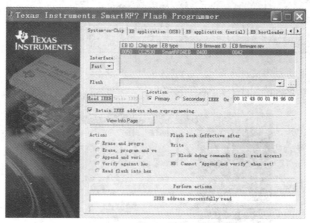

图 S1-39　读取或修改芯片物理地址

2. 仿真器驱动的安装

(1) 仿真器驱动程序可以在 IAR 的安装文件中找到，IAR 自带了 CC2530 的仿真器下载调试驱动程序，第一次使用仿真器时，操作系统会自动提示找到新硬件，弹出如图 S1-40 所示对话框，选择从列表或指定位置安装，点击"下一步"。

(2) 点击"浏览"选择驱动文件，如图 S1-41 所示。

图 S1-40　硬件安装向导

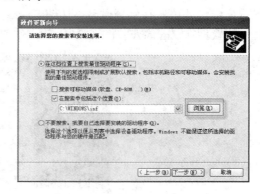

图 S1-41　查找驱动程序文件

(3) 仿真器硬件驱动程序目录为 C:\Program Files\IAR Systems\Embedded Workbench 5.3 Evaluation version\8051\drivers\Texas Instruments(本例是将 IAR 安装在 C 盘)，点击"确定"按钮，如图 S1-42 所示。

(4) 选择驱动程序文件完成后，点击"下一步"进行安装，如图 S1-43 所示。

图 S1-42　选择驱动程序文件　　　　　　　　　　　　　图 S1-43　安装

(5) 点击"完成"按钮，退出程序，如图 S1-44 所示。

图 S1-44　安装完成

3．USB 转串口驱动的安装

(1) USB 转串口的驱动软件安装和仿真器的驱动软件安装过程一样，第一次使用时操作系统会自动提示找到新硬件，如图 S1-45 所示，选择从列表或指定位置安装(USB 转串口的安装软件在 Zigbee/CH1/1.G.3/中)，点击"下一步"。

图 S1-45　USB 转串口软件驱动安装向导

(2) 点击"浏览"，选择需要安装的程序的文件，点击"下一步"进行安装，如图 S1-46 所示。

(3) 系统安装完驱动后提示完成对话框，点击"完成"退出程序，如图 S1-47 所示。

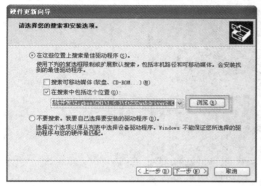

图 S1-46　查找驱动程序文件

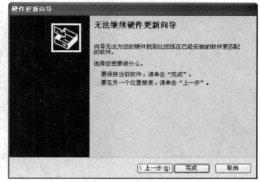

图 S1-47　安装完成

➤ **实践 1.G.4**

开发套件认知。

【分析】

(1) Zigbee 开发套件包括 Zigbee 协调器、Zigbee 路由器设备/Zigbee 终端节点设备。

(2) Zigbee Sniffer(嗅探器)设备为 Zigbee 开发套件的辅助设备。

【参考解决方案】

1．硬件设备的认知

硬件设备包括两部分：Zigbee 开发套件和 Zigbee 嗅探器。

1) Zigbee 开发套件

Zigbee 开发套件以实验箱中的 Zigbee 协调器和 Zigbee 路由器底板为主要开发板。开发套件使用过程中需要用到的设备及附件清单如表 S1-2 所示。其中，核心板、协调器底板以及路由器底板合称 Zigbee 模块。

表 S1-2　Zigbee 开发套件清单

序号	名　称	规格型号	数量	用　途	备　注
1	核心板	CC2530 Core	7	协调器、路由器的核心板	核心板不能独立使用，需要插入协调器或路由器底板的插座上才能使用
2	协调器底板	DH-2530-Coordinator	1	协调器应用底板	
3	路由器底板	DH-2530-Router	6	路由器或终端应用底板	
4	Zigbee 仿真器	SmartRF04EB	1	程序下载调试	
5	电源适配器	5 V 电源	1	协调器和路由器的供电电源	
6	USB 转串口	FT232	1	协调器与 PC 串口通信	
7	串口连接线		1	协调器和其他设备，如 GPRS 串口通信线	

套件外观如图 S1-48 所示。

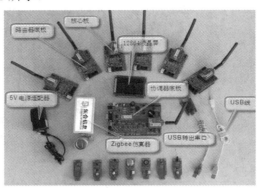

图 S1-48　套件外观

2) Zigbee 嗅探器

Zigbee 嗅探器作为 Zigbee 开发套件的配套设备,是专门针对 Zigbee 无线通信开发的数据包分析设备,主要用于帮助开发者捕获 Zigbee 通信的数据包,分析数据和网络拓扑结构,快速寻找 Zigbee 组网时出现的问题。

嗅探器配合 PC 端的"Zigbee Sniffer 程序"可实现以下功能:

◇　支持 2.4 G 网络,可以设置监控 Zigbee 网络的 16 个通道中的任何一个。

◇　通过帧视图实时监控通信过程。

◇　可显示网络拓扑结构。

嗅探器外观如图 S1-49 所示。

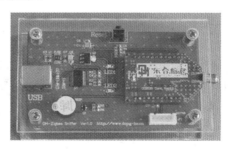

图 S1-49　嗅探器外观

2. 硬件设备的连接

硬件设备的连接包括两部分,Zigbee 开发套件的连接和嗅探器的连接。

1) Zigbee 开发套件的连接

Zigbee 开发套件的连接包括协调器设备硬件的连接和路由器或终端设备节点的连接,其中协调器设备的连接如下:

◇　将 CC2530 节点插在协调器底板相应的插槽中,注意 CC2530 节点带有天线接口的一端向外。

◇　然后将 5 V 电源插在协调器底板的电源接口,仿真器连接协调器底板的 JTAG 接口。

◇　将 LCD 液晶显示屏插入显示屏插槽中,开关拨至打开位置,并且通电。

图 S1-50 所示为硬件连接图。

路由器或终端设备节点硬件的连接如图 S1-51 所示。需要注意的是，路由器或终端设备在下载程序时，只需要连接仿真器，仿真器的另一端直接连接 PC 机的 USB 接口即可，不需要在路由器或终端设备的板上再连接 5 V 电源。

图 S1-50　硬件连接图　　　　　　图 S1-51　路由器或终端设备硬件连接图

⚠ **注意**：路由器或终端设备在下载程序的过程中不能连接 5 V 电源，因为路由器或终端设备的底板使用仿真器可以直接为路由器底板供电，如果连接 5 V 电源后，会造成双电源供电，可能会损坏仿真器。而协调器底板不存在这种现象，并且在协调器底板下载程序时一定要连接 5 V 电源。

2) 嗅探器硬件连接

如图 S1-52 所示为嗅探器的硬件连接图，USB 线一端连接嗅探器，另一端连接 PC 机，并插上天线。

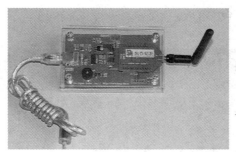

图 S1-52　Zigbee Sniffer 硬件连接图

实践 2 Zigbee 技术原理

  实践指导

➢ **实践 2.G.1**

Zigbee Sniffer 的安装和使用。

【分析】

(1) Zigbee Sniffer 软件以及 Zigbee Sniffer 设备配合 PC 端作为 Zigbee 开发套件的辅助设备。

(2) Zigbee Sniffer 可以捕获 Zigbee 传输的帧数据，包括 MAC 层帧数据和网络层帧数据。

(3) Zigbee Sniffer 可以获得 Zigbee 网络的拓扑结构。

【参考解决方案】

Zigbee Sniffer 软件不需要安装，直接双击"ZigbeeSniffer.exe"（其存放目录为"Zigbee\CH2\ZigbeeSniffer"）即可运行。图 S2-1 所示为"ZigbeeSniffer.exe"的图标。

1) 运行 Zigbee Sniffer 程序

将嗅探器设备连接到 PC 机后，双击运行"ZigbeeSniffer.exe"。图 S2-2 所示为程序的主界面。

图 S2-1 嗅探器程序　　　　　　　　　图 S2-2 嗅探器程序主界面

软件运行后，自动搜索嗅探器。连接成功后，将在主界面下方显示"嗅探器就绪"信息，如图 S2-3 所示，同时嗅探器上的蜂鸣器将发出一声"嘀"声。

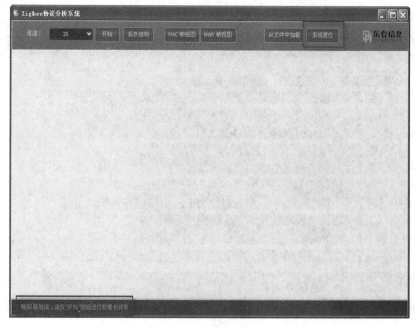

图 S2-3　连接到嗅探器

若软件不能自动搜索到嗅探器，可以将嗅探器重新拔插一下，然后点击上图中的"系统复位"按钮。

2) 帧视图

嗅探器连接成功后，点击"ZigbeeSniffer 软件"的"MAC 帧视图"按钮，程序将显示实时帧视图子窗体，如图 S2-4 所示。而后点击"开始"按钮，程序将进入 Zigbee 数据包抓取过程。

图 S2-4　抓取数据包

若此时嗅探器附近有 Zigbee 设备,嗅探器将自动抓取空中的数据包,并送到程序内显示,如图 S2-5 所示。

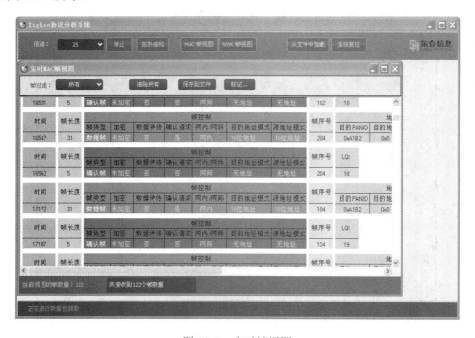

图 S2-5　实时帧视图

3) 保存或打开数据文件

点击实时帧视图窗体中的"保存到文件"按钮,可以将当前抓取到的帧数据存入文件,如图 S2-6 所示。

图 S2-6　保存帧视图

点击程序主窗体的"从文件中加载"按钮，可以打开保存过的帧数据文件，如图 S2-7 和图 S2-8 所示。

图 S2-7　打开帧数据文件

图 S2-8　打开帧数据文件

4) 显示拓扑结构

点击程序主窗体中的"拓扑结构"按钮，将显示拓扑结构图子窗体，如图 S2-9 所示。

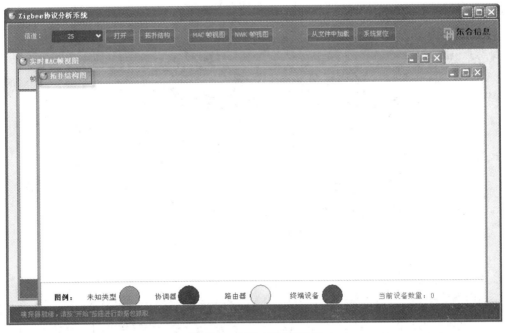

图 S2-9　拓扑结构子窗体

若此时"开始"按钮已经按下，并且嗅探器附近有 Zigbee 设备，窗体将自动显示 Zigbee 网络拓扑结构，如图 S2-10 所示。当设备之间有通信时，两者之间的连接线将闪烁显示。

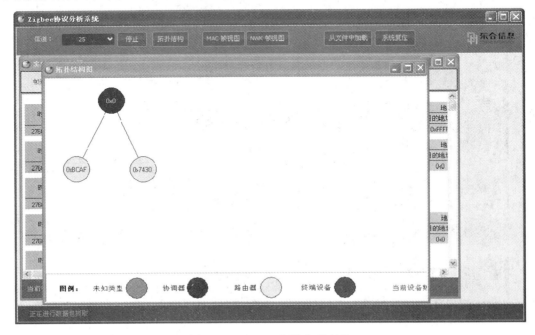

图 S2-10　Zigbee 网络拓扑结构

➢ **实践 2.G.2**

帧数据的分析。

【分析】

(1) MAC 层帧类型分为：信标帧、命令帧、数据帧和确认帧。

(2) Zigbee 协议 MAC 层帧数据的一般结构由以下三部分组成：MAC 帧头(MHR)、MAC 有效载荷和 MAC 尾。MAC 帧头部分由帧控制字段和帧序号字段组成；MAC 有效载荷部分的长度与帧类型相关，确认帧的有效载荷部分长度为 0；MAC 帧尾是校验序列(FCS)。

(3) MAC 层帧控制字段的长度为 16 位，共分为 9 个子域，帧控制字段格式如图 S2-11 所示。

0～2	3	4	5	6	7～9	10～11	12～13	14～15
帧类型	安全使能	数据待传	确认请求	网内/网际	预留	目的地址模式	预留	源地址模式

图 S2-11　帧控制字段

(4) 网络层帧数据即网络层协议数据单元(NPDU)，网络层帧数据即 MAC 层的帧载荷部分，并且只有 MAC 层的数据帧的帧载荷部分才有网络层数据帧。

(5) 网络层协议数据单元(NPDU)结构由网络层帧报头和网络层的有效载荷两部分组成。网络层帧报头包含帧控制信息、地址信息和帧序列等信息。在 Zigbee 网络协议中定义了两种类型的帧结构，即网络层数据帧和网络层命令帧。

【参考解决方案】

1. MAC 层数据帧分析

1) 下载程序到设备

打开 IAR 软件(需要提前安装，具体安装过程请参见实验设备手册)，点击"开始→程序→IAR Systems→IAR Embedded Workbench for MCS-51 7.51A Evaluation→IAR Embedded Workbench"，如图 S2-12 所示。

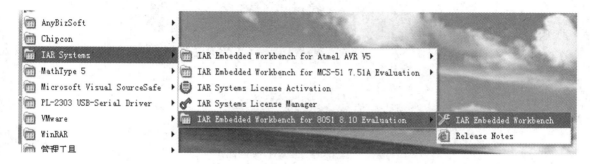

图 S2-12　打开路径

程序运行后出现如图 S2-13 所示的界面，点击打开文件选项打开例程。

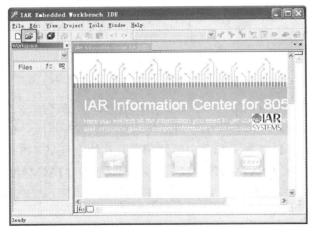

图 S2-13　工程向导

2) 打开例程

选择配套例程(目录为 Zigbee\CH2\2.G.2\Zstack\DongheApp\CC2530DB)，在 CC2530DB 中打开 SampleApp.eww 文件(路径根据个人电脑文件存放的位置来定)，如图 S2-14 所示。

图 S2-14　选择打开的文件

打开程序后的工作界面如图 S2-15 所示。

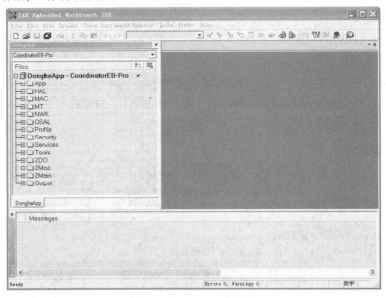

图 S2-15　EW 工作界面

打开所需要的程序文件，分别将相应的路由器程序和协调器程序下载到相应的设备中。

路由器程序和协调器程序的选择如图 S2-16 所示。

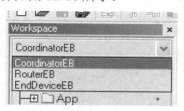

图 S2-16　程序的选择

点击图 S2-16 中标出的下拉菜单按钮，会出现程序选择的列表。其中下拉列表中的 CoordinatorEB 为协调器程序，RouterEB 为路由器程序，EndDeviceEB 为终端节点程序。

3) 帧数据分析

程序下载完毕后，按下开套套件板上的复位按键，使程序运行起来。利用 ZigbeeSniffer 程序捕获数据帧，图 S2-17 所示为命令帧和信标帧。

时间	帧长度	帧控制							帧序号	地址信息				帧载荷	LQI
		帧类型	加密	数据待传	确认请求	网内/网际	目的地址模式	源地址模式		目的 PANID	目的地址	通 PANID	源地址	07	
561109	10	命令帧	未加密	否	否	网际	16 位地址	无地址	238	0xFFFF	0xFFFF	无	无		26

时间	帧长度	帧控制							帧序号	地址信息				帧载荷	LQI
		帧类型	加密	数据待传	确认请求	网内/网际	目的地址模式	源地址模式		目的 PANID	目的地址	通 PANID	源地址	FF CF 00 00 00 22 84 00 00 00	
561109	28	信标帧	未加密	否	否	网际	无地址	16 位地址	21	无	无	0x7F2B	0x0	00 00 00 00 00 FF FF FF 00	24

图 S2-17　命令帧和信标帧

a. MAC 命令帧

MAC 命令帧部分包括帧控制字段、帧序号字段、地址信息字段和帧载荷字段。帧控制字段如图 S2-18 所示。

帧控制						
帧类型	加密	数据待传	确认请求	网内/网际	目的地址模式	源地址模式
命令帧	未中密	否	否	网际	16 位地址	无地址

图 S2-18　命令帧帧控制字段

其中：

◇　帧类型子域判断为命令帧。

◇　安全使能子域显示为加密。

◇　此命令帧不需要数据等待和确认请求。

◇　网内/网际显示是否在同一 PAN 内传输。

◇　目的地址模式为 16 位短地址模式。

◇　源地址模式为"无"，即不需要源地址模式。

地址信息字段如图 S2-19 所示。

地址信息			
目的 PANID	目的地址	源 PANID	源地址
0xFFFF	0xFFFF	无	无

图 S2-19　命令帧地址信息字段

在帧控制字段中显示目的地址为 16 位短地址模式，源地址模式为"无"。由图 S2-19 可知，地址信息字段的目的地址为 0xFFFF，源地址为"无"。

其中命令帧帧载荷标识字段指示所使用的 MAC 命令，其取值范围为 0x07，如图 S2-20 所示。

图 S2-20　命令帧载荷字段

b. MAC 信标帧

信标帧包括 MAC 帧头、有效载荷和帧尾。其中帧头由帧控制字段、序号和地址信息组成，如图 S2-21 所示。

帧控制							帧序号	地址信息			
帧类型	加密	数据待传	确认请求	网内/网际	目的地址模式	源地址模式		目的 PANID	目的地址	通 PANID	源地址
信标帧	未加密	否	否	网际	无地址	16 位地址	21	无	无	0x7F2B	0x0

图 S2-21　MAC 信标帧帧头部分

其中：
◇ 帧控制字段包含了网际传输和源地址模式。
◇ 信标帧中的地址信息只包含源设备的 PANID 和地址。

c. 数据帧和确认帧

MAC 层数据帧和确认帧如图 S2-22 所示。

帧控制							帧序号	地址信息				帧载荷
帧类型	加密	数据待传	确认请求	网内/网际	目的地址模式	源地址模式		目的 PANID	目的地址	通 PANID	源地址	48 00 00 00 B5 D7 1E E6 00 10 01
数据帧	未加密	否	否	网际	16 位地址	16 位地址	244	0x7F2B	0x0	无	0xD7B5	00 08 0F 10 01 00 05 D7 B5

帧控制							帧序号	LQI
帧类型	加密	数据待传	确认请求	网内/网际	目的地址模式	源地址模式		
确认帧	未加密	否	否	网际	无地址	无地址	244	24

图 S2-22　数据帧和确认帧

数据帧由帧控制字段、帧序号、地址信息和载荷帧组成，用来传输上层发到 MAC 子层的数据。
◇ 帧控制字段显示了发送源地址模式和目的地址模式分别为 16 位地址。
◇ 地址信息显示发送节点的地址(即源地址)和接收节点的地址(即目的地址)。
◇ 载荷帧字段包含了上层需要传送的数据。

确认帧格式由控制帧和帧序号组成，其中确认帧的序列号应该与被确认帧的序列号相同，并且负载长度为 0。

2. 网络层数据帧分析

网络层的帧数据是 MAC 层的"帧载荷"部分，网络层数据帧分为两种类型：网络层数据帧和网络层命令帧。

网络层协议数据单元(NPDU)即网络层帧的结构，如图 S2-23 所示。

字节: 2	2	2	1	1	0/8	0/8	0/1	变长	变长
帧控制	目的地址	源地址	广播半径域	广播序列号	IEEE目的地址	IEEE源地址	多点传送控制	源路由帧	帧的有效载荷
网络层帧报头									网络层的有效载荷

图 S2-23   网络层数据帧格式

1) 网络层数据帧

利用 ZigbeeSniffer 捕获到帧序号为 244 的 MAC 层数据帧如图 S2-24 所示，捕获到帧序号为 244 的网络层数据帧，如图 S2-25 所示。

	帧控制						帧序号	地址信息					帧载荷	
帧类型	加密	数据待传	确认请求	网内/网际	目的地址模式	源地址模式		目的 PANID	目的地址	通	PANID	源地址	48 00 00 00 B5 D7 1E E6 00 10 01	
数据帧	未加密	否	否	网内	16 位地址	16 位地址	244	0x7F2B	0x0	无		0xD7B5	00 08 0F 10 01 00 05 D7 B5	

图 S2-24   帧序号为 244 的 MAC 层数据帧

帧序号	NWK 帧控制								MWK 地址信息				NWK 帧载荷
	帧类型	协议版本	路由发现	广播标记	安全使能	源路由子帧	IEEE 目的地址	IEEE 源地址	目的地址	源地址	广播半径	广播序列号	00 10 01 00 08 0F 10
244	数据帧	2	禁止	单播/广播	未加密	不存在	不存在	不存在	0x0000	0xD7B5	0x1E	230	01 00 05 D7 B5

图 S2-25   帧序号为 244 的网络层数据帧

根据理论篇对网络层的分析，可以看出帧序号为 244 号的数据帧，在网络帧类型为数据帧，其广播模式为单播，且目的地址为 0x0000，源地址为 0xD7B5。另外，图 S2-25 中"NWK 帧载荷"部分为应用层发送的数据。

2) 网络层命令帧

网络层的命令帧对应于 MAC 层的数据帧，图 S2-26 和图 S2-27 所示为帧序号为 182 的 MAC 层数据帧与对应的网络层命令帧。

	帧控制						帧序号	地址信息				帧载荷	
帧类型	加密	数据待传	确认请求	网内/网际	目的地址模式	源地址模式		目的 PANID	目的地址	通	PANID 源地址	09 10 FC FF 00 00 01 CF EC 02 33	
数据帧	未加密	否	否	网内	16 位地址	16 位地址	182	0x7F2B	0xFFF	无	0x0	02 00 48 12 00 08 61 B5 D7 11	

图 S2-26   帧序号为 182 的 MAC 层数据帧

帧序号	NWK 帧控制								MWK 地址信息					NWK 帧载荷
	帧类型	协议版本	路由发现	广播标记	安全使能	源路由子帧	IEEE 目的地址	IEEE 源地址	目的地址	源地址	广播半径	广播序列号	IEEE 源地址	08 61 B5
182	命令帧	2	禁止	单播/广播	未加密	不存在	不存在	不存在	0xFFFC	0x0000	0x01	207	0xED023302004B1200	D7 11

图 S2-27   帧序号为 182 的网络层命令帧

图 S2-28 所示为网络层帧控制子域，通过它可以判别网络层帧数据的详细信息。

0~1	2~5	6~7	8	9	10	11	12	13~15
帧类型	协议版本	发现路由	广播标记	安全	源路由	IEEE目的地址	IEEE源地址	保留

图 S2-28   帧控制域

以帧序号为 182 的 MAC 数据帧为例，其帧载荷部分的前两个字节为"09 10"，第一个字节转换为二进制"0000 1001"，第二个字节转换为二进制"0001 0000"。解析如下：

◇　帧类型为 01，所以帧类型为命令帧。

◇　协议版本号为 0010，即版本号为 2。

◇　发现路由域为 00，即禁止路由。

◇　广播标记域为 0，即单播或广播。

◇　安全域为 0，即为设置安全使能。

◇　源路由域为 0，即禁止路由发现。

◇　IEEE 目的地址为 0，即不显示 IEEE 目的地址。

◇　IEEE 源地址信息为 1，即显示 IEEE 源地址，所以在地址信息栏里有 IEEE 源地址信息，而没有 IEEE 目的地址信息。

实践 3　Zigbee **硬件设计**

 实践指导

➤ 实践 3.G.1

Altium Designer 的安装。

【分析】

(1) Altium 前身为 Protel 国际有限公司，由 Nick Martin 于 1985 年始创于塔斯马亚洲霍巴特，致力于开发基于 PC 的软件，为印刷电路板提供辅助设计，在 2001 年 8 月 6 日正式更名为 Altium 有限公司。

(2) Altium 公司致力于产品开发，并为工程师提供帮助以实现目标最佳设计工具。

(3) Altium Designer 基于一个软件集成平台，将电子产品开发的硬件设计所需的工具全部整合在一个应用软件中，包含以下工具：原理图和 HDL 设计输入、电路仿真、信号完整性分析、PCB 设计、基于 FPGA 的嵌入式系统设计和开发。另外，用户还可以对 Altium Designer 工作环境加以定制，以满足用户的各种不同需求。

【参考解决方案】

(1) 打开 Zigbee\CH3\Aitium Designer\Setup 目录，双击 Setup.exe 进行安装，如图 S3-1 所示。

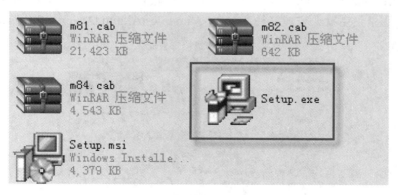

图 S3-1　Setup.exe 图标

(2) 双击 Setup.exe 后将弹出"License Agreement"对话框，点击"I accept the license agreement"选项，如图 S3-2 所示。

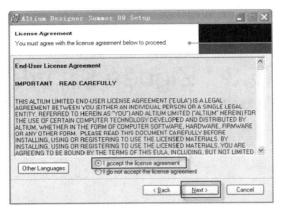

图 S3-2　License Agreement 对话框

(3) 点击"License Agreement"对话框的 Next 选项，在弹出的"User Information"对话框内，可以在"Full Name"和"Organization"选项框中写入用户的名字，此处使用默认用户名称，如图 S3-3 所示，而后点击"Next"选项进入下一步安装。

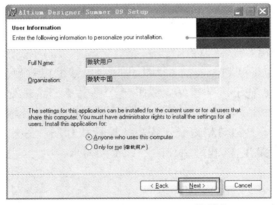

图 S3-3　User Information 对话框

(4) 在"Destination Folder"对话框内选择安装路径，点击 Browse 按钮选择用户想要安装的路径，这里使用默认安装路径"C:\Program Files\Altium Designer Summer 09\"，如图 S3-4 所示。

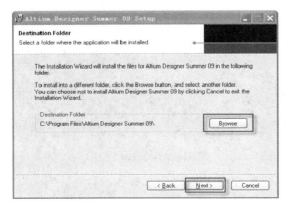

图 S3-4　安装路径

（5）选择完安装路径后，进入安装过程，如图 S3-5 和图 S3-6 所示。

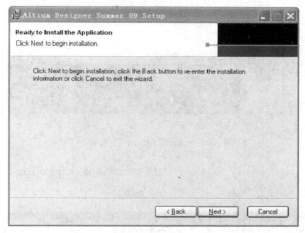

图 S3-5　安装过程

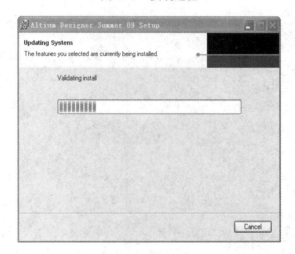

图 S3-6　安装过程

（6）安装完成后会弹出如图 S3-7 所示对话框，点击 Finish 完成安装。

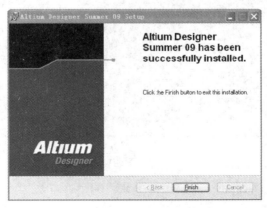

图 S3-7　安装完成

(7) 安装完成后从"开始→程序→Altium Designer Summer 09"启动程序，如图 S3-8 所示。

图 S3-8　启动 Altium Desinger

(8) 程序启动之后，点击 My Accout→Add standalone license file 选项，添加证书(需要从 Altium 公司购买)，即可完成安装，如图 S3-9 所示。

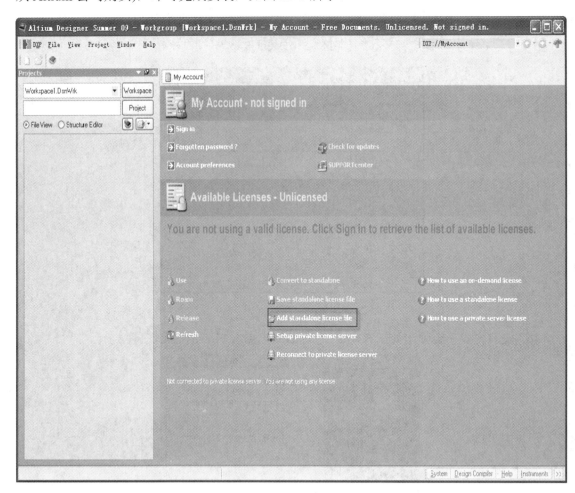

图 S3-9　添加证书

(9) 初次打开 Altium Desinger 的界面如图 S3-10 所示。

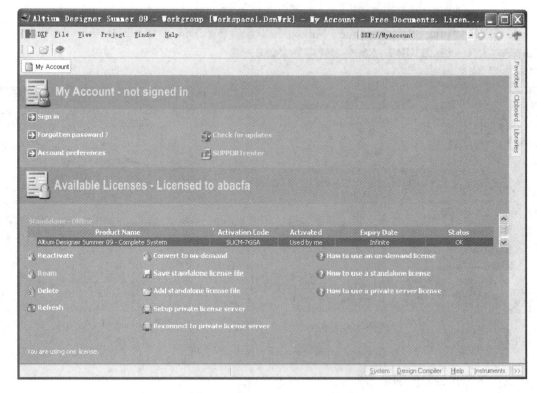

图 S3-10　Altium Designer 界面

➤ 实践 3.G.2

Altium Designer 的使用。

【分析】

(1) 新建一个 Altium Designer 工程。

(2) 原理图设计工具介绍。

(3) 新建一个原理图库。

【参考解决方案】

1. 新建一个 Altium Designer 工程

(1) 新建一个工程必须要先新建一个工程空间。首先启动 Altium Disigner，点击 Windows 开始菜单 "开始→程序→Altium Designer Summer 09" 启动程序，如图 S3-11 所示。

图 S3-11　启动程序

（2）点击"File→New→Designer Workspace"新建工程空间，如图 S3-12 所示。

（3）点击"File→Save Designer Workspace"保存工程空间，如图 S3-13 所示。

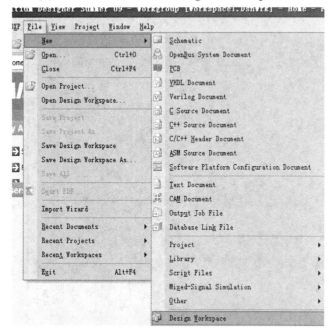

图 S3-12　新建工程空间　　　　　　　图 S3-13　保存工程空间

（4）点击 Projects 的"Workspace"按钮，选择"Add New Project→PCB Project"选项新建一个工程，如图 S3-14 所示。

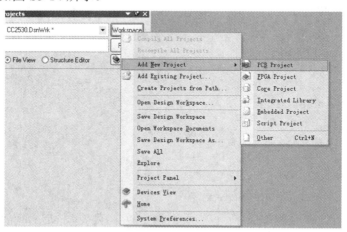

图 S3-14　新建一个工程

（5）工程建立完成之后需要保存工程，点击菜单"File→Save Project"保存一个工程，如图 S3-15 所示。

（6）选择工程的保存路径并输入工程名字，本实例将工程名保存为 CC2530.PrjPCB。

（7）保存完工程之后需要向工程中添加原理图文件，右击工程名选择"Add New Project →Schematic"选项添加 Schdoc 文件，如图 S3-16 所示。

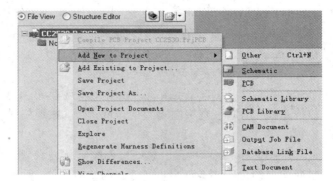

图 S3-15　保存工程　　　　　　　　　　　图 S3-16　添加 Schdoc 文件

(8) 保存 Schdoc 文件，如图 S3-17 所示。

(9) 建议保存在新建的工程目录路径中并命名，如图 S3-18 所示。

图 S3-17　保存 Schdoc

图 S3-18　保存路径

(10) 最终的工作界面如图 S3-19 所示。

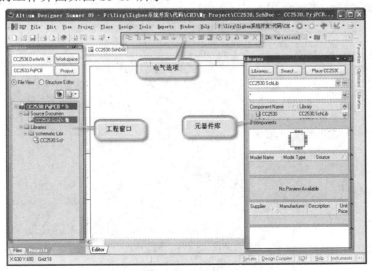

图 S3-19　SchDoc 文件建立成功

2．设计工具介绍

原理图设计元器件与元器件之间的连接需要电气连接工具，包括导线、总线、连接端口等。电气连接工具一般在"电气选项"栏可以找到，如果工程界面没有电气选项栏，可以在"Place"菜单下访问，如图 S3-20 所示。

几个常用的电气连接工具介绍如下：

◇　图标 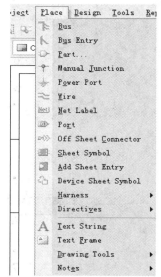 为电气连接线，主要用来连接两个电气点之间的关系，可以通过空格键来改变摆放角度，按退格键可以删除放置的导线。

◇　图标 为总线工具，总线可以图形化地表现一组连接在原理图页面上的相关信号的关系，例如数据线。摆放总线与摆放电气连接线的方法相同。

◇　图标 为网络标号，主要是用来使网络易于识别，并在没有通过电气导线连接的相同网络管脚提供一种简单的连接方法。

◇　图标 为 GND 连接端口，主要用来将网络中所有的地线连接起来。

◇　图标 为 VCC 连接端口，主要用来将网络中所有的电源端口连接起来。

图 S3-20　Place 菜单

3．新建一个原理图库

在设计原理图的过程中需要添加元器件，如果 Altium Disgner 自带的原理图库中没有此元器件，就需要设计者自己设计所需的元器件。一般来说，设计元器件首先要新建一个原理图库。

(1) 新建原理图库可以通过右击工程名，选择"Add New to Project→Schematic Library"选项建立原理图库，如图 S3-21 所示。

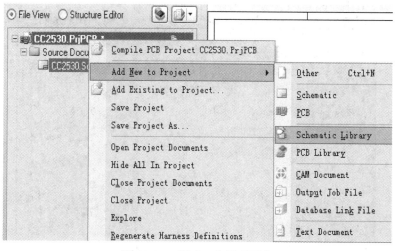

图 S3-21　新建一个原理图库

(2) 选择保存路径，建议保存在工程目录下，如图 S3-22 所示。

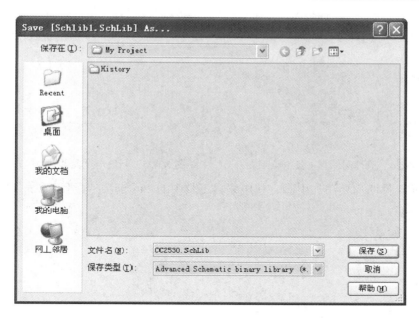

图 S3-22　保存原理图库

(3) 原理图库建立完成之后，元器件的编辑区域如图 S3-23 所示。它被一个坐标轴分为四部分，选择一个区域编辑元器件，并且将原点作为元器件的一个顶点。

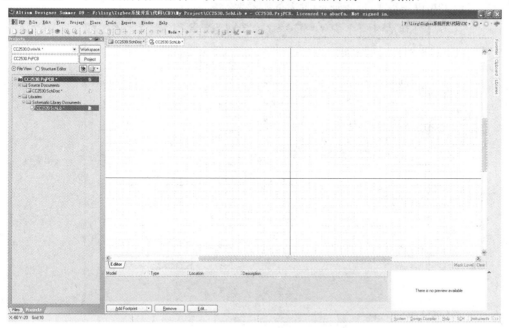

图 S3-23　一个空白的原理图库

(4) 元器件的编辑工具如图 S3-24 所示。

(5) 使用编辑工具建立一个元器件，本例中设计一个 CC2530 元器件，选择矩形选项 ☐ 放置在编辑区域内，如图 S3-25 所示。

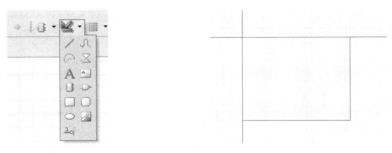

图 S3-24　原理图库画工具　　　　　　图 S3-25　新建一个元器件

(6) 在元器件四周要添加引脚，使用编辑工具中的 Pin 选项 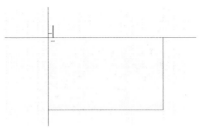 可以添加 I/O 引脚，如图 S3-26 所示。

图 S3-26　添加引脚

(7) 双击 Pin 可以配置其参数，如图 S3-27 所示。

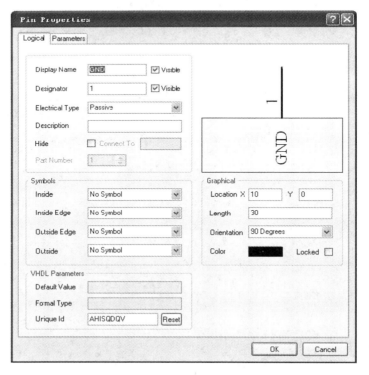

图 S3-27　修改引脚参数

(8) 将元器件按照 CC2530 芯片的引脚分别放置，并且修改引脚的参数，直到完成编辑 CC2530，如图 S3-28 所示。

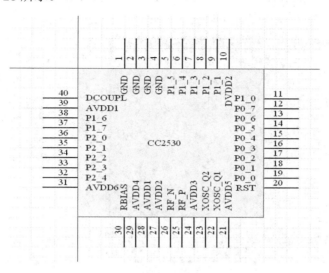

图 S3-28　建立成功

(9) 编辑完成元器件后，需要将原理图库添加至"Libraries"中，点击"Libraries"中的"Libraries"按钮如图 S3-29 所示。

(10) 选择添加原理图库后，会弹出如图 S3-30 所示对话框，选择"Add Libraries"按钮，进行原理图库路径的选择。

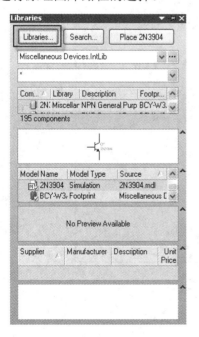

图 S3-29　添加原理图库

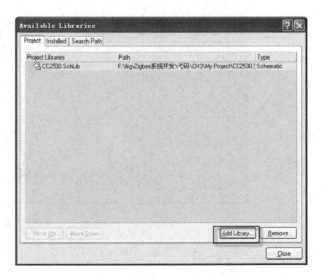

图 S3-30　向工程中添加原理图库

(11) 选择刚刚建立的 CC2530.SchLib(注意："文件类型"过滤项一定要选择*.SCHLIB

类型)，点击"打开"按钮，添加原理图库，如图 S3-31 所示。

(12) 原理图库添加完成之后，可在"Libraries"看到 CC2530.Schlib 库文件，双击选择库文件下的 CC2530 元器件，如图 S3-32 所示。

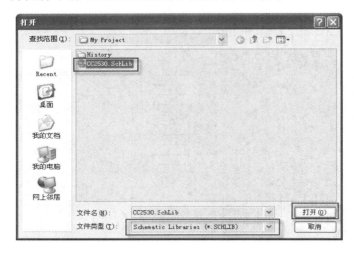
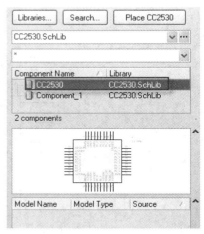

图 S3-31　添加路径　　　　　　　　　　　　　　图 S3-32　添加成功

(13) 双击元器件后即可将元器件放置在原理图的编辑区域内，如图 S3-33 所示。

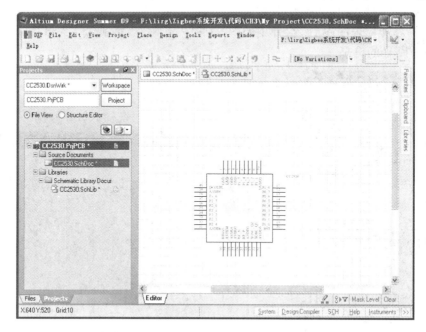

图 S3-33　放置元器件

实践 4　CC2530 基础开发

 实践指导

➤ 实践 4.G.1

DS18B20 采集温度信息。

【分析】

(1) 初始化串口。

(2) 按照 DS18B20 时序图初始化温度传感器 DS18B20。

(3) 采集温度。

(4) 通过串口输出至 PC 机。

【参考解决方案】

1. DS18B20 简介

DS18B20 的温度检测与数据输出全集成于一个芯片之上，因而体积小，抗干扰能力较强。DS18B20 有三种形态的存储器：ROM 只读存储器、RAM 数据暂存器和 EEPROM 非易失性记忆体。

◇　ROM 只读存储器：用于存放 DS18B20ID 编码，使用"ROM 指令"对其进行访问。

◇　RAM 数据暂存器：用于内部计算和数据存取，数据在掉电后丢失。

◇　EEPROM 非易失性记忆体：用于存放长期需要保存的数据、上下限温度报警值和校验数据。

2. DS18B20 操作流程

控制器对 DS18B20 操作流程如下：

◇　复位：在启动 DS18B20 时，需要对 DS18B20 进行复位，复位由控制器给 DS18B20 至少 480 μs 的低电平信号。

◇　DS18B20 接收到此复位信号后，会在 15～60 μs 后回发一个芯片的存在脉冲，即 DS18B20 返回控制器 15～60 μs 的高电平。

◇　接收存在脉冲：控制器接收到 DS18B20 发送的 15～60 μs 的高电平后，将数据总线拉高，以便于接收存在脉冲，存在脉冲为一个 60～240 μs 的低电平信号。

◇　控制器接收到 DS18B20 的存在脉冲后将开始接收 DS18B20 的数据信息。

工作流程的时序图如图 S4-1 所示。

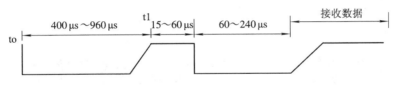

图 S4-1　DS18B20 时序图

3．相关电路原理

DS18B20 接 CC2530 的 P1.7 引脚，相关电路原理图如图 S4-2 所示。

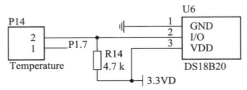

图 S4-2　DS18B20 电路原理图

4．程序编写

为了以下章节移植的方便，本例程中的程序分别写在两个.C 文件中，即写在 main.c 文件和 DS18B20.c 文件中，其中主函数 main()、串口初始化函数 initUARTtest()和温度数据处理函数 getTemStr()在 main.c 文件中，其他有关 DS18B20 的函数在 DS18B20.c 文件中。

1）主函数部分

在主函数部分实现串口的初始化，以及将采集的数据通过串口传输至 PC 机。

```
#include "ioCC2530.h"
#include "DS18B20.h"
unsigned char ch[10];
unsigned char temh,teml;
unsigned char* getTemStr(void);
void initUARTtest(void);
void UartTX_Send_String(unsigned char *Data,int len);


void main()
{
  unsigned char i;
  unsigned char* send_buf;
  // 初始化串口
  initUARTtest();
  // 初始化 DS18B20
  DS18B20_Init();
  while(1)
  {
    // 开始转换
```

```
        DS18B20_SendConvert();
    // 延时 1s
    for(i=20; i>0; i--)
        delay_nus(50000);
    // 获取温度
    DS18B20_GetTem();
    // 得出温度字符串
    send_buf = getTemStr();
    // 串口输出采集的温度
    UartTX_Send_String(send_buf,10);
    asm("NOP");
    }
}
```

2) 串口初始化部分

```
void initUARTtest(void)
{
    // 晶振
    CLKCONCMD &= ～0x40;
    // 等待晶振稳定
    while(!(SLEEPSTA & 0x40));
    // TICHSPD128 分频，CLKSPD 不分频
    CLKCONCMD &= ～0x47;
    // 关闭不用的 RC 振荡器
    SLEEPCMD |= 0x04;
    // 位置 1 P0 口
    PERCFG = 0x00;
    // P0 用作串口
    P0SEL = 0x3c;
    // UART 方式
    U0CSR |= 0x80;
    // baud_e
    U0GCR |= 10;
    // 波特率设为 57600
    U0BAUD |= 216;
    UTX0IF = 1;
    // 允许接收
    U0CSR |= 0X40;
    // 开总中断，接收中断
    IEN0 |= 0x84;
```

```
    }

    // 串口输出函数
    void UartTX_Send_String(unsigned char *Data,int len)
    {
        int j;
        for(j=0;j<len;j++)
        {
            U0DBUF = *Data++;
            while(UTX0IF == 0);
            UTX0IF = 0;
        }
    }
```

3) DS18B20 初始化函数

DS18B20 的初始化函数是按照 DS18B20 的时序图对其进行初始化的，此函数在 DS18B20.c 文件中。首先将 P1.7 设为输出，由 CC2530 向 DS18B20 输出低电平，并保持在 480～960 μs 之间。然后再将 P1.7 置为高电平，并且设置为输入，而后等待 DS18B20 向 CC2530 输入低电平，当检测到低电平后即为初始化完成，设置 P1.7 为输出状态。

```
    void DS18B20_Init(void)
    {
        SET_OUT();
        // IO 口拉高
        SET_DQ();
        // IO 口拉低
        CL_DQ();
        // IO 拉低后保持一段时间 480～960 μs
        delay_nus(550);
        // 释放
        SET_DQ();
        // IO 方向为输入 DS18B20→CC2530
        SET_IN();
        // 释放总线后等待 15～60 μs
        delay_nus(40);

        /* 等待 DQ 变低 */
        while(DQ)
        {
            ;
        }
```

```
// 检测到 DQ 变低后，延时 60～240 μs
delay_nus(100);
// 设置 IO 方向为输出 CC2530→DS18B20
SET_OUT();
// IO 拉高
SET_DQ();
}
```

4) 温度转换部分

DS18B20_SendConvert()函数是启动温度转换函数，此函数在 DS18B20.c 文件中。启动温度转换是通过发送"ROM 指令"来进行的，其 ROM 指令为：

- 读 ROM 指令：33H；
- 指定匹配芯片为：55H；
- 跳跃 ROM 指令为：CCH；
- 搜索芯片 Search ROM 为：F0H；
- 报警芯片搜索为：ECH；
- 向 RAM 中写数据为：4EH；
- 从 RAM 中读数据为：BEH；
- 温度转换为：44H；
- 工作方式切换为：B4H。

DS18B20 在只挂单个 DS18B20 芯片时可以跳过"ROM 指令"，使用"跳跃 ROM"指令 CCH，然后启动温度转换 44H，其代码如下：

```
void DS18B20_SendConvert(void)
{
    // 发出跳过 ROM 匹配操作
    DS18B20_Write(SKIP_ROM);
    // 启动温度转换
    DS18B20_Write(CONVERT_T);
}
void DS18B20_Write(unsigned char cmd)
{
    unsigned char i;
    // 设置 IO 为输出，2530→DS18B20
    SET_OUT();

    /*每次一位，循环 8 次*/
    for(i=0; i<8; i++)
    {   // IO 为低
        CL_DQ();
        // 写数据从低位开始
```

```
        if( cmd & (1<<i) )
        {
            // IO 输入高电平
            SET_DQ();
        }
        else
        {
            // IO 输出低电平
            CL_DQ();
        }
        // 保持 15～60 μs
        delay_nus(40);
        // IO 口拉高
        SET_DQ();
    }
     // IO 口拉高
    SET_DQ();
}
```

5）DS18B20 获取温度

DS18B20 获取温度的基本过程为：CC2530 从 RAM 寄存器中读取数据并将数据发送至 CC2530，在本例程中使用 DS18B20_GetTem() 和 DS18B20_Read() 两个函数完成此操作，这两个函数在 DS18B20.c 文件中。其中 DS18B20_Read() 为 DS18B20_GetTem() 的子函数。DS18B20_Read() 函数将数据从 DS18B20 中读取到 CC2530 中；DS18B20_GetTem() 函数通过调用 DS18B20_Read() 函数来完成获取温度的操作。DS18B20_GetTem() 和 DS18B20_Read() 两个函数的具体实现过程如下：

```
/*********************************
 * DS18B20_GetTem()函数
 *********************************/
unsigned char* DS18B20_GetTem(void)
{   // 温度高位字节及低位字节
    unsigned char tem_h,tem_l;
    // 临时变量
    unsigned char a,b;
    // 温度正负标记，正为 0，负为 1
    unsigned char flag;
    // DS18B20 复位
    DS18B20_Init();
    // 跳过 ROM 匹配
    DS18B20_Write(SKIP_ROM);
```

```
// 读暂存寄存器
DS18B20_Write(RD_SCRATCHPAD);
// 读温度低位
tem_l = DS18B20_Read();
// 读温度高位
tem_h = DS18B20_Read();

/* 判断温度正负 */
if(tem_h & 0x80)
{    // 温度为负
    flag = 1;
    // 取温度低 4 位原码
    a = (tem_l>>4);
    // 取温度高 4 位原码
    b = (tem_h<<4)& 0xf0;
    // 取整数部分数值，不含符号位
    tem_h =  ～(a|b) + 1;
    // 取小数部分原值，不含符号位
    tem_l =  ～(a&0x0f) + 1;
}
else
{    // 为正
    flag = 0;
    // 取温度高 4 位原码
    a = tem_h<<4;
    // 得到整数部分值
    a += (tem_l&0xf0)>>4;
    // 得出小数部分值
    b = tem_l&0x0f;
    // 整数部分
    tem_h = a;
    // 小数部分
    tem_l = b&0xff;
}
// 查表得小数值
sensor_data_value[0] = FRACTION_INDEX[tem_l];
// 整数部分，包括符号位
sensor_data_value[1] = tem_h| (flag<<7);
// 返回 sensor_data_value
```

```
        return(sensor_data_value);
}
/********************************
 * DS18B20_Read()函数
********************************/
unsigned char DS18B20_Read(void)
{
    // 读出的数据
    unsigned char rdData;
    // 临时变量
    unsigned char i, dat;
    // 读出的数据初始化为 0
    rdData = 0;
    /* 每次读一位，读 8 次 */
    for(i=0; i<8; i++)
    {    // 设置 I/O 口为输出
        SET_OUT();
        // IO 拉低
        CL_DQ();
        // IO 拉高
        SET_DQ();
        // 设置 IO 方向为输入  DS18B20→CC2530
        SET_IN();
        // 读数据,从低位开始
        dat = DQ;

        if(dat)
        {
          // 如果读出的数据位为正
          rdData |= (1<<i);
        }
        else
        {
          // 如果读出的数据位为负
          rdData &= ～(1<<i);
        }
        // 保持 60～120 μs
        delay_nus(70);
        // 设置 IO 方向为输出  CC2530→DS18B20
```

```
            SET_OUT();
        }
        // 返回读出的数据
        return (rdData);
    }
```

6) 温度数据处理部分

getTemStr()函数为温度数据处理函数，此函数在 main.c 中，此函数将从 DS18B20 读出的数据转换为十进制数以便串口输出。

```
    unsigned char* getTemStr(void)
    {
        unsigned char *TEMP;
        // 获取温度值
        TEMP = DS18B20_GetTem();
        // 获取温度低位
        teml =TEMP[0];
        // 获取温度高位
        temh = TEMP[1];
        ch[0] = ' ';
        ch[1] = ' ';
        // 判断正负温度
        if(temh & 0x80)
        {   // 最高位为 1，则温度为'-'
            ch[2]='-';
        }
        // temph 最高位为 0,则温度为'+'
        else ch[2]='+';
        // 输出百位转换
        if(temh/100==0)
            ch[3]=' ';
         // +0x30 为变 0～9 ASCII 码
        else ch[3]=temh/100+0x30;
        // 输出十位转换
        if((temh/10%10==0)&&(temh/100==0))
            ch[4]=' ';
        else ch[4]=temh/10%10+0x30;
        // 输出各位转换
        ch[5]=temh%10+0x30;
        ch[6]='.';
        // 小数部分
```

```
        ch[7]=teml+0x30;
        ch[8]='\0';
    // 返回 ch
        return(ch);
    }
```

7) DS18B20.h 文件

此文件中定义了 CC2530 与 DS18B20 的接口部分以及 DS18B20 的相关操作指令。

```
/************************************************
 * DS18B20 函数原型及相关变量
 * 相关文件：DS18B20.H
 ************************************************/


#ifndef DS18B20_H_
#define DS18B20_H_


#include "ioCC2530.h"


/************************************************
    以下定义为 DS18B20 支持的所有命令
 ************************************************/
#define SEARCH_ROM          0xF0            // 搜索 ROM
#define READ_ROM            0x33            // 读 ROM
#define MATCH_ROM           0x55            // 匹配 ROM(挂多个 DS18B20 时使用)
#define SKIP_ROM            0xCC            // 跳过匹配 ROM(单个 DS18B20 时跳过)
#define ALARM_SEARCH        0xEC            // 警报搜索

#define CONVERT_T           0x44            // 开始转换温度
#define WR_SCRATCHPAD       0x4E            // 写便笺
#define RD_SCRATCHPAD       0xBE            // 读便笺
#define CPY_CCTATCHPAD      0x48            // 复制便笺
#define RECALL_EE           0xB8            // 未启用
#define RD_PWR_SUPPLY       0xB4            // 读电源供应

#define HIGH                1               // 高电平
#define LOW                 0               // 低电平

#define DQ                  P1_7            // DS18B20 数据 IO 口
#define DQ_DIR_OUT          0x80            // DS18B20 IO 方向
#define CL_DQ()     DQ = LOW                // 清除数据
```

```
#define SET_DQ()      DQ = HIGH                        // 设置数据
#define SET_OUT()     P1DIR |=  DQ_DIR_OUT             // 设置 IO 方向,out 设置 IO 方向为输出
#define SET_IN()      P1DIR &=  ~DQ_DIR_OUT            // 设置 IO 方向，in 设置 IO 方向为输入


typedef unsigned short uint16;                         // 数据类型重定义
extern unsigned char sensor_data_value[2];             // 传感器数据
extern void delay_nus(uint16 n);                       // 延时 n μs 函数
extern void DS18B20_Write(unsigned char x);            // DS18B20 写命令
extern unsigned char DS18B20_Read(void);               // DS18B20 读数据
extern void DS18B20_Init(void);                        // DS18B20 初始化/复位
extern void DS18B20_SendConvert(void);                 // 发送转换温度命令
extern void DS18B20_GetTem(void);                      // DS18B20 获取温度


#endif
```

5. 实验现象

将程序下载至协调器设备中，然后在 PC 机上配置好端口，将波特率设置为 57600，打开串口。采集的温度将输出至 PC 机上，如图 S4-3 所示。

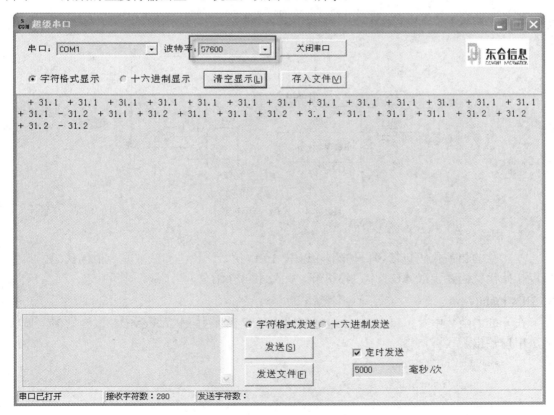

图 S4-3　实验现象

➤ 实践 4.G.2

光敏信息采集。

【分析】

(1) 初始化串口。

(2) 初始化 LED。

(3) 获取光敏值。

(4) 通过串口输出至 PC 机。

【参考解决方案】

1. 光敏电阻特性

本实验是利用光敏电阻来实现光照强度的采集。光敏电阻是利用半导体的光电导效应制成的一种电阻值随入射光的强弱而改变的电阻器。入射光强时，光敏电阻的值减小；入射光弱时，光敏电阻值增大。

2. 相关电路原理

光敏电阻接 CC2530 的 P0.7 引脚，如图 S4-4 所示。

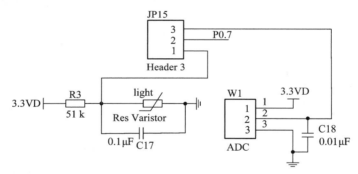

图 S4-4 光敏电阻电路

3. 相关代码

本实验的相关代码包括串口初始化代码、LED 初始化代码和获取光敏值的代码。其中串口初始化代码在实践 4.G.1 中已经讲解，此处不再介绍。

1) main()函数

在 main()函数中对串口和 LED 进行初始化，然后通过 getGuangM()获取光敏值，最后通过串口输出。

```
#include "ioCC2530.h"
#include "GuangM.h"
unsigned char send_buf[2];
unsigned char i;
```

```
void main(void)
{
    // 初始化串口
    initUARTtest();
    // 初始化 LED
    initLED();
    while(1)
    {
    // 获取光敏值
        getGuangM();
       // 串口输出光敏值
        UartTX_Send_String(send_buf,2);
       // 开 LED1
        LED1 = LED_ON;
       // 开 LED2
        LED2 = LED_ON;
       // 延时 1 s
        delay_s(1);
       // 关闭 LED1
        LED1 = LED_OFF;
       // 关闭 LED2
        LED2 = LED_OFF;
       // 延时 1 s
        delay_s(1);

    }
}
```

2) LED 初始化

本实验中使用了 LED1 和 LED2，初始化时先关闭 LED1 和 LED2。

```
void initLED(void)
{
    // 设置 P1.0 和 P1.1 为输出
    P1DIR |= 0x03;
// 关闭 LED1
    LED1 = LED_OFF;
// 关闭 LED2
    LED2 = LED_OFF;

}
```

3）getGuangM()

getGuangM()函数获取光敏值是通过模数转换(AD)来实现的，由于光敏电阻接 CC2530 的 P0.7 引脚，因此设置 P0.7 为 AD 采集端口，其代码如下：

```
void getGuangM(void)
{
    // 设置 P0.7 为输入
    P0DIR &= 0x7f;
    ADCIF = 0;
    // 清 EOC 标志
    ADCH &= 0X00;
    // P0.7 做 AD 口
    APCFG |= 0X80;
    // 单次转换，参考电压为电源电压，对 P07 进行采样
    ADCCON3 = 0xb7;
    // 等待转换是否完成
    while(!(ADCCON1&0x80));
    // 送数据的第 5 个字节 AD 转换的高位
    send_buf[0] =   ADCH;
    // 送数据的第 6 个字节 AD 转换的低位
    send_buf[1] =   ADCL;

}
```

4）GuangM.h 文件

GuangM.h 文件包括 LED 的定义以及本实验所需要函数的声明，其代码如下：

```
#ifndef GUANGM_H_
#define GUANGM_H_

typedef unsigned short uint16; // 数据类型重定义

#define LED1    P1_0        // 定义 P1_0 为 LED1
#define LED2    P1_1        // 定义 P1_1 为 LED2
#define LED_ON    0         // 定义开 LED
#define LED_OFF 1          // 定义关 LED
/*********************函数声明*****************/
void initUARTtest(void);
void UartTX_Send_String(unsigned char *Data,int len);
void delay_s(int timeout);
void getGuangM(void);
```

```
void initLED(void);
/*********************函数声明******************/
#endif
```

4. 实验现象

将程序下载至协调器设备中，通过串口输出可以看到采集到的光敏值，由于串口是连续输出的，所以每两个字节为一次采集的值，如图 S4-5 所示，并且每输出一次光敏值 LED 就闪烁一次。

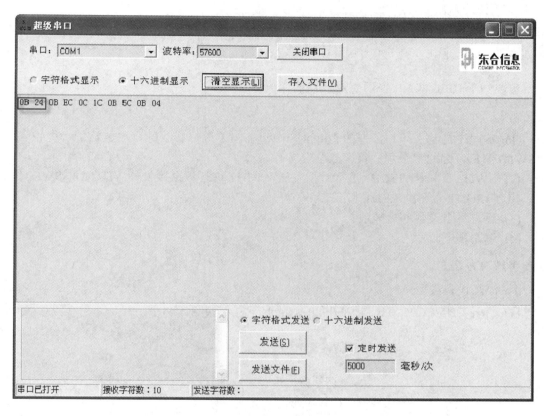

图 S4-5　串口输出光敏值

实践 5 无线射频与 MAC 层

 实践指导

➤ 实践 5.G.1

实现基于 IEEE 802.15.4 两点对一点的通信。

【分析】

(1) 本程序是基于 TI 官方的"light_switch"例子进行修改的，这里追加一个设备为"SWITCH1"，因此整个程序将有三个设备。

(2) SWITCH 和 SWITCH1 进行数据发送，LIGHT 进行数据接收。SWITCH 和 SWITCH1 可以控制 LIGHT 设备的 LED1 和 LED2 闪烁。

(3) 设定每个设备的短地址。

(4) 编写程序。

【参考解决方案】

1．添加设备类型

(1) 打开 CH5/CC2530 BasicRF/light_switch 工程，如图 S5-1 所示。

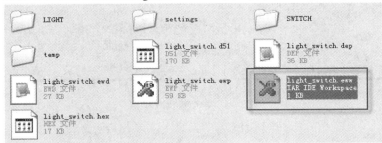

图 S5-1 打开 light_switch 工程

(2) 工程打开之后可以看到在设备选项栏下只有 SWITCH 和 LIGHT 两个设备，如图 S5-2 所示。

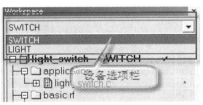

图 S5-2 设备选项栏

（3）如果要实现两点对一点的通信必须要设置第三个设备类型 SWITCH1。添加设备类型过程为点击 IAR 菜单"Project"→"Edit Configuration"选项，如图 S5-3 所示。

（4）在 Configuration for "light_switch"对话框内点击"New..."选项，弹出"New Configuration"对话框，在"Name"栏中写入"SWITCH1"点击 OK，如图 S5-4 所示。

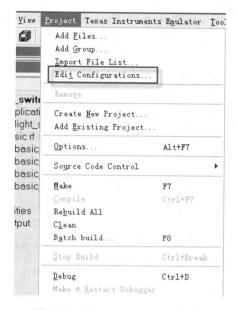

图 S5-3　Edit Configuration 选项

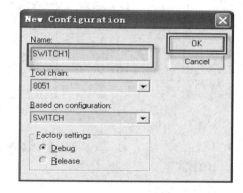

图 S5-4　编辑设备

（5）在 Configuration for "light_switch"对话框中可以看到此时 SWITCH1 设备添加成功，如图 S5-5 所示，然后点击 OK 按钮。

（6）在工程的设备选项栏中可以看到有 SWITCH、LIGHT 和 SWITCH1 三个设备类型，如图 S5-6 所示。

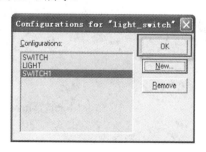

图 S5-5　添加设备成功

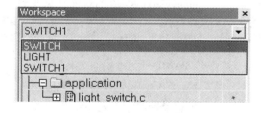

图 S5-6　设备选项栏

2. 宏定义

（1）选择"SWITCH1"设备类型，右击"light_switch-SWITCH1"选择"Options"选项，如图 S5-7 所示。

（2）弹出 Options for node "light_switch"选项栏，在 Category→C/C++ Compiler→Preprocessor→Defined symbols 中写入"SWTH1"，即在 SWITCH1 设备类型中定义了宏"SWTH1"，如图 S5-8 所示，而后点击"OK"。

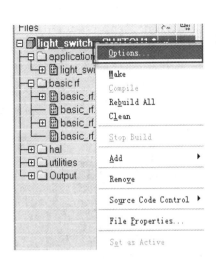

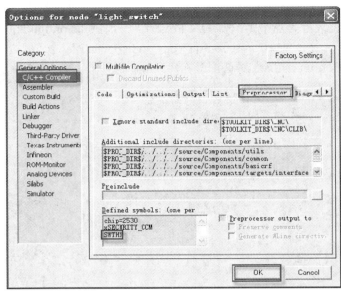

图 S5-7　Options 选项　　　　　　　　　　图 S5-8　编辑宏定义

(3) 同样的方法，为"SWITCH"设备类型定义宏"SWTH"，为"LIGHT"设备类型定义宏"LIHT"。

3．程序的编写

(1) 在 application 文件夹下，双击 light_switch.c 文件，如图 S5-9 所示。

(2) 在 light_switch.c 文件的 main 函数中，使用预处理，实现当选择不同的设备类型时执行不同的程序，其代码如下：

图 S5-9　light_switch 文件

```
void main(void)
{
    uint8 appMode = NONE;

    /***********RF 配置*******************/
    // PANID 设置
    basicRfConfig.panId = PAN_ID;
    // 信道设置
    basicRfConfig.channel = RF_CHANNEL;
    // 确认请求
    basicRfConfig.ackRequest = TRUE;
#ifdef SECURITY_CCM
    // 安全选型设置
    basicRfConfig.securityKey = key;
#endif
```

```
// 硬件初始化
halBoardInit();
// hal_rf 初始化
if(halRfInit()==FAILED) {
    HAL_ASSERT(FALSE);
}
// 点亮 LED1
halLedSet(1);
// 等待 S1 按下
while (halButtonPushed()!=HAL_BUTTON_1);
// 延时
halMcuWaitMs(350);


/**********设备功能模式定义*****************/
// 如果定义了 SWTH
#ifdef    SWTH
    // 模式为按键模式，此为发送功能
    appMode =SWITCH;
#endif
// 如果定义了 LIHT
#ifdef    LIHT
    // 模式为 LIGHT 模式，此为接收功能
    appMode = LIGHT;
#endif
// 如果定义了 LIHT1
#ifdef    SWTH1
    // 模式为按键模式，此为发送功能
    appMode =SWITCH;
#endif


// 如果模式为 SWITCH 模式，将调用 appSwitch()函数
if(appMode == SWITCH) {

    appSwitch();
}
// 如果为 LIGHT 模式，将调用 appLight()函数
else if(appMode == LIGHT) {
    appLight();
}
```

```
        // 如果返回错误将执行闪灯命令
        HAL_ASSERT(FALSE);
    }
```

(3) 当选择了 SWTH 模式或者 SWTH1 模式时，将执行 appSwitch()函数，要判断执行的是控制 LED1 的命令，还是控制 LED2 的命令，然后才执行程序，代码如下：

```
static void appSwitch()
{
    // 如果定义 SWTH，
    #ifdef   SWTH
        // 需要发送控制 LED1 命令
        pTxData[0] = LIGHT_TOGGLE_CMD;
        // 初始化  BasicRF 本地短地址
        basicRfConfig.myAddr = SWITCH_ADDR;
    #endif

    // 如果定义了 SWTH1
    #ifdef   SWTH1
        // 需要发送控制 LED2 命令
        pTxData[0] = LIGHT_TOGGLE_CMD1;
        // 初始化  BasicRF 本地短地址
        basicRfConfig.myAddr = SWITCH_ADDR1;
    #endif

        // 射频初始化
        if(basicRfInit(&basicRfConfig)==FAILED)
        {
            HAL_ASSERT(FALSE);
        }

        // 关闭接收器
        basicRfReceiveOff();
        // 每隔一秒钟发送一个数据
        while (TRUE) {
                Delay();
                // 发送函数
                basicRfSendPacket(LIGHT_ADDR, pTxData, APP_PAYLOAD_LENGTH);
        }
    }
```

(4) 当选择了 LIGHT 模式时，将执行 appLight()函数，即接收模式时，需要判断接收

的是控制 LED1 的命令还是控制 LED2 的命令。如果是控制 LED1 的命令，则执行闪烁
LED1；如果是控制 LED2 的命令，则执行闪烁 LED2。其函数代码如下：

```
static void appLight()
{
    // BasicRF 初始化本地短地址
    basicRfConfig.myAddr = LIGHT_ADDR;
    // 初始化射频，成功则向下执行，不成功则执行闪灯命令
    if(basicRfInit(&basicRfConfig)==FAILED)
    {
        HAL_ASSERT(FALSE);
    }
    // 打开射频接收器
    basicRfReceiveOn();
    // 等待接收中断
    while (TRUE)
    {
        while(!basicRfPacketIsReady());
        // 如果接收到数据
        if(basicRfReceive(pRxData, APP_PAYLOAD_LENGTH, NULL)>0)
        {
            // 判断接收数据是否为 LED1 闪灯命令
            if(pRxData[0] == LIGHT_TOGGLE_CMD)
            {
                // LED1 闪烁
                halLedToggle(1);
            }
            // 判断接收数据是否为 LED2 闪灯命令
            if(pRxData[0] == LIGHT_TOGGLE_CMD1)
            {
                // LED2 闪烁
                halLedToggle(2);
            }
        }
    }
}
```

(5) 地址信息和控制命令的定义在 light_switch.c 文件中，代码如下：

```
// PANID 的定义
#define PAN_ID            0x2007
// SWITCH 设备短地址定义
```

```
#define SWITCH_ADDR            0x2520
// SWITCH1 设备短地址定义
#define SWITCH_ADDR1           0x2540
// 广播短地址定义
#define BROADCAST              0xFFFF
// LIGHT 设备短地址定义
#define LIGHT_ADDR             0xBEEF
// 发送字节载荷长度
#define APP_PAYLOAD_LENGTH     1
// 控制 LED1 命令
#define LIGHT_TOGGLE_CMD       0
// 控制 LED2 命令
#define LIGHT_TOGGLE_CMD1      1
```

4．实验现象

程序编写完成后，在设备选项栏中分别选择 LIGHT、SWITCH 和 SWITCH1 下载至三个不同的设备中，按照以下步骤进行操作：

(1) 按下复位按键启动设备。

(2) 分别按下三个设备的 SW1 按键(如果下载到协调器设备中需要按下按键 SW5)。

(3) 可以观察到下载 LIGHT 程序的设备，LED1 和 LED2 闪烁周期为 2 秒。如果关闭下载有 SWITCH 的设备，发现 LED1 将不闪烁；如果关闭下载有 SWITCH1 的设备，发现 LED2 将不闪烁。

(4) 使用 ZigbeeSniffer 捕获发送的数据并进行分析。

使用 ZigbeeSniffer 捕获的数据如图 S5-10 所示。

帧控制						帧序号	地址信息					帧载荷 00	LQI
帧类型	加密	数据待传	确认请求	网内/网际	目的地址模式	源地址模式		目的 PANID	目的地址	通 PANID	源地址		
数据帧	未加密	否	否	网内	16 位地址	16 位地址	79	0x2007	0xBEEF	无	0x2520		10

帧控制						帧序号	LQI
帧类型	加密	数据待传	确认请求	网内/网际	目的地址模式	源地址模式	
确认帧	未加密	否	否	网际	无地址	无地址	79	254

帧控制						帧序号	地址信息					帧载荷 01	LQI
帧类型	加密	数据待传	确认请求	网内/网际	目的地址模式	源地址模式		目的 PANID	目的地址	通 PANID	源地址		
数据帧	未加密	否	是	网内	16 位地址	16 位地址	72	0x2007	0xBEEF	无	0x2540		237

帧控制						帧序号	LQI
帧类型	加密	数据待传	确认请求	网内/网际	目的地址模式	源地址模式	
确认帧	未加密	否	否	网际	无地址	无地址	72	254

图 S5-10 收发的数据

由以上数据可以分析，目的地址为 0xBEEF 的设备可以接收源地址为 0x2520 和 0x2540 的设备发送的信息。由帧载荷部分的数据可以分析：源地址为 0x2520 的设备发送的数据为"00"，源地址为 0x2540 的设备发送的数据为"01"。

 知识拓展

RF 内核指令集

CC2530 的 RF 内核指令的基本类型有 20 类，其中选通命令和立即选通指令可以分为 16 类"子指令"，这些"子指令"又给出有效的 42 类不同的指令，下面将详细描述每个指令。

以下指令是基于 CSP 程序计数器的指令，其中以下指令出现的 X、Y、Z、T 代表的含义如下：

X = RF 寄存器 CSPX。

Y = RF 寄存器 CSPY。

Z = RF 寄存器 CSPZ。

T = RF 寄存器 CSPT。

RF 内核各指令集的描述如表 S5-1 所示。

表 S5-1　RF 内核指令集

指令名称	指　令　功　能	指　令　描　述	指令操作码
DECZ	递减 Z	Z 寄存器被减 1 即 Z = Z − 1	0xC5
DECY	递减 Y	Z 寄存器被减 1 即 Y = Y − 1	0xC4
DECX	递减 X	Z 寄存器被减 1 即 X = X − 1	0xC3
INCZ	增加 Z	Z 寄存器被加 1 即 Z = Z + 1	0xC2
INCY	增加 Y	Y 寄存器被加 1 即 Y = Y + 1	0xC1
INCX	增减 X	X 寄存器被加 1 即 X = X + 1	0xC0
INCMAXY	增加 Y 但不能大于 M	如果小于 M，Y 寄存器加 1，否则 Y 寄存器载入 M 值	0xC8
RANDXY	加载随机值到 X	随机值加载至 X 寄存器的[Y]LSB	0xBD
INT	中断	声明中断 IRQ_CSP_INT	0xBA
WAITX	等待 MAC 定时器溢出	等待 MAC 定时器溢出[X]次，[X] 是寄存器 X 的值	0xBC
SETCMP1	设置 MAC 定时器的比较值为当前定时器值	设置 MAC 定时器的比较值为当前定时器值	0xBE
WAIT W	等待 W 次 MAC 定时器溢出	等待 W 次 MAC 定时器溢出	0x80|W(W=0−31)
WEVENT1	等待直到 MAC 定时器事件 1	等待直到下一个 MAC 定时器事件	0xB8
WEVENT2	等待直到 MAC 定时器事件 1	等待直到下一个 MAC 定时器事件	0xB9
LABLE	设置循环标签	设置下一条指令为循环的开始	0xBB

指令名称	指 令 功 能	指 令 描 述	指令操作码
RPT C	条件重复	如果条件 C 为真，那么跳到最后一个 LABLE 指令定义的指令，即循环的开始	0xA0
SKIP S,C	条件跳过指令	条件 C 跳过 S 指令	--
STOP	停止程序执行	SSTOP 指令停止 CSP 程序的执行	0xD2
SNOP	无操作	在下一条指令继续操作	0xD0
SRXON	为 RX 使能并校准频率合成器	SRXON 指令声明输出 FFCTL_SRXON_STRB 来为 RX 使能并校准频率合成器	0xD3
STXON	校准之后使能 TX	校准后 STXON 指令使能 TX	0xD9
STXONCCA	CCA 表示清除一个通道使能校准和 TX	如果 CCA 表示清除一个通道，校准后 STXONCCA 指令使能	0xDA
SSAMPLECCA	采样前 CCA 值到 SAMPLED_CCA 中	当前 CCA 值写到 XREG 的 SAMPLED_CCA 中	0xDB
SRFOFF	禁用 RX/TX 和频率合成器	SRFOFF 指令声明禁用 RX/TX 和频率合成器	0xDF
SFLUSHRX	清除 RXFIFO 缓冲区并复位解调器	SFLUSHRX 指令清除 RXFIFO 缓冲区并复位解调器	0xDD
SFLUSHTX	清除 TXFIFO 缓冲区并复位解调器	SFLUSHTX 指令清除 TXFIFO 缓冲区并复位解调器	0xDE
SACK	发送未决域清除的确认帧	SACK 指令发送一个确认帧，在执行下一条命令之前指令等待无线电确认命令	0xD6
SACKPEND	发送未决域设置的确认帧	SACKPEND 指令发送一个确认帧	0xD7
SNCK	中止发送确认	SACK 指令中止发送确认到当前收到的帧	0xD8
SRXMASKBITSET	设置 RXENABLE	设置 RXENABLE 中的第 5 位	0xD4
SRXMASKBITCLR	设置 RXENABLE	清除 RXENABLE 中的第 5 位	0xD5
ISSTOP	停止程序执行	ISSTOP 指令停止 CSP 程序执行	0xE2
ISSTART	开始程序执行	ISSTART 指令从写到指令存储器的第一条指令开始执行 CSP 程序	0xE1
ISRXON	为 RX 使能并校准频率合成器	ISRXON 指令为 RX 使能并校准合成器	0xE3
ISRXMASKBITSET	设置 RXENABLE	设置 RXENABLE 中的第 5 位	0xE4

续表二

指令名称	指令功能	指令描述	指令操作码
ISRXMASKBITCLR	设置 RXENABLE	清除 RXENABLE 中的第 5 位	0xE5
ISTXON	校准之后使能 TX	校准之后立即使能 TX(在执行下一条指令之前)	0xE9
ISTXONCCA	CCA 表示清除一个通道使能校准和 TX	如果 CCA 表示清除一个通道,校准之后立即使能 TX(在执行下一条指令之前)	0xEA
ISSAMPLECCA	采样当前 CCA 值到 SAMPLED_CCA 中	当前 CCA 值写到 XREG 的 SAMPLED_CCA 中	0xEB
ISRFOFF	禁用 RX/TX 和频率合成器	ISRFOFF 指令声明禁用 RX/TX 和频率合成器	0xEF
ISFLUSHRX	清除 RXFIFO 缓冲区并复位解调器	ISFLUSHRX 指令立即清除 RXFIFO 缓冲区并复位解调器	0xED
ISFLUSHTX	清除 TXFIFO 缓冲区并复位解调器	ISFLUSHTX 指令清除 TXFIFO 缓冲区并复位解调器	0xEE
ISACK	发送未决清除的确认帧	ISACK 指令立即发送一个确认帧	0xE6
ISACKPEND	发送未决位设置的确认帧	ISACKPEND 指令立即发送未决位设置的确认帧	0xE7
ISNACK	中止发送确认帧	ISNACK 指令立即阻止向当前收到的帧发送一个确认帧	0xE8
ISCLEAR	清除 CSP 程序存储器，复位惩处计数器	清除 CSP 程序存储器,复位惩处计数器	0xE8

 拓展练习

练习 5.E.1

编写程序，实现基于 IEEE 802.15.4 的广播通信。

实践 6　Zstack 协议栈

 实践指导

➤ 实践 6.G.1

数据的广播通信模式。

【分析】

(1) 将协调器通信模式初始化为广播模式，将发送的目的地址设置为 0xFFFF。
(2) 初始化端点描述符。
(3) 调用发送函数 AF_DataRequest()函数发送数据。

【参考解决方案】

以官方的 SampleApp 为例讲解数据的广播通信模式。由协调器广播一条数据，网络中所有打开射频接收的设备都能够接收到这条数据。本例中以按键来触发数据的发送，当网络中其他设备接收到数据时 LED1 闪烁。

1. 初始化

初始化包括协调器的初始化和路由器的初始化，主要包括任务初始化、网络状态初始化、传输序列号初始化、通信模式初始化和端点初始化，最后注册按键事件并且在 AF 层注册端点。在 SampleApp 示例中的初始化是在 SampleApp.c 文件中进行的，其代码如下：

```
void SampleApp_Init( uint8 task_id )
{
// 任务 ID 初始化
SampleApp_TaskID = task_id;
// 网络状态初始化
SampleApp_NwkState = DEV_INIT;
// 传输序列号初始化
SampleApp_TransID = 0;

/*********************广播模式信息设置***************************/
// 目的地址模式设置为广播模式
SampleApp_Periodic_DstAddr.addrMode = (afAddrMode_t)AddrBroadcast;
// 设置端点号
```

```
SampleApp_Periodic_DstAddr.endPoint = SAMPLEAPP_ENDPOINT;
// 广播模式短地址为 0xFFFF
SampleApp_Periodic_DstAddr.addr.shortAddr = 0xFFFF;


/***********************端点的设置***************************/
// 设置端点号
SampleApp_epDesc.endPoint = SAMPLEAPP_ENDPOINT;
// 为端点设置任务 ID
SampleApp_epDesc.task_id = &SampleApp_TaskID;
// 端点的简单描述符设置
SampleApp_epDesc.simpleDesc
        = (SimpleDescriptionFormat_t *)&SampleApp_SimpleDesc;
SampleApp_epDesc.latencyReq = noLatencyReqs;


// 在 AF 层注册端点
afRegister( &SampleApp_epDesc );
// 注册按键事件
RegisterForKeys( SampleApp_TaskID );
}
```

2．事件处理

事件处理在 SampleApp 例程中的 SampleApp.c 文件中的事件处理函数 SampleApp_ProcessEvent()中进行，协调器需要处理的事件包括网络状态改变事件、按键事件、消息接收事件以及用户自定义的定时事件，其代码如下：

```
uint16 SampleApp_ProcessEvent( uint8 task_id, uint16 events )
{
afIncomingMSGPacket_t *MSGpkt;
(void)task_id;   // Intentionally unreferenced parameter
/******************事件为系统消息事件*************************/
if ( events & SYS_EVENT_MSG )
{
  // 取出接收的消息
  MSGpkt = (afIncomingMSGPacket_t *)osal_msg_receive( SampleApp_TaskID );
  while ( MSGpkt )
  {
    switch ( MSGpkt->hdr.event )
    {
      // R 当事件为按键事件时
      case KEY_CHANGE:
```

```
    //  按键处理函数
    SampleApp_HandleKeys( ((keyChange_t *)MSGpkt)->state,
                              ((keyChange_t *)MSGpkt) ->keys );
    break;


//  为数据接收事件
case AF_INCOMING_MSG_CMD:
    //  数据接收处理函数
    SampleApp_MessageMSGCB( MSGpkt );
    break;


//  网络状态改变事件
case ZDO_STATE_CHANGE:
    //  判断是协调器或路由器或终端设备
    SampleApp_NwkState = (devStates_t)(MSGpkt->hdr.status);
    if ( (SampleApp_NwkState == DEV_ZB_COORD)
        || (SampleApp_NwkState == DEV_ROUTER)
        || (SampleApp_NwkState == DEV_END_DEVICE) )
    {
        /************点亮 LED1～LED4********************/
        HalLedSet( HAL_LED_1,HAL_LED_MODE_ON );
        HalLedSet( HAL_LED_2,HAL_LED_MODE_ON );
        HalLedSet( HAL_LED_3,HAL_LED_MODE_ON );
        HalLedSet( HAL_LED_4,HAL_LED_MODE_ON );


    }
    else
    {

    }
    break;


default:
    break;
}


//  释放内存
osal_msg_deallocate( (uint8 *)MSGpkt );
//  接收下一消息
```

```
        MSGpkt = (afIncomingMSGPacket_t *)osal_msg_receive( SampleApp_TaskID );
    }
    // 返回没有处理完的事件
    return (events ^ SYS_EVENT_MSG);
}


// 如果事件为用户自定义的定时事件
if ( events & SAMPLEAPP_SEND_PERIODIC_MSG_EVT )
{
    // 调用广播发送函数
    SampleApp_SendPeriodicMessage();
    // 再次调用定时事件
    osal_start_timerEx( SampleApp_TaskID,
                        SAMPLEAPP_SEND_PERIODIC_MSG_EVT,
                        SAMPLEAPP_SEND_PERIODIC_MSG_TIMEOUT   );

    // 返回未处理完的事件
    return (events ^ SAMPLEAPP_SEND_PERIODIC_MSG_EVT);
}


return 0;
}
```

3．按键事件处理函数

按键事件处理函数针对按下的按键不同响应不同的事件，在本例程中按下按键 1 调用用户自定义事件，其代码如下：

```
void SampleApp_HandleKeys( uint8 shift, uint8 keys )
{
    // 此参数不用
    (void)shift;
    // 如果按下的按键为 SW1
    if ( keys & HAL_KEY_SW_1 )
    {
        // 用户自定义事件，调用此函数程序将跳入用户自定义事件
        // SAMPLEAPP_SEND_PERIODIC_MSG_EVT 中运行，从而实现广播发送数据
        osal_start_timerEx(   SampleApp_TaskID,
                              SAMPLEAPP_SEND_PERIODIC_MSG_EVT,
                              SAMPLEAPP_SEND_PERIODIC_MSG_TIMEOUT );
```

```
    }
    // 如果按下的按键为 SW2
    if ( keys & HAL_KEY_SW_2 )
    {


    }
}
```

4．广播发送函数

广播发送函数调用 AF_DataRequest()函数实现广播发送数据，其代码如下：

```
    void SampleApp_SendPeriodicMessage( void )
    {
        if ( AF_DataRequest(
                            // 设置目的地址为广播地址 0xFFFF
                            &SampleApp_Periodic_DstAddr,
                            // 端点号
                            &SampleApp_epDesc,
                            // 发送簇 ID 号
                            SAMPLEAPP_PERIODIC_CLUSTERID,
                            // 发送数据长度
                            1,
                            // 发送数据，为'0'
                            (uint8*)&SampleAppPeriodicCounter,
                            // 传输序列号
                            &SampleApp_TransID,
                            // 设置为发现路由
                            AF_DISCV_ROUTE,
                            // 路由半径
                            AF_DEFAULT_RADIUS ) == afStatus_SUCCESS )
        {
        }
        else
        {


        }
    }
```

5．路由器或终端设备接收数据

路由器或终端设备中接收数据是通过数据接收事件来处理的。在 SampleApp 例程中数据接收事件处理函数是通过 SampleApp.c 文件中的事件处理函数中的 AF_INCOMING_

MSG_CMD 命令来调用的,其数据接收处理函数为 SampleApp_MessageMSGCB(MSGpkt),
其代码如下:

```
void SampleApp_MessageMSGCB( afIncomingMSGPacket_t *pkt )
{
    // 取出数据传送的簇 ID
    switch ( pkt->clusterId )
    {
     // 如果接收到簇 ID 为 SAMPLEAPP_PERIODIC_CLUSTERID 的数据
     case SAMPLEAPP_PERIODIC_CLUSTERID:
        // 执行 LED1 闪烁命令
        HalLedBlink( HAL_LED_1, 4, 50, 500 );
        break;
     // 如果接收到簇 ID 为 SAMPLEAPP_FLASH_CLUSTERID
     case SAMPLEAPP_FLASH_CLUSTERID:

        break;
    }
}
```

6．实验现象

将协调器程序烧写至协调器设备中,将路由器程序烧写至 6 个路由器设备中,观察现象如下所述:

◇　按下协调器复位按键后,协调器底板上的 LED1～LED4 点亮,表明协调器建立成功。

◇　按下路由器的复位按键后,路由器底板上的 LED1～LED4 点亮,表明路由器加入网络。

◇　按下协调器底板上的按键 SW1,此时可以观察 6 个路由板上的 LED1 每隔 5 秒钟闪烁一次。

➤　**实践 6.G.2**

数据的单播通信模式。

【分析】

(1) 将路由器通信模式初始化为单播模式,将发送的目的地址设置为协调器目的短地址 0x0000。

(2) 初始化端点描述符。

(3) 调用发送函数 AF_DataRequest()函数发送数据。

【参考解决方案】

本实验建立在 6.G.1 的基础上,在实验 6.G.1 中实现了协调器广播数据,路由器接收数据并且执行 LED1 闪烁。本实验将实现路由器接收到协调器发送的数据后，调用数据单播函数，控制协调器的 LED2 闪烁。

1．初始化

实践 6.G.1 的初始化中的地址信息为广播模式，本实验中由于指定路由器向协调器发送数据，因此要设定目的地址模式为单播模式，并且设置目的短地址为协调器的短地址 0x0000。在实践 6.G.1 中的 SampleApp_Init()函数中添加以下代码实现路由器地址模式的设置：

```
/**************************单播模式信息设置**************************/
// 目的地址模式设置为 16 位短地址模式
SampleApp_Danbo_DstAddr.addrMode = (afAddrMode_t)Addr16Bit;
// 设置端点号
SampleApp_Danbo_DstAddr.endPoint = SAMPLEAPP_ENDPOINT;
// 设置目的地址为 0x0000
SampleApp_Danbo_DstAddr.addr.shortAddr = 0x0000;
```

2．路由器与协调数据接收处理

在实践 6.G.1 中，路由器接收到协调器发送的数据后，只执行了 LED1 闪烁，在实践 6.G.2 中除了执行 LED1 闪烁之外还调用 SampleApp_SendFlashMessage()函数实现向协调器发送命令，在协调器接收到此函数发送的信息之后，判断簇 ID 是否为 SAMPLEAPP_FLASH_CLUSTERID，如果是，则执行 LED2 闪烁命令，其添加的代码如下：

```
void SampleApp_MessageMSGCB( afIncomingMSGPacket_t *pkt )
{
// 取出数据传送的簇 ID
switch ( pkt->clusterId )
{
// 如果接收到簇 ID 为 SAMPLEAPP_PERIODIC_CLUSTERID 的数据
case SAMPLEAPP_PERIODIC_CLUSTERID:
  // 执行 LED1 闪烁命令
  HalLedBlink( HAL_LED_1, 4, 50, 500 );
  // 发送协调器 LED2 闪烁命令
  SampleApp_SendFlashMessage();
  break;
// 如果接收到簇 ID 为 SAMPLEAPP_FLASH_CLUSTERID
case SAMPLEAPP_FLASH_CLUSTERID:
  // 执行 LED2 闪烁命令
  HalLedBlink( HAL_LED_2, 4, 50, 500 );

  break;
}
}
```

3．SampleApp_SendFlashMessage()

此函数调用 **AF_DataRequest()**函数实现向协调器发送数据，将函数中发送地址改为协调器地址 0x0000，其修改后的代码如下：

```
void SampleApp_SendFlashMessage( void )
{

    if ( AF_DataRequest(
                    // 设置目的地址为协调器地址 0x0000
                    &SampleApp_Danbo_DstAddr,
                    // 端点号
                    &SampleApp_epDesc,
                    // 发送簇 ID 号
                    SAMPLEAPP_FLASH_CLUSTERID,
                    // 发送字节长度
                    1,
                    // 发送数据，为'0'
                    (uint8*)&SampleAppPeriodicCounter,
                    // 传输序列号
                    &SampleApp_TransID,
                    // 设置为发现路由
                    AF_DISCV_ROUTE,
                    // 路由半径
                    AF_DEFAULT_RADIUS ) == afStatus_SUCCESS )
    {
    }
    else
    {

    }
}
```

4．实验现象

将协调器程序烧写至协调器设备中，将路由器程序烧写至路由器设备中(建议只使用一个路由器)，观察现象如下所述：

❖　按下协调器的复位按键后，协调器底板上的 LED1～LED4 点亮，表明协调器建立成功。

❖　按下路由器的复位按键后，路由器底板上的 LED1～LED4 点亮，表明路由器加入网络。

❖　按下协调器底板上的按键 SW1，此时可以观察路由板上的 LED1 和协调器底板的

LED2 每隔 5 秒钟同时闪烁一次。

> ### 实践 6.G.3

数据的组播通信模式。

【分析】

(1) 首先初始化通信模式为组播模式,将发送的目的地址设置为组 ID 号。

(2) 初始化端点描述符。

(3) 调用发送函数 AF_DataRequest()函数发送数据。

【参考解决方案】

1. 初始化函数

组播的初始化与广播和单播的初始化方式基本相同,将目的地址信息设置为组播模式,并且设置组 ID 号,在 aps 层添加组信息,其代码如下所示:

```
void SampleApp_Init( uint8 task_id )
{
    // 任务 ID 初始化
    SampleApp_TaskID = task_id;
    // 网络状态初始化
    SampleApp_NwkState = DEV_INIT;
    // 传输序列号初始化
    SampleApp_TransID = 0;

    /************************组播模式信息设置**********************/
    // 设置目的地址模式为组播模式
    SampleApp_Group_DstAddr.addrMode = (afAddrMode_t)AddrGroup;
    // 设置端点号
    SampleApp_Group_DstAddr.endPoint = SAMPLEAPP_ENDPOINT;
    // 设置组播短地址模式为组 ID 号
    SampleApp_Group_DstAddr.addr.shortAddr = SAMPLEAPP_FLASH_GROUP;

    /****************端点的设置*******************/
    // 设置端点号
    SampleApp_epDesc.endPoint = SAMPLEAPP_ENDPOINT;
    // 为端点设置任务 ID
    SampleApp_epDesc.task_id = &SampleApp_TaskID;
    // 端点的简单描述符设置
    SampleApp_epDesc.simpleDesc = (SimpleDescriptionFormat_t *)&SampleApp_SimpleDesc;
    SampleApp_epDesc.latencyReq = noLatencyReqs;
```

```
// 设置组播 ID 号
SampleApp_Group.ID = SAMPLEAPP_FLASH_GROUP;
// 设置组名
osal_memcpy(SampleApp_Group.name,"Group 1",7);
// 在 aps 层添加一个组
aps_AddGroup(SAMPLEAPP_ENDPOINT,&SampleApp_Group);

// 在 AF 层注册端点
afRegister( &SampleApp_epDesc );
// 注册按键事件
RegisterForKeys( SampleApp_TaskID );

}
```

2. 组播发送函数

本实验的事件处理部分以及按键部分，和实践 6.G.1 是一样的，其具体过程为：

◇   首先判断设备类型，如果是协调器则建立网络，如果是路由器或终端设备则加入网络。

◇   网络建立成功或者加入网络成功后则点亮 LED1～LED4。

◇   通过按键触发用户定时事件 SAMPLEAPP_SEND_PERIODIC_MSG_EV。

◇   在用户定时事件中触发组播发送函数。

组播发送函数是通过调用的 **AF_DataRequest**()函数来实现的，不过设置发送信息的目的地址修改为组播模式，其代码如下：

```
void SampleApp_SendPeriodicMessage( void )
{
if ( AF_DataRequest(
                // 设置目的地址为组播模式
                &SampleApp_Group_DstAddr,
                // 端点号
                &SampleApp_epDesc,
                // 发送簇 ID 号
                SAMPLEAPP_PERIODIC_CLUSTERID,
                // 发送数据长度
                1,
                // 发送数据，为'0'
                (uint8*)&SampleAppPeriodicCounter,
                // 传输序列号
                &SampleApp_TransID,
                // 设置为发现路由
                AF_DISCV_ROUTE,
```

```
                                // 路由半径
                                AF_DEFAULT_RADIUS ) == afStatus_SUCCESS )
        {
        }
        else
        {

        }
    }
```

3. 数据接收处理

只有注册了同一个组 ID 号的设备才会收到组播的数据，不同的组之间是不能收到相互之间的数据的。在本实验中组 ID 号为 0x0001 的组成员中，收到数据后命令 LED1 闪烁，其代码如下所示：

```
void SampleApp_MessageMSGCB( afIncomingMSGPacket_t *pkt )
{
    // 取出数据传送的簇 ID
    switch ( pkt->clusterId )
    {
        // 如果接收到簇 ID 为 SAMPLEAPP_PERIODIC_CLUSTERID 的数据
        case SAMPLEAPP_PERIODIC_CLUSTERID:
            // 执行 LED1 闪烁命令
            HalLedBlink( HAL_LED_4, 4, 50, 500 );
            break;
        // 如果接收到簇 ID 为 SAMPLEAPP_FLASH_CLUSTERID
        case SAMPLEAPP_FLASH_CLUSTERID:

            break;
    }
}
```

4. 实验现象

将协调器程序烧写至协调器设备中，将路由器程序烧写至路由器设备中(建议只使用多个路由器)，且下载程序时，建议有的路由器程序下载实践 6.G.1 的路由器程序，使一些路由器不在此组中。进行以下操作并观察现象：

◇　按下协调器复位按键后，协调器底板上的 LED1～LED4 点亮，表明协调器建立成功。

◇　按下路由器的复位按键后，路由器底板上的 LED1～LED4 点亮，表明路由器加入网络。

◇　按下协调器底板上的按键 SW1，此时可以观察到，在同一组的设备的 LED4 每隔 5 秒钟同时闪烁一次。

实践 7　Zstack 系统稳植

 实践指导

➤ 实践 7.G.1

温度传感器 DS18B20 在 Zstack 上的移植。

【分析】

(1) 本实验可以利用实践 4.G.1 的 DS18B20 温度采集程序代码。

(2) 在 DongheApp 工程的 Source 文件夹下添加 DS18B20.C 文件，在 DS18B20.C 文件中编写 DS18B20 采集温度的程序。

(3) 将 DS18B20.C 文件添加至 Zstack 协议栈 HAL→Target→Drivers 目录下。

(4) 程序编写。

【参考解决方案】

1. 新建 DS18B20.C 文件

将实践 4.G.1 中的 DS18B20.c 文件和 DS18B20.h 文件添加至 CH7→Projects→zstack→Donghe→DongheApp→Source 文件夹下，如图 S7-1 所示。

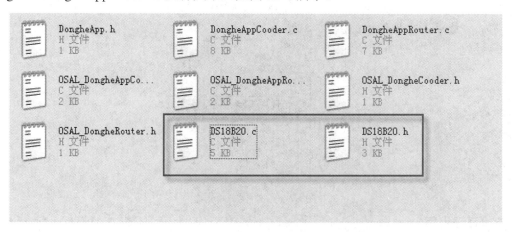

图 S7-1　添加 DS18B20 文件

2. 向 DongheApp 工程中添加 DS18B20 文件

将 DS18B20.c 文件添加至 Zstack 协议栈的 HAL→Target→Drivers 目录下，首先选择 Drivers 文件夹，右击文件夹会弹出如图 S7-2 所示对话框。

图 S7-2　添加文件对话框

点击 Add Files，选择 Source 文件夹下的 DS18B20，然后点击 OK 添加文件，如图 S7-3
所示。

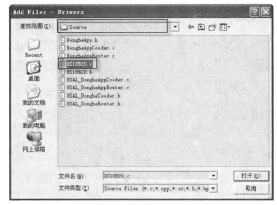

图 S7-3　选择文件

添加完成后的文件结构如图 S7-4 所示。

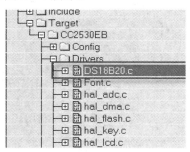

图 S7-4　文件添加成功

3．程序编写

本程序实现的功能包括：协调器建立网络；路由器或终端设备加入网络后，网络中的
路由器或终端设备再通过按键触发温度采集命令，并将自身的网络短地址和温度信息发送
至协调器；协调器在接收到路由器或终端设备的数据后，通过串口将数据发送至 PC 机。
本实验在理论篇新建的 DongheApp 工程上完成。

1）路由器或终端设备程序

在路由器和终端设备的头文件中要添加有关温度采集的头文件，即在 DongheApp.c 文件中要添加如下代码：

```
#include    "DS18B20.h"
void SendDataTemp(void);
```

由于路由器或终端设备为按键触发采集数据，按键处理事件函数为 DhAppRouter-Manage_HandleKeys()，在"if (key & HAL_KEY_SW_5)"下面添加按键触发温度采集传输函数，其代码如下：

```
void DhAppRouterManage_HandleKeys (byte keys )
{    // 如果按键 SW1 按下
    if ( keys & HAL_KEY_SW_1 )
    {

    }
    // 如果按键 SW2 按下
    if ( keys & HAL_KEY_SW_2 )
    {

    }
    // 如果按键 SW3 按下
    if ( keys & HAL_KEY_SW_3 )
    {

    }
    // 如果按键 SW4 按下
    if ( keys & HAL_KEY_SW_4 )
    {

    }
    if ( keys & HAL_KEY_SW_5 )
    {
        SendDataTemp();
    }
}
```

当路由器底板上按键 SW1 按下时，程序将调用 SendDataTemp()函数，在 Donghe AppRouter.c 文件中添加 SendDataTemp()函数，其代码如下：

```
void SendDataTemp(void)
{
    uint8 send_buf[4];
    uint16 ShortAddr;
```

```
uint8 *TEMP;
// 获取本地网络短地址
ShortAddr = NLME_GetShortAddr();
// 将网络短地址保存至 send_buf 中
send_buf[0] = (unsigned char)((ShortAddr>>8) & 0xFF);
send_buf[1] = (unsigned char)(ShortAddr & 0xFF);
// 开启 18B20 的转换
DS18B20_SendConvert();
// 获取 18B20 温度信息
TEMP =   DS18B20_GetTem();
// 将温度信息保存至 send_buf 中
send_buf[2] = TEMP[0];
send_buf[3] = TEMP[1];
// 将 send_buf 发送至协调器
if(AF_DataRequest(
                // 目的节点协调器地址信息
                &MySendtest_Single_DstAddr,
                // 端点
                &MySendtest_epDesc,
                // 发送簇 ID
                MySendtest_REWENDU_CLUSTERID,
                // 发送字节长度
                4,
                // 发送的数据
                (byte*)send_buf,
                // 传输 ID
                &DhAppRouterManage_TransID,
                // 发送路由
                AF_DISCV_ROUTE,
                // 路由半径
                AF_DEFAULT_RADIUS)==afStatus_SUCCESS)
    {

    }
    else
    {

    }
}
```

2）协调器程序

协调器接收数据是通过数据接收处理函数 DhAppCoordManage_ProcessMSGData() 实现的，因为路由器发送函数的输出簇为"MySendtest_REWENDU_CLUSTERID"，在协调器的输入簇中对应"MySendtest_REWENDU_CLUSTERID"，在其输入簇下，添加数据处理代码，其代码如下：

```
void DhAppCoordManage_ProcessMSGData ( afIncomingMSGPacket_t *msg )
{
    switch ( msg->clusterId )
    {
// 判断输入簇 ID 是否为温度信息簇 ID
    case MySendtest_REWENDU_CLUSTERID:
        /**保存接收的信息至 Usart_buf 中**/
        Usart_buf[0] = msg->cmd.Data[0];
        Usart_buf[1] = msg->cmd.Data[1];
        Usart_buf[2] = msg->cmd.Data[2];
        Usart_buf[3] = msg->cmd.Data[3];
        // 串口输出数据至 PC 机
        HalUARTWrite(SERIAL_APP_PORT,Usart_buf,4);
        // LED1 闪烁
        HalLedBlink(HAL_LED_1,4,50,(500));
         break;

    case MySendtest_SINGLE_CLUSTERID:

         break;

    case    MySendtest_REGUANG_CLUSTERID:

         break;

    case    MySendtest_RESHIDU_CLUSTERID:

         break;

    default:    break;
    }
}
```

当按下路由器底板上的 SW1 按键时，路由器将采集的温度信息传送给协调器，协调器通过串口输出到 PC 机上，其实验现象如图 S7-5 所示，其中前两个字节为设备的网络短地址，后两个字节为采集的温度信息。

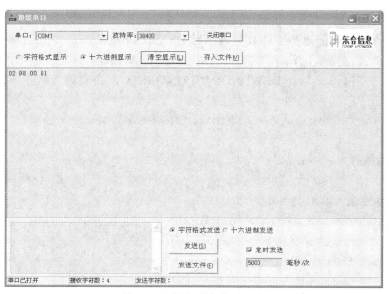

图 S7-5　温度采集实验现象

➤ 实践 7.G.2

光敏传感器的移植。

【分析】

(1) 光敏传感器的移植和温度传感器 DS18B20 的移植基本上相同，可以使用实践 4.G.2 中的程序代码。

(2) 在 DongheApp 工程的 Source 文件夹下添加 GuangM.C 文件，在 GuangM.C 文件中编写光照采集的程序。

(3) 将 GuangM.C 文件添加到 Zstack 协议栈 HAL→Target→Drivers 目录下。

(4) 程序编写。

【参考解决方案】

将实践 4.G.2 中的 main.c 文件的文件名修改为 GuangM.c 文件，并将 GuangM.c 和 GuangM.h 文件添加至 CH7→Projects→zstack→Donghe→DongheApp→Source 文件夹下。按照实践 7.G.1 的步骤将 GuangM.c 文件添加至 Zstack 协议栈的 HAL→Target→Drivers 目录下，但是需要将 GuangM.c 文件和 GuangM.h 文件做一些修改，然后进行协议栈程序的编写。

1. GuangM.h 文件修改

打开 GuangM.h 文件，将如图 S7-6 所示。

将 GuangM.h 文件中 LED 的定义、LED 的初始化函数和串口相关函数的声明删除，并且添加"hal_types.h"头文件，修改之后的代码如下：

```
#ifndef GUANGM_H_
#define GUANGM_H_
#include "hal_types.h"
```

```
// 函数声明
uint8* getGuangM(void);

#endif
```

```
#ifndef GUANGM_H_
#define GUANGM_H_

typedef unsigned short uint16; //数据类型重定义

#define LED1  P1_0  //定义P1_0为LED1
#define LED2  P1_1  //定义P1_1为LED2
#define LED_ON  0   //定义开LED
#define LED_OFF 1  //定义关LED
/************************函数声明******************/
void initUARTtest(void);
void UartTX_Send_String(unsigned char *Data,int len);
void delay_s(int timeout);
void getGuangM(void);
void initLED(void);
/***********************函数声明*******************/
#endif
```

图 S7-6　GuangM.h

2．GuangM.c 文件修改

由于移植后，由路由器节点或终端设备节点采集信息，通过无线发送给网络中的协调器，所以需要将 GuangM.c 文件中的 initUARTtest()、UartTX_Send_String()、initLED()、main() 和 delay_s()函数全部删除，并且将 getGuangM()函数做一些修改，其修改后的 GuangM.c 文件代码如下：

```
#include "ioCC2530.h"
#include "GuangM.h"
unsigned char send_buf[2];

uint8* getGuangM(void)
{
    P0DIR &= 0x7f;
    ADCIF = 0;
    // 清 EOC 标志
    ADCH &= 0X00;
    // P0.7 做 ad 口
    APCFG |= 0X80;
    // 单次转换，参考电压为电源电压，对 P07 进行采样
    ADCCON3 = 0xb7;
    // 等待转化是否完成
    while(!(ADCCON1&0x80));
    // 送数据的第 5 个字节 AD 转换的高位
    send_buf[0] =   ADCH;
    // 送数据的第 6 个字节 AD 转换的低位
```

```
        send_buf[1] =   ADCL;
        // 返回 send_buf
        return(send_buf);


    }
```

3．程序编写

本实验程序实现的功能和实践 7.G.2 实现的功能基本相同：协调器建立网络，路由器或终端设备加入网络后，网络中的路由器或终端设备再通过按键触发温度采集命令，并将自身的网络短地址和温度信息发送至协调器；协调器在接收到路由器或终端设备的数据后通过串口将数据发送至 PC 机。本实验在 DongheApp 工程上完成。

1）路由器或终端设备程序

在路由器和终端设备的头文件中要添加有关温度采集的头文件，即在 DongheApp.c 文件中要添加如下代码：

```
    #include    "GuangM.h"
    void SendDataLight(void);
```

由于路由器或终端设备为按键触发采集数据，按键处理事件函数为 DhAppRouter Manage_HandleKeys()，在"if (key & HAL_KEY_SW_6)"下面添加按键触发光照采集传输函数，其代码如下：

```
    // 处理按键
    void DhAppRouterManage_HandleKeys (byte keys )
    {
        // 如果按键 SW1 按下
        if ( keys & HAL_KEY_SW_1 )
        {

        }
        // 如果按键 SW2 按下
        if ( keys & HAL_KEY_SW_2 )
        {

        }
        // 如果按键 SW3 按下
        if ( keys & HAL_KEY_SW_3 )
        {

        }
        // 如果按键 SW4 按下
        if ( keys & HAL_KEY_SW_4 )
```

```
        {
        }
        // 如果按键 SW5 按下
        if ( keys & HAL_KEY_SW_5 )
        {
            // 发送温度信息
            SendDataTemp();
        }
        // 如果按键 SW6 按下
        if ( keys & HAL_KEY_SW_6 )
        {
            // 发送光照信息
            SendDataLight();
        }

    }
```

当路由器底板上按键 SW2 按下时，程序将调用 SendDataLight()函数，SendDataLight()
函数代码如下：

```
    void SendDataLight(void)
    {
        uint16 ShortAddr;
        unsigned char *Light;
        // 获取本地网络短地址
        ShortAddr = NLME_GetShortAddr();
        // 将网络短地址保存至 send_buf 中
        send_buf[0] = (unsigned char)((ShortAddr>>8) & 0xFF);
        send_buf[1] = (unsigned char)(ShortAddr & 0xFF);

        // 获得光敏值
        Light = getGuangM();
        send_buf[2] = Light[0];
        send_buf[3] = Light[1];
        // 将 send_buf 发送至协调器
        if(AF_DataRequest(
                    // 目的节点协调器地址信息
                    &MySendtest_Single_DstAddr,
                    // 端点
                    &MySendtest_epDesc,
                    // 发送簇 ID
                    MySendtest_REWENDU_CLUSTERID,
```

```
                              // 发送字节长度
                              4,
                              // 发送的数据
                              (byte*)send_buf,
                              // 传输 ID
                              &DhAppRouterManage_TransID,
                              // 发送路由
                              AF_DISCV_ROUTE,
                              // 路由半径
                              AF_DEFAULT_RADIUS)==afStatus_SUCCESS)
        {

        }
        else
        {

        }
    }
```

2) 协调器程序代码

协调器程序代码和实践 7.G.1 是相同的，不用修改。将协调器程序和路由器程序分别下载至协调器设备和路由器设备中，并且将协调器通过串口连接到 PC 机。当按下路由器底板上的按键 SW2 时，协调器通过串口可以将路由器采集的光照信息传输给 PC 机。PC 机显示界面如图 S7-7 所示，其中显示的前两个字节为设备的网络短地址，后两个字节为采集的光照信息。

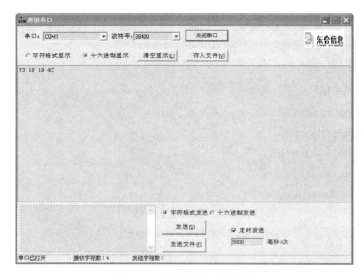

图 S7-7　光照信息采集数据

实践 8　Zstack 应用开发

 实践指导

➢ 实践 8.G.1

Zigbee 的智能农业大棚环境检测。

【分析】

(1) 传统的农业大棚的管理一般基于有线电缆的方式，在施工上比较困难，并且硬件成本高。

(2) 基于 Zigbee 的智能农业大棚可以实时采集农业大棚内的温度、湿度信号以及光照、土壤湿度、土壤水分等环境参数，可以自动开启或关闭指定设备，另外还可以根据用户需求，随时对各种信息进行处理，自动检测农业生态信息，对设施进行自动控制和智能化管理。

(3) 一个 Zigbee 网络在理论上可以容纳 65536 个设备。如果不对网络进行管理，数据将会在网络中任意转发，造成网络中的数据碰撞。因此需要对网络进行管理，以避免网络数据的碰撞。

【参考解决方案】

1．组播分组

为了方便管理网络中的数据，Zigbee 可以采用组播的方式，在一个 Zigbee 网络中分为几个组，每一组分配一个组头负责和协调器进行通信。本实验采用 6 个路由器或终端节点，每 3 个路由器/终端节点为一组，分成两组，其中每一组有一个组头负责和协调器进行通信，如图 S8-1 所示。

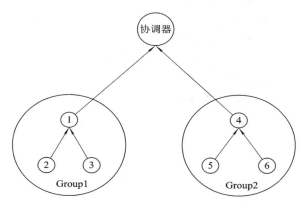

图 S8-1　Zigbee 组播示意图

Group1 中的三个节点编号为 1、2、3，且 1 号节点为 Group1 的组头；Group2 中的三个节点编号为 4、5、6，且 4 号节点为 Group2 的组头。

此程序的编写是建立在理论篇任务 8.D.1 的基础上的，程序的编写包括两部分：协调器程序的编写和路由器/终端设备程序的编写。

2．协调器程序

协调器负责通过串口接收 PC 机下达的命令。当协调器接收到 PC 机的命令后，将启动索要数据命令，即向网络中广播命令，命令网络中的设备向协调器发送数据。其具体流程如下：

(1) PC 机向协调器发送"DATA"命令。

(2) 协调器收到命令后向网络中广播一条命令。

1) DongheAppCooder.c 文件

在 DongheAppCooder.c 文件中的串口回调函数部分添加以下代码：

```
// 接收串口数据的回调函数
static void SerialApp_CallBack( uint8 port,uint8 event)
{
    uint8    sBuf[10]={0};
    uint16   nLen=0;
    uint8   Num = 0;
    uint8   i;
    if(event !=HAL_UART_TX_EMPTY)
    {
        nLen=HalUARTRead(SERIAL_APP_PORT,sBuf,10);
        if(nLen>0)
        {   // 判断收到的数据为'DATA'
            if((sBuf[0] == 'D')&&(sBuf[1] == 'A')
              &&(sBuf[2] =='T')&&(sBuf[3] == 'A'))
            {
                // 清空 Usart_sendbuf
                for(i=0;i<36;i++)
                    Usart_sendbuf[i]=0;
                HalLedBlink (HAL_LED_1, 4, 50, 500);
                // 向网络中发广播命令
                Send_dataMessage();

            }
        }
    }
}
```

2）DongheAppCooder.c 文件的发送函数

需要向 DongheAppCooder.c 文件中添加发送函数 Send_dataMessage()。Send_data-Message()的主要功能是向网络中广播一条命令，当网络中所有的设备接收到这条命令之后将执行采集数据。具体代码如下：

```
// 向路由器发送 data 命令，使路由器采集数据并发送
void Send_dataMessage(void)

{
    char theMessageData[] = "Data";
    if( AF_DataRequest( // 发送目的地址
                        &MySendtest_Periodic_DstAddr,
                        // 端点
                        &MySendtest_epDesc,
                        // 簇 ID
                        DATAID,
                        // 发送数据长度
                        (byte)osal_strlen( theMessageData) + 1,
                        // 发送的数据
                        (byte *)&theMessageData,
                        // 传输序列号
                        & DhAppCoordManage_TransID,
                        // 发现路由设置
                        AF_DISCV_ROUTE,
                        // 路由半径
                        AF_DEFAULT_RADIUS ) == afStatus_SUCCESS )
    {
    }
    else
    {

    }
}
```

3）DongheAppCooder.c 接收处理函数

协调器需要接收处理网络中的数据。当网络中的组头将采集到的本组数据发送至协调器时，协调器将把数据传送给 PC 机，需要在 ADDRID 和 CLOSEID 下面添加以下代码：

```
// 处理接收到的数据
void DhAppCoordManage_ProcessMSGData ( afIncomingMSGPacket_t *msg )
{
    uint8 i;
```

```
switch ( msg->clusterId )
{

case ADDRID:
  // 将网络中路由器的网络地址存放在 addtable 中，并且相应的 ID 号对应相应的网络地址
  addtable[msg->cmd.Data[1]] = ((uint16)msg->cmd.Data[2])<<8;
  addtable[msg->cmd.Data[1]] |= ((uint16)msg->cmd.Data[3])&0x00FF;
  HalLedBlink (HAL_LED_2, 4, 50, 500);

      break;

case DATAID:


      break;

case   OPENID:

      break;

case   CLOSEID:

  if(msg->cmd.Data[1] == 1)
  {
    for(i = 0;i < 18; i++)
        Usart_sendbuf[i] = msg->cmd.Data[i];

   HalUARTWrite(SERIAL_APP_PORT,Usart_sendbuf,18);
  }

  if(msg->cmd.Data[1] == 4)
  {
      for(i = 0;i < 18; i++)
        Usart_sendbuf[i] = msg->cmd.Data[i];
      HalUARTWrite(SERIAL_APP_PORT,Usart_sendbuf,18);
  }

   // 通过串口将数据发送至 PC 机
  // HalUARTWrite(SERIAL_APP_PORT,Usart_sendbuf,36);
```

```
                break;

        default:   break;
        }
    }
```

3. 路由器/终端设备程序

路由器和终端设备在应用层采用同一个程序，根据编译条件的不同来决定该程序是路由器程序还是终端设备程序。

1）DongheAppRouter.c 文件

路由器程序中的 DongheAppRouter.c 文件中，在初始化函数 DonghehAppRouter_Init() 中添加 Group1 和 Group2，其代码如下：

```
// 任务初始化
void DonghehAppRouter_Init( byte task_id )
{
    // 将任务 ID 号赋予 DhAppRouterManage_TaskID
    DhAppRouterManage_TaskID = task_id;


    /**********************设置广播模式信息*********************/
    // 设置单播信息
    MySendtest_Single_DstAddr.addrMode=(afAddrMode_t)Addr16Bit;
    // 设置端点号
    MySendtest_Single_DstAddr.endPoint=MySendtest_ENDPOINT;
    // 目的地址的短地址，协调器默认短地址为 0x0000
    MySendtest_Single_DstAddr.addr.shortAddr=0x0000;
    /**********************设置广播模式信息*********************/


    /**********************设置端点号为 16 的描述符配置***********/
    // 端点描述符端点配置
    MySendtest_epDesc.endPoint=MySendtest_ENDPOINT;
    // 端点描述符任务配置
    MySendtest_epDesc.task_id=&DhAppRouterManage_TaskID;
    // 端点描述符的简单描述符
    MySendtest_epDesc.simpleDesc=
        (SimpleDescriptionFormat_t*)&MySendtest_SimpleDesc;
    MySendtest_epDesc.latencyReq = noLatencyReqs;
    /**********************设置端点号为 16 的描述符配置***********/


    /**********************组播 1 模式信息设置*********************/
```

```
#if   (MYID>0 & MYID<4)
       // 设置目的地址模式为组播模式
       Donghe_Group1_DstAddr.addrMode = (afAddrMode_t)AddrGroup;
       // 设置端点号
       Donghe_Group1_DstAddr.endPoint = MySendtest_ENDPOINT;
       // 设置组播短地址模式为组 ID 号
       Donghe_Group1_DstAddr.addr.shortAddr = Donghe_Group_1;

       // 设置组播 ID 号
       Donghe_Group1.ID = Donghe_Group_1;
       // 设置组名
       osal_memcpy(Donghe_Group1.name,"Group 1",7);
       // 在 aps 层添加一个组
       aps_AddGroup(MySendtest_ENDPOINT,&Donghe_Group1);
#endif
/************************组播 2 模式信息设置************************/
#if   (MYID>3 & MYID<7)
       // 设置目的地址模式为组播模式
       Donghe_Group2_DstAddr.addrMode = (afAddrMode_t)AddrGroup;
       // 设置端点号
       Donghe_Group2_DstAddr.endPoint = MySendtest_ENDPOINT;
       // 设置组播短地址模式为组 ID 号
       Donghe_Group2_DstAddr.addr.shortAddr = Donghe_Group_2;

       // 设置组播 ID 号
       Donghe_Group2.ID = Donghe_Group_2;
       // 设置组名
       osal_memcpy(Donghe_Group1.name,"Group 2",7);
       // 在 aps 层添加一个组
       aps_AddGroup(MySendtest_ENDPOINT,&Donghe_Group2);
#endif

       // 在 AF 层注册应用对象
       afRegister(&MySendtest_epDesc);
       // 注册按键
       RegisterForKeys( DhAppRouterManage_TaskID );
}
```

2) DongheAppRouter.c 的数据接收处理

当路由器或终端设备接收到协调器发送的采集命令时，路由器或终端设备首先判定自

己是哪一个组的成员，不同组的成员将执行不同的采集发送命令。Group1 的成员执行 SenddataMessage1()命令，Group2 的成员执行 Send_dataMessage2()命令。在 ADDRID 簇下面添加以下代码：

```
// 处理接收到的数据
void DhAppRouterManage_ProcessMSGData ( afIncomingMSGPacket_t *msg )
{
    switch ( msg->clusterId )
    {
      case ADDRID :

          break;
        // 如果是数据命令
      case DATAID:
          // 判断是否为 Group1 的节点
#if    ( MYID>0 & MYID<4 )
      // 如果是 Group1 的节点则调用 Group1 发送函数
      Send_dataMessage1();
#endif
      // 判断是否是 Group2 的节点
#if    ( MYID>3 & MYID<7 )
      // 如果是 Group2 的节点则调用 Group2 发送函数
      Send_dataMessag2();
#endif
```

3) DongheAppRouter.c 的 Group1 的数据发送函数

在 DongheAppRouter.c 文件中添加 Send_dataMessage1()函数。Send_dataMessage1()函数将采集本地温度和光照的信息，并发送给 Group1 的成员，其程序如下：

```
void Send_dataMessage1(void)
{
    // 发送数据的前两个字节为节点 ID
    send_buf[0] = 0;
    send_buf[1] = MYID;
    /*************获取温度*********************/
    // 18B20 启动
    DS18B20_SendConvert();
    // 获取温度
    DS18B20_GetTem();
    // 发送数据的第 3 个字节 温度整数部分(去除了符号位)
    send_buf[2] = sensor_data_value[1];
    // 发送数据的第 4 个字节 温度小数部分
```

send_buf[3] = sensor_data_value[0];

/************获取光照********************/
P0DIR &= 0x7f;
ADCIF = 0;
// 清 EOC 标志
ADCH &= 0X00;
// P0.7 做 ad 口
APCFG |= 0X80;
// 单次转换，参考电压为电源电压，对 P07 进行采样
ADCCON3 = 0xb7;
// 等待转化是否完成
while(!(ADCCON1&0x80));
// 送数据的第 5 个字节 AD 转换的高位
send_buf[4] =   ADCH;
// 送数据的第 6 个字节 AD 转换的低位
send_buf[5] =   ADCL;

```
    if(AF_DataRequest( // 目的地址为 Group1
                &Donghe_Group1_DstAddr,
                // 端点描述符
                &MySendtest_epDesc,
                // 簇 ID
                OPENID,
                // 发送字节长度
                6,
                // 发送数据
                (byte *)&send_buf,
                // 发送序列号
                & DhAppRouterManage_TransID,
                // 设置为路由发现
                AF_DISCV_ROUTE,
                // 路由半径
                AF_DEFAULT_RADIUS)==afStatus_SUCCESS)
{
}
else
{
}
```

```
    }
```

4) DongheAppRouter.c 的 Group2 的数据发送函数

在 DongheAppRouter.c 文件中添加 Send_dataMessage2()函数。Send_dataMessage2()函数将采集本地温度和光照的信息，并发送给 Group2 的成员，其程序如下：

```
void Send_dataMessage2(void)
{
    // 发送数据的前两个字节为节点 ID
    send_buf[0] = 0;
    send_buf[1] = MYID;
    /*************获取温度********************/
    // 18B20 启动
    DS18B20_SendConvert();
    // 获取温度
    DS18B20_GetTem();
    // 发送数据的第 3 个字节 温度整数部分(去除了符号位)
    send_buf[2] = sensor_data_value[1];
    // 发送数据的第 4 个字节 温度小数部分
    send_buf[3] = sensor_data_value[0];
    /*************获取温度********************/


    /*************获取光照********************/
    P0DIR &= 0x7f;
    ADCIF = 0;
    // 清 EOC 标志
    ADCH &= 0X00;
    // P0.7 做 ad 口
    APCFG |= 0X80;
    // 单次转换，参考电压为电源电压，对 P07 进行采样
    ADCCON3 = 0xb7;
    // 等待转化是否完成
    while(!(ADCCON1&0x80));
    // 送数据的第 5 个字节 AD 转换的高位
    send_buf[4] =   ADCH;
    // 送数据的第 6 个字节 AD 转换的低位
    send_buf[5] =   ADCL;
    /*************获取光照********************/

        if(AF_DataRequest( // 目的地址为 Group2
                    &Donghe_Group2_DstAddr,
```

```
                                      // 端点描述符
                                      &MySendtest_epDesc,
                                      // 簇 ID
                                      OPENID,
                                      // 发送字节长度
                                      6,
                                      // 发送数据
                                      (byte *)&send_buf,
                                       // 发送序列号
                                      & DhAppRouterManage_TransID,
                                       // 设置为路由发现
                                      AF_DISCV_ROUTE,
                                       // 路由半径
                                      AF_DEFAULT_RADIUS)==afStatus_SUCCESS)
        {
        }
        else
        {
        }

    }
```

5）DongheAppRouter.c 的组头数据处理

每个组的组头负责收集本组成员的数据信息。为了使网络中的信息不发生碰撞，将启动定时事件把数据发送给协调器。在本协议中约定 1 号节点和 3 号节点为组头。组头的数据处理代码如下：

```
    // 处理接收到的数据
    void DhAppRouterManage_ProcessMSGData ( afIncomingMSGPacket_t *msg )
    {
        switch ( msg->clusterId )
        {
        case ADDRID:

            break;
        // 如果是数据命令
        case DATAID:
            // 判断是否为 Group1 的节点
#if    ( MYID>0 & MYID<4 )
        // 如果是 Group1 的节点则调用 Group1 发送函数
        Send_dataMessage();
```

```
#endif
      // 判断是否是 Group2 的节点
#if    （MYID>3 & MYID<7）
      // 如果是 Group2 的节点则调用 Group2 发送函数
      Send_data1Message();
#endif


          break;
      case OPENID:
        {
// 判断是否为  Group1 的组头
          #if    (MYID == 1)
          int i=0;
/***如果是 Group1 的组头将本地数据和收到本组的数据存储在 sendbuf 中***/
          for(i=0;i<6;i++)
            sendbuf[i] = send_buf[i];
          for(i=0;i<6;i++)
            sendbuf[i+(msg->cmd.Data[1]-1)*6] = msg->cmd.Data[i];
          // 等待 MySendtest_SEND_PERIODIC_MSG_EVT 事件的发生
          osal_start_timerEx(    DhAppRouterManage_TaskID,
                                 MySendtest_SEND_PERIODIC_MSG_EVT,
                                 200+MYID);
          #endif


      // 判断是否为  Group2 的组头
      #if    (MYID == 4)
        int i=0;
/***如果是 Group2 的组头将本地数据和收到本组的数据存储在 sendbuf 中***/
        for(i=0;i<6;i++)
          sendbuf[i] = send_buf[i];
        for(i=0;i<6;i++)
          sendbuf[i+(msg->cmd.Data[1]-4)*6] = msg->cmd.Data[i];
        // 等待 MySendtest_SEND_PERIODIC_MSG_EVT 事件的发生
        osal_start_timerEx( DhAppRouterManage_TaskID,
                                 MySendtest_SEND_PERIODIC_MSG_EVT,
                                 200+2*MYID);
      #endif
        }
```

```
            break;

        case CLOSEID:

            break;

        default:    break;
        }

    }
```

6) DongheAppRouter.c 的组头发送数据

用户定时事件将组头收集的本组程序的信息发送给协调器,其程序如下:

```
// 用户定时事件
    if ( events & MySendtest_SEND_PERIODIC_MSG_EVT )
    {
    // 判断是否为 Group1 的数据
    #if       (MYID == 1)
    // LED1 闪烁
    HalLedBlink (HAL_LED_1, 2, 50, 200);
    // 发送 Group1 的数据
    if(AF_DataRequest( // 目的地址为协调器短地址 0x0000
                    &MySendtest_Single_DstAddr,
                    // 端点描述符
                    &MySendtest_epDesc,
                    // 簇 ID
                    CLOSEID,
                    // 发送字节长度
                    18,
                    // 发送数据
                    (byte *)&sendbuf,
                    // 发送序列号
                    & DhAppRouterManage_TransID,
                    // 设置为路由发现
                    AF_DISCV_ROUTE,
                    // 路由半径
                    AF_DEFAULT_RADIUS)==afStatus_SUCCESS)
        {
        }
        else
        {
```

```
        }
        #endif

    // 判断是否为 Group2 的数据
    #if    (MYID == 4)
    HalLedBlink (HAL_LED_1, 2, 50, 200);
    // 发送 Group2 的数据
    if(AF_DataRequest( // 目的地址为协调器短地址 0x0000
                    &MySendtest_Single_DstAddr,
                    // 端点描述符
                    &MySendtest_epDesc,
                    // 簇 ID
                    CLOSEID,
                    // 发送字节长度
                    18,
                    // 发送数据
                    (byte *)&sendbuf,
                    // 发送序列号
                    & DhAppRouterManage_TransID,
                    // 设置为路由发现
                    AF_DISCV_ROUTE,
                    // 路由半径
                    AF_DEFAULT_RADIUS)==afStatus_SUCCESS)
        {
        }
        else
        {
        }
        #endif

        // 如果事件没有处理完返回事件
        return (0);
    }
    return 0;
}
```

4．实验现象

协调器将收集的数据通过串口传送至 PC 机。在 PC 机上可以观察收集的信息，如图 S8-2 所示。

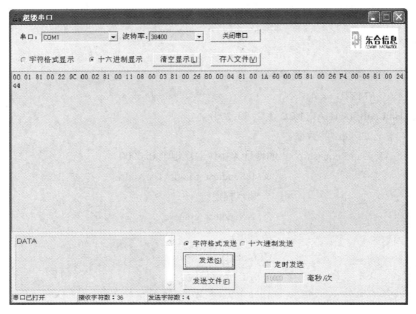

图 S8-2　PC 机显示

其网络拓扑结构如图 S8-3 所示。

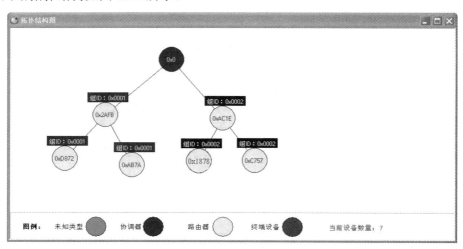

图 S8-3　拓扑结构